普通高等教育“十二五”规划教材

概率论与数理统计同步解析

(第2版)

主　编　康　健

副主编　赵峥嵘　毕秀国　于加武

　　　　刘　超　张大海　刘　燕

国防工業出版社

·北京·

内容简介

全书是普通高等教育“十二五”规划教材《概率论与数理统计第2版》(康健等)的配套辅导用书.全书共分九章,每章均包含内容提要、习题全解、典型例题、练习题和练习题答案五个部分.另附有近几年考研题及详细解答.本书依据“概率论与数理统计”教学大纲的要求,注重基本概念、基本理论和基本方法的训练,内容循序渐进,深入浅出,结合工科实际,注重概率统计知识应用能力的培养.

本书是一本本科院校公共基础课辅导教材,可作为高等学校工科本科生的辅导教材.

图书在版编目(CIP)数据

概率论与数理统计同步解析/康健主编.—2版.—北京:国防工业出版社,2022.1重印

普通高等教育“十二五”规划教材

ISBN 978-7-118-09602-6

Ⅰ.①概… Ⅱ.①康… Ⅲ.①概率论－高等学校－教材②数理统计－高等学校－教材 Ⅳ.①O21

中国版本图书馆CIP数据核字(2014)第160428号

※

国防工业出版社出版发行

(北京市海淀区紫竹院南路23号 邮政编码100048)

北京富博印刷有限公司印刷

新华书店经售

*

开本 787×1092 1/16 **印张** 13 **字数** 299千字

2022年1月第2版第5次印刷 **印数** 12001—15000册 **定价** 27.00元

国防书店:(010)88540777 发行邮购:(010)88540776

发行传真:(010)88540755 发行业务:(010)88540717

第2版前言

本教材第1版2010年出版，主要供理工类专业本科生使用.通过四年的教学实践，并根据读者的意见和编者在教学科研实践工作中发现的问题，对教材进行了较全面的修订，除了改正若干已经发现的错误外，我们按照读者的要求，汇编了近几年考研的概率论与数理统计的部分题目，并附有较详细的解答.

本次修订由大连工业大学康健教授主持，第一章、第四章由康健编写，第二章由赵峥嵘编写，第三章由刘超编写，第五、六章由张大海编写，第七章由毕秀国编写，第八章由于加武编写，第九章由刘燕编写，考研题目由董晓梅编写.在再版印制之际向对本书提出宝贵意见的读者们表示衷心感谢.

限于编者水平有限，书中错误和不妥之处在所难免，恳请读者给予批评指正.

编 者

2014.5

第1版前言

“概率论与数理统计”作为现代数学的重要分支，在自然科学、社会科学和工程技术的各个领域都有广泛应用.特别是近30年来，随着计算机技术的普及和发展，概率统计在通信、交通、生物、医学等方面的应用得到了迅速的发展.正是概率统计的这种广泛应用，才使得它成为国内外高等院校各专业大学生最重要的数学课之一.“概率论与数理统计”课程是学生首次接触的用数学方法以研究随机现象的统计规律为主的一门数学分支，它具有自己独特的概念和逻辑思维方法，使得初学者常常对许多概念的实质难以理解，许多问题不知如何分析或解答.因此，觉得课程非常难学.为了配合课程教学，我们编写了这门课程的同步解析.试图通过典型例题的分析，帮助学生正确地理解概率统计的基本概念，掌握解题方法和技巧，并通过适当的练习题来巩固所学内容，培养学生分析问题和解决问题的能力.这是我们编写本辅导书的目的之一.

全书共分九章，每章均按内容提要、习题全解、典型例题、练习题和练习题答案五个部分.本书的基本概念和基本方法的介绍，力求从分析、比较入手，简明分析问题的思维方法及应用技巧.在例题的选择上，力求具有代表性，由浅入深，突出重点，一些题目给出了多种解题方法，注重分析问题和解决问题的能力的提高的训练.

本书由大连工业大学数学系组织编写，参加编写的有康健（第1,4章），赵峥嵘（第3章），毕秀国（第7章），于加武（第8章），刘超（第2章），张大海（第5,6章），刘燕（第9章），全书由康健统稿且最后定稿.

鉴于编者水平有限，疏漏与不当之处在所难免，恳切希望同行及学生给予批评指正.

编 者

2010.5

目　录

第一章　概率的基本概念

一、内容提要

(一) 事件及其概率

(1) 概率论与数理统计都是研究随机现象的统计规律性的一门数学分支学科.

(2) 随机试验:对客观事物进行一次观察或一次试验,统称为一个试验.如果这个试验满足条件:

① 试验可以在相同条件下重复进行.

② 每次试验的结果不止一个,且事先明确知道试验的所有可能结果.

③ 在一次试验之前不能确定哪一个结果一定出现.

则称这个试验为随机试验,记为E.

(3) 随机事件:在随机试验中,可能发生,也可能不发生的结果称为随机事件,简称事件.记为A或B或C等.

① 必然事件:在一次试验中必然发生的事件称为必然事件,记为Ω.

② 不可能事件:在一次试验中一定不能发生的事件称为不可能事件,记为$\varnothing$.

必然事件和不可能事件都是确定的,只是为了需要,我们把它归结为随机事件的两种特例.

③ 基本事件:随机试验的每一结果(不能再分的)称为基本事件.

(4) 事件与点集关系:将事件定义为样本点的某个集合,即基本事件(样本点)可视为集合中的一个点ω;随机试验E的所有基本结果的全体称为样本空间(集合),仍记为Ω(必然事件);不包含任何点的集合称为空集(不可能事件),仍记为$\varnothing$.这样就能将集合论的知识全部用来解释事件及事件的运算.

(二) 事件间的关系及其运算

(1) 包含:如果事件A发生,必然导致事件B发生,则称B包含A,或A包含于B,记为$B\supset A$或$A\subset B$.

包含关系具有如下性质.

① $A\subset A$.

② 若$A\subset B$,且$B\subset C$则$A\subset C$.

③ $\varnothing\subset A\subset\Omega$.

(2) 事件A与B相等:若$A\subset B$,且$B\subset A$,则称A与B相等,记为$A=B$.

(3) 事件A与B的并(和):即两事件A,B至少有一个发生,称为事件A与B的并

(和),记为 $A\cup B$ 或 $A+B$.

(4) 事件 A 且 B 交(积):即 A 与 B 同时发生,称为 A 与 B 的交(积),记为 $A\cap B$ 或 AB.

(5) 事件 A 与 B 差:事件 A 发生,但 B 不发生的事件称为事件 A 与 B 的差,记为 $A-B$或 $A\overline{B}$.

(6) 互斥(互不相容):若事件 A 与 B 满足 $AB=\varnothing$,则称 A 与 B 互斥.

(7) 对立事件:如果事件 A 与 B 满足条件 $A\cup B=\Omega, AB=\varnothing$,则称 A 与 B 互为对立事件,记为 $B=\overline{A}$或 $A=\overline{B}$,其中 B 称为 A 的逆事件.

对立事件具有性质$\overline{\Omega}=\varnothing, \overline{\varnothing}=\Omega, \overline{\overline{A}}=A$.

(三) 事件的运算规律

(1) 交换律:$A\cup B=B\cup A, AB=BA$.

(2) 结合律:$(A\cup B)\cup C=A\cup(B\cup C), (AB)C=A(BC)$.

(3) 分配律:$(A\cup B)C=AC\cup BC, (AB)\cup C=(A\cup C)(B\cup C)$.

(4) 摩根律:$\overline{A\cup B}=\overline{A}\cap\overline{B}, \overline{AB}=\overline{A}\cup\overline{B}$(可推广到任意多个的情形).

除上述基本运算规律外,还有如下规律.

蕴涵律:$A\cup B\supset A, A\cup B\supset B, AB\subset A, AB\subset B$.

重叠律:$A\cup A=A, AA=A$.

吸收律:$A\cup\Omega=\Omega, A\cup\varnothing=A, A\Omega=A, A\varnothing=\varnothing$.

对立律:$A\cup\overline{A}=\Omega, A\overline{A}=\varnothing$.

(四) 事件的概率

1. 频率

若在 n 次试验中,事件 A 发生了 μ 次,则称

$$F_n(A)=\frac{\mu}{n}$$

为事件 A 在 n 次试验中出现的频率.

2. 概率的定义

设 Ω 为随机试验 E 的样本空间,如果对于任意事件 $A\subset\Omega$,都有一个实数 $p(A)$与之对应,并且满足如下条件.

(1) 非负性:$P(A)\geqslant 0$.

(2) 规范性:$P(\Omega)=1$.

(3) 可列可加性:若 $A_1, A_2, \cdots, A_n, \cdots$,互不相容,则

$$P(\bigcup_{i=1}^{\infty}A_i)=\sum_{i=1}^{\infty}P(A_i)$$

则称 $p(A)$为事件 A 的概率.

3. 古典概型

若随机试验 E 具有两点，即样本空间的基本事件个数为有限；每个基本事件发生的可能性相同(等概)，则称此模型为古典概型.

在古典概型中，若基本事件个数为 n，而事件 A 包含了 m 个基本事件，则事件 A 的概率为

$$P(A)=\frac{m}{n}$$

4. 伯努利概型

在 n 重独立重复试验的前提下，若每次试验有两种结果 A 及 $\bar{A}$ 且 $P(A)=p, P(\bar{A})=1-p$，则称为 n 重伯努利(Bernoulli)试验，也称伯努利概型.

若在一次试验中事件 A 发生的概率为 $P(A)=p(0<p<1)$，则在 n 重伯努利试验中事件恰好发生 k 次的概率为

$$P_n(k)=C_n^k p^k q^{n-k}, k=0,1,2,\cdots,n; q=1-p$$

（五）概率的基本性质

性质 1.1 $P(\varnothing)=0$.

性质 1.2(有限可加性) 若 $A_1, A_2, \cdots, A_n$ 满足 $A_iA_j=\varnothing(i\neq j)$，则

$$P(\bigcup_{i=1}^n A_i)=\sum_{i=1}^n P(A_i)$$

性质 1.3(逆事件的概率) 对任何事件 A，有

$$P(\bar{A})=1-P(A)$$

性质 1.4(减法公式) 对任意事件 A 与 B，有

$$P(A-B)=P(A\bar{B})=P(A)-P(AB)$$

性质 1.5(加法公式) 对任意事件 A 与 B，有

$$P(A\cup B)=P(B)+P(A)-P(AB)$$

（六）条件概率及乘法公式

1. 条件概率

设 A, B 为两个事件，当 $P(B)>0$ 时，称 $P(A|B)=\dfrac{P(AB)}{P(B)}$ 为在事件 B 发生条件下 A 发生的条件概率.

很明显，在 $P(A)>0$ 或 $P(B)>0$ 时，有

$$P(AB)=P(A)P(B\mid A)=P(B)P(A\mid B)$$

2. 全概率公式

设事件 $A_1, A_2, \cdots, A_n$ 为样本空间 Ω 中的完备事件组(划分)，且 $P(A_i)>0, i=1,$

2,…,n ,对任意事件B,称

$$P(B)=\sum_{i=1}^{n}P(A_i)P(B\mid A_i)$$

为全概率公式.

3. 贝叶斯公式

设事件$A_1,A_2,\cdots,A_n$为样本空间Ω中的完备事件组(划分),且$P(A_i)>0(i=1,2,\cdots,n)$对任意事件B

$$P(A_i\mid B)=\frac{P(A_i)P(B\mid A_i)}{\sum_{i=1}^{n}P(A_i)P(B\mid A_i)}$$

4. 事件的独立性

对事件A与B,若

$$P(AB)=P(A)P(B)$$

则称事件A与B相互独立.

由独立性可得:

(1) 若A与B独立,$P(A)>0$,有$P(B|A)=P(B)$;

(2) 若A,B独立,则$A,\bar{B};\bar{A},B;\bar{A},\bar{B}$也独立.

对三个事件A,B,C,如果满足$P(ABC)=P(A)P(B)P(C)$,且$P(AB)=P(A)P(B)$,$P(AC)=P(A)P(C)$,$P(BC)=P(B)P(C)$,则称A,B,C相互独立.

注意:若A,B,C相互独立,一定两两独立;但两两独立,不能保证A,B,C相互独立.

5. 乘法公式

(1) 当A,B相互独立时,有$P(AB)=P(A)P(B)$.

(2) 当A,B不独立时,有$P(AB)=P(A)P(B|A)=P(B)P(A|B)$.

二、习题全解

1. 写出下列试验的样本空间.

(1) 将一硬币抛掷两次,观察出现正面的次数;

(2) 抛两颗骰子,观察出现的点数之和;

(3) 在单位圆内任取一点,记录它的坐标;

(4) 观察某医院一天内前来就诊的人数.

解 (1)$\Omega_1:\{0,1,2\}$;

(2) $\Omega_2:\{2,3,4,5,6,7,8,9,10,11,12\}$;

(3) $\Omega_3:\{(x,y)\mid x^2+y^2\leqslant 1\}$;

(4) $\Omega_4:\{0,1,2,3,\cdots\}$.

2. 设样本空间$\Omega=\{x\mid 0\leqslant x\leqslant 2\}$,事件$A=\{x\mid 0.5\leqslant x\leqslant 1\}$,$B=\{x\mid 0.8\leqslant x\leqslant 1.6\}$,具体写出下列各事件.

(1) AB；(2) $A-B$；(3) $\overline{A-B}$；(4) $\overline{A\cup B}$.

解　(1) $AB=\{x|0.8<x\leqslant 1\}$；

(2) $A-B=\{x|0.5\leqslant x<0.8\}$；

(3) $\overline{A-B}=\{x|0\leqslant x<0.5$ 或 $0.8\leqslant x\leqslant 2\}$；

(4) $\overline{A\cup B}=\{0\leqslant x<0.5$ 或 $1.6<x\leqslant 2\}$.

3. 试用 Ω 中的三个事件 A,B,C 表示如下事件.

(1) A 发生，而 B 与 C 都不发生；

(2) A,B,C 中至少发生一个；

(3) A 与 B 都发生，而 C 不发生；

(4) B 发生，而 A 与 C 不发生；

(5) A,B,C 都不发生；

(6) A,B,C 中不多于一个发生；

(7) A,B,C 中不多于两个发生.

解　(1) $A\overline{B}\overline{C}$；　(2) $A\cup B\cup C$；　(3) $AB\overline{C}$；　(4) $B\overline{A}\overline{C}$；

(5) $\overline{A}\overline{B}\overline{C}$；　(6) $\overline{A}\overline{B}\overline{C}\cup A\overline{B}\overline{C}\cup\overline{A}B\overline{C}\cup\overline{A}\overline{B}C$；

(7) $\overline{A}\overline{B}\overline{C}\cup A\overline{B}\overline{C}\cup\overline{A}B\overline{C}\cup\overline{A}\overline{B}C\cup AB\overline{C}\cup A\overline{B}C\cup\overline{A}BC$.

4. 设 $P(A)=a,P(B)=b,P(AB)=c$，用 a,b,c 表示下面事件的概率：$P(A\cup B)$，$P(\overline{A}\cup B)$，$P(\overline{A}\cup\overline{B})$，$P(\overline{A}\overline{B})$.

解

$$
\begin{aligned}
P(A\cup B)&=P(B)+P(A)-P(AB)\\
&=a+b-c\\
P(\overline{A}\cup B)&=P(B)+P(\overline{A})-P(\overline{A}B)\\
&=P(B)+P(\overline{A})-(P(B)-P(AB))\\
&=1-a+b-(b-c)=1-a+c\\
P(\overline{A}\cup\overline{B})&=P(\overline{AB})=1-c
\end{aligned}
$$

由于
$$P(\overline{A}\cup\overline{B})=P(\overline{A})+P(\overline{B})-P(\overline{A}\overline{B})$$
所以
$$P(\overline{A}\overline{B})=(1-a)+(1-b)-(1-c)=1-a-b+c$$

5. 设 A,B 为随机事件，$P(A)=0.7$，$P(A-B)=0.3$，求 $P(\overline{A}\cup\overline{B})$

解　由于
$$P(A-B)=P(A)-P(AB)=0.3$$
所以
$$P(AB)=0.7-0.3=0.4$$
故
$$P(\overline{A}\cup\overline{B})=P(\overline{AB})=1-P(AB)=1-0.4=0.6$$

6. 设 A,B 为随机事件，$P(A)=0.4$，$P(B)=0.25$，$P(A-B)=0.25$，求 $P(AB)$；$P(A\cup B)$；$P(\overline{AB})$；$P(\overline{A}\overline{B})$.

解　由于
$$P(A-B)=P(A)-P(AB)=0.25$$
得
$$P(AB)=0.4-0.25=0.15$$
$$P(A\cup B)=P(B)+P(A)-P(AB)=0.4+0.25-0.15=0.5$$

$$P(\overline{AB})=1-P(AB)=1-0.15=0.85$$

由于
$$P(\bar{A}\cup\bar{B})=P(\bar{A})+P(\bar{B})-P(\bar{A}\bar{B})$$

所以
$$\begin{aligned}P(\bar{A}\bar{B})&=P(\bar{A})+P(\bar{B})-P(\bar{A}\cup\bar{B})\\&=P(\bar{A})+P(\bar{B})-P(\overline{AB})\\&=(1-0.4)+(1-0.25)-0.85=0.5\end{aligned}$$

7. 设 $P(A)=0.4$, $P(B)=0.3$ 且 A,B 互斥,求 $P(A\cup B)$,$P(\bar{A}\cup B)$.

解 由 $AB=\varnothing$ 得 $P(AB)=0$,由加法公式,得

$$P(A\cup B)=P(B)+P(A)-P(AB)=0.4+0.3=0.7$$

$$\begin{aligned}P(\bar{A}\cup B)&=P(B)+P(\bar{A})-P(\bar{A}B)\\&=P(B)+(1-P(A))-(P(B)-P(AB))\\&=0.3+(1-0.4)-0.3=0.6\end{aligned}$$

8. 某城市的电话号码由七位数字组成,每位数可以是从 0～9 这十个数字中的任意一个,求电话号码最后四位数全不相同的概率.

解 设 A={电话号码最后四位数全不相同},

由古典概型样本点总数为 10^7,事件 A 包含的样本点个数为 $10^3\cdot A_{10}^4$,所以

$$P(A)=A_{10}^4/10^4$$

9. 今从 0,1,2,3,4,5,6,7,8,9 十个数字中任取三个不同的数字. 设 A={三个数字中不含 0 和 5}, B={三个数字中最大号码为 7},求 $P(A)$, $P(B)$.

解 该题为古典概型,其样本点总数为 C_{10}^3,事件 A 包含的样本点个数为 C_8^3,事件 B 包含的样本点个数为 C_7^2,则

$$P(A)=\frac{C_8^3}{C_{10}^3}$$

$$P(B)=\frac{C_7^2}{C_{10}^3}$$

10. 袋中有 3 个红球,12 个白球,依次随机地从袋中不放回地取 10 球,每次取一个,求第一次取到红球的概率和第五次取到红球的概率.

解 设 A={第一次取到红球}, B={第五次取到红球},则

$$P(A)=\frac{C_3^1A_{14}^9}{A_{15}^{10}}$$

$$P(B)=\frac{C_3^1A_{14}^9}{A_{15}^{10}}$$

11. 在一副扑克(52)中,任取 3 张,求取出的牌中至少有 2 张花色相同的概率.

解 设 A={取出的牌中至少有 2 张花色相同},则

$$P(A)=1-P(\bar{A})=1-\frac{4C_{13}^1}{C_{52}^3}=\frac{1282}{1285}$$

12. 在 1000 件产品中含有 10 件次品,今从中任意取 2 件,求其中至少有 1 件是次品

的概率.

解 设 A="其中至少有1件是次品",则

$$P(A)=1-P(\overline{A})=1-\frac{C_{990}^{2}}{C_{1000}^{2}}$$

13. 掷两粒骰子,求出现"点数之和为偶数或小于5"的概率.

解 设 A="点数之和为偶数",B="点数之和小于5" 易得 $P(A)=\frac{1}{2}$,$P(B)=\frac{1}{6}$,

$P(AB)=\frac{4}{36}=\frac{1}{9}$,则所求概率为

$$P(A\cup B)=P(A)+P(B)-P(AB)=\frac{1}{2}+\frac{1}{6}-\frac{1}{9}=\frac{5}{9}$$

14. 已知 $P(A)=0.25$,$P(B|A)=0.3$,$P(A|B)=0.5$,求 $P(A\cup B)$.

解

$$P(AB)=P(A)P(B|A)=0.25\times 0.3=0.075$$

$$P(B)=\frac{P(AB)}{P(A|B)}=\frac{0.075}{0.5}=0.15$$

$$P(A\cup B)=P(A)+P(B)-P(AB)=0.25+0.15-0.075=0.325$$

15. 20个零件中有5个次品,每次从中任意取1个,作不放回的抽取,求第3次才取得合格品的概率.

解 设 A_1={第1次取得合格品},A_2={第2次取得合格品},A_3={第3次取得合格品},B={第3次才取得合格品};则

$$P(B)=P(\overline{A}_1\overline{A}_2A_3)=P(\overline{A}_1)P(\overline{A}_2|\overline{A}_1)P(A_3|\overline{A}_1\overline{A}_2)$$

$$=\frac{5}{20}\times\frac{4}{19}\times\frac{15}{18}=\frac{5}{114}$$

16. 证明:若 $P(A|B)>P(A)$,则 $P(B|A)>P(B)$.

证

$$P(A|B)=\frac{P(AB)}{P(B)}>P(A)$$

则

$$P(AB)>P(A)P(B)$$

故

$$P(B|A)=\frac{P(AB)}{P(A)}>\frac{P(A)P(B)}{P(A)}=P(B)$$

即

$$P(B|A)>P(B)$$

17. 证明:若 $P(A)=a$,$P(B)=b$,则 $P(A|B)\geqslant\frac{a+b-1}{b}$.

证 由于 $P(AB)=P(A)+P(B)-P(A\cup B)\geqslant a+b-1$

故

$$P(A|B)=\frac{P(AB)}{P(B)}\geqslant\frac{a+b-1}{b}$$

18. 一个工人照管甲、乙、丙三台机床,在1h内,各机床不需工人照管的概率分别为0.9,0.8,0.7.求1h内:

(1) 只有丙机床需人照管的概率;

(2) 三台机床,至少有一台需要照管的概率.

解 设A={甲机床需工人照管},B={乙机床需工人照管},C={丙机床需工人照管}.则

(1) 只有丙机床需人照管的概率为

$$P(C)=1-P(\bar{C})=1-0.7=0.3$$

(2) 三台机床,至少有一台需要照管的概率为

$$P(A\cup B\cup C)=1-P(\bar{A}\bar{B}\bar{C})=1-0.9\times0.8\times0.7=0.559$$

19. 袋中有50个乒乓球,其中20个是黄球,30个白球,今有两人依次随机地从袋中各取1球,取后不放回,求第2个人取得黄球的概率.

解 设B={第2个人取得黄球},A_1={第1个人取得黄球},A_2={第1个人取得白球},由全概率公式,第2个人取得黄球的概率为

$$P(B)=\sum_{i=1}^{2}P(A_i)P(B|A_i)$$

$$=\frac{2}{5}\times\frac{19}{49}+\frac{3}{5}\times\frac{30}{49}=0.4$$

20. 袋中有15个球,其中有9个新球,6个旧球,第一次比赛时从中任意取1个,比赛完后仍放回袋中,第二次比赛时再从袋中任意取1个,试求:

(1) 第一次恰好抽到新球的概率;

(2) 第二次恰好抽到新球的概率;

(3) 已知第二次恰好抽到新球,求第一次也抽到新球的概率.

解 设A_1={第一次恰好抽到新球},A_2={第一次恰好抽到旧球};B={第二次恰好抽到新球}.

(1) $P(A_1)=\frac{9}{15}=\frac{3}{5}$.

(2) 由全概率公式,第二次恰好抽到新球的概率为

$$P(B)=\sum_{i=1}^{2}P(A_i)P(B|A_i)$$

$$=\frac{3}{5}\times\frac{8}{15}+\frac{2}{5}\times\frac{3}{5}=\frac{42}{75}$$

(3) 由贝叶斯公式,已知第二次恰好抽到新球,第一次也抽到新球的概率为

$$P(A_1|B)=\frac{P(A_1)P(B|A_1)}{P(B)}$$

$$=\frac{\frac{3}{5}\times\frac{8}{15}}{\frac{42}{75}}=\frac{12}{21}$$

21. 某厂甲、乙、丙三个车间生产同一种产品,其产量分别占全厂总产量的40%,38%,22%,经检验知各车间的次品率分别为0.04,0.05,0.03.现从该种产品中任意取一

件进行检查,试求:

(1) 这件产品是次品的概率;

(2) 已知抽得的一件是次品,问来自甲、乙、丙各车间的概率各是多少?

解 设 $A_i=\{$产品是第 i 个车间生产的$\}$,($i=$甲、乙、丙);$B=\{$产品是次品$\}$.

(1) 由全概率公式,产品是次品的概率为

$$P(B)=\sum_{i=1}^{3}P(A_i)P(B|A_i)$$

$$=0.4\times0.04+0.38\times0.05+0.22\times0.03=0.0316$$

(2) 由贝叶斯公式,如果抽得的一件是次品,它是甲车间的概率为

$$P(A_1|B)=\frac{P(A_1)P(B|A_1)}{P(B)}$$

$$=\frac{0.4\times0.04}{0.0316}=0.506$$

如果抽得的一件是次品,它是乙车间的概率为

$$P(A_2|B)=\frac{P(A_2)P(B|A_2)}{P(B)}=\frac{0.38\times0.05}{0.0316}=0.6$$

如果抽得的一件是次品,它是丙车间的概率为

$$P(A_3|B)=\frac{P(A_3)P(B|A_3)}{P(B)}=\frac{0.22\times0.03}{0.0316}=0.207$$

22. 发报台分别以概率 0.6 和 0.4 发出信号“·”和“—”,由于通信系统受到干扰,当发出信号“·”时,收报台未必收到信号“·”,而是分别以概率 0.8 和 0.2 收到信号“·”和“—”;又当发出信号“—”时,收报台以概率 0.9 和 0.1 收到信号“—”和“·”,求:

(1) 收报台收到信号“·”的概率;

(2) 当收报台收到信号“·”时,发报台是发出信号“·”的概率.

解 设 $A_1=\{$发报台发出信号“·”$\}$,$A_2=\{$发报台发出信号“—”$\}$;$B=\{$收报台收到信号“·”$\}$.

(1) 由全概率公式,收报台收到信号“·”的概率为

$$P(B)=\sum_{i=1}^{2}P(A_i)P(B|A_i)$$

$$=0.6\times0.8+0.4\times0.1=0.52$$

(2) 由贝叶斯公式,当收报台收到信号“·”时,发报台是发出信号“·”的概率为

$$P(A_1|B)=\frac{P(A_1)P(B|A_1)}{P(B)}$$

$$=\frac{0.6\times0.8}{0.52}=0.925$$

23. 设第一个箱子中有 5 个白球、4 个红球、3 个黑球;设第二个箱子中有 3 个白球、

4 个红球、5 个黑球；独立地分别在两个箱子中任取一球，试求：

(1) 至少有一个白球的概率；

(2) 有一个白球一个黑球的概率.

解　设 A={至少有一个白球}，B={有一个白球一个黑球}

(1) 至少有一个白球的概率为

$$P(A) = 1 - P(\overline{A}) = 1 - \frac{7}{12} \times \frac{9}{12} = \frac{9}{16}$$

(2) 有一个白球一个黑球的概率为

$$P(B) = \frac{5}{12} \times \frac{9}{12} + \frac{3}{12} \times \frac{7}{12} = \frac{11}{24}$$

24. 设 A,B 为随机事件，$P(A)=0.92$，$P(B)=0.93$，$P(B|\overline{A})=0.85$，求 $P(A|\overline{B})$，$P(A\cup B)$.

解　$P(B|\overline{A})=\dfrac{P(\overline{A}B)}{P(\overline{A})}=\dfrac{P(B)-P(AB)}{1-P(A)}=\dfrac{0.93-P(AB)}{0.08}=0.85$

则
$$P(AB)=0.862$$

故
$$P(A|\overline{B})=\frac{P(A\overline{B})}{P(\overline{B})}=\frac{P(A)-P(AB)}{1-P(B)}=\frac{0.92-0.862}{0.07}=0.83$$

$$P(A\cup B)=P(B)+P(A)-P(AB)=0.92+0.93-0.862=0.988$$

25. 设事件 A,B 相互独立，且 $P(A)=0.5$，$P(A\cup B)=0.8$，求 $P(A\overline{B})$，$P(\overline{A}\cup\overline{B})$.

解　由于 A,B 相互独立，有

$$P(AB) = P(A)P(B)$$

$$\begin{aligned} P(A \cup B) &= P(B) + P(A) - P(AB) \\ &= P(B) + P(A) - P(A)P(B) = 0.8 \end{aligned}$$

$$P(B) = \frac{0.8 - 0.5}{1 - 0.5} = 0.6$$

所以
$$P(A\overline{B})=P(A)-P(AB)=0.5-0.5\times 0.6=0.2$$

$$P(\overline{A}\cup\overline{B})=P(\overline{A}\,\overline{B})=1-0.5\times 0.6=0.7$$

26. 设 $P(A)=0.4$，$P(A\cup B)=0.7$，在下列情况下，求 $P(B)$：

(1) 若 A,B 互不相容；(2) 若 A,B 相互独立；(3) 若 $A\subset B$.

解　(1)由 $AB=\varnothing$ 得 $P(AB)=0$，由加法公式可得

$$P(A \cup B) = P(B) + P(A) = 0.7$$
$$P(B) = 0.3$$

(2) 由于 A,B 相互独立，有

$$P(AB)=P(A)P(B)$$

$$\begin{aligned}P(A\cup B)&=P(B)+P(A)-P(AB)\\&=P(B)+P(A)-P(A)P(B)=0.7\end{aligned}$$

$$P(B)=\frac{0.7-P(A)}{1-P(A)}=\frac{0.7-0.4}{1-0.4}=0.5$$

(3) 由于 $A\subset B$，有

$$P(A\cup B)=P(B)=0.7$$

27. 设 $P(A)=P(B)=P(C)=\frac{1}{3}$，$A,B,C$ 相互独立，求

(1) A,B,C 至少出现一个的概率；(2) A,BC 恰好出现一P 的概率；(3) A,B,C 至多出现一P 的概率.

解 (1) A,B,C 至少出现一个的概率为

$$\begin{aligned}P(A\cup B\cup C)&=1-P(\bar{A}\bar{B}\bar{C})\\&=1-P(\bar{A})P(\bar{B})P(\bar{C})=1-\frac{8}{27}=\frac{19}{27}\end{aligned}$$

(2) A,B,C 恰好出现一P 的概率为 $P(A\bar{B}\bar{C}\cup\bar{A}B\bar{C}\cup\bar{A}\bar{B}C)=P(A)P(\bar{B})P(\bar{C})+P(\bar{A})P(B)P(\bar{C})+P(\bar{A})P(\bar{B})P(C)=\frac{4}{27}+\frac{4}{27}+\frac{4}{27}=\frac{12}{27}$

(3) A,B,C 至多出现一P 的概率为 $P(\bar{A}\bar{B}\bar{C})\cup A\bar{B}\bar{C}\cup\bar{A}B\bar{C}\cup\bar{A}\bar{B}C)=\frac{8}{27}+\frac{4}{27}+\frac{4}{27}+\frac{4}{27}=\frac{20}{27}$

28. 甲、乙、丙三人独立地向同一目标射击一次.他们击中目标的概率分别为0.7、0.8和0.9.求目标被击中的概率.

解 设 $A_1=\{$甲击中目标$\}$，$A_2=\{$乙击中目标$\}$，$A_3=\{$丙击中目标$\}$，$B=\{$击中目标$\}$.

$$\begin{aligned}P(B)&=P(A_1\vee A_2\vee A_3)=1-P(\bar{A}_1\bar{A}_2\bar{A}_3)\\&=1-0.3\times0.2\times0.1=0.994\end{aligned}$$

29. 若 $P(B|A)=P(B|\bar{A})$，试证明：事件 A 与 B 相互独立.

证 由于 $P(B|A)=P(B|\bar{A})$ 有

$$\frac{P(AB)}{P(A)}=\frac{P(\bar{A}B)}{P(\bar{A})}=\frac{P(B)-P(AB)}{1-P(A)}$$

则

$$(1-P(A))P(AB)=P(A)(P(B)-P(AB))$$

故

$$P(AB)=P(A)P(B)$$

所以，事件 A 与 B 相互独立.

30. 证明若 $P(A)>0$ 则 $P(B|A)\geqslant1-\frac{P(\bar{B})}{P(A)}$.

证法一 利用 $P(B|A)+P(\bar{B}|A)=1$，由于 $A\bar{B}\subset\bar{B}$，故 $P(A\bar{B})\leqslant P(\bar{B})$，则

$$P(B\mid A)=1-P(\bar{B}\mid A)=1-\frac{P(A\bar{B})}{P(A)}\geqslant1-\frac{P(\bar{B})}{P(A)}$$

证法二 利用加法公式和乘法公式

由于 $$P(A\cup B)=P(A)+P(B)-P(AB)\leqslant 1$$

而 $$P(AB)=P(A)\cdot P(B|A),P(B)=1-P(\bar{B})$$

故 $$P(A)+[1-P(\bar{B})]-P(A)\cdot P(B|A)\leqslant 1$$

即 $$P(A)\cdot P(B|A)\geqslant P(A)-P(\bar{B})$$

又因为 $P(A)>0$,同除 $P(A)$,得

$$P(B\mid A)\geqslant 1-\frac{P(\bar{B})}{P(A)}$$

31. 随机事件 A 和 B 满足 $0<P(A)<1,0<P(B)<1$,

且 $P(A|B)+P(\bar{A}|\bar{B})=1$,证明:事件 A 和 B 相互独立.

分析 要证事件 A 和 B 相互独立,只要证明 $P(AB)=P(A)P(B)$ 即可,利用 $P(A|B)+P(\bar{A}|\bar{B})=1$.

证 由 $$P(A|B)+P(\bar{A}|\bar{B})=1$$

故 $$P(A|B)=1-P(\bar{A}|\bar{B})=P(A|\bar{B})$$

即 $$\frac{P(AB)}{P(B)}=\frac{P(A\bar{B})}{P(\bar{B})}=\frac{P(A)-P(AB)}{1-P(B)}$$

$$P(AB)[1-P(B)]=P(B)[P(A)-P(AB)]$$

故 $$P(AB)=P(A)P(B)$$

则 A 和 B 相互独立.

三、典型例题

(一) 选择题

例 1 设事件 A 与 B 相互独立,且 $P(A)>0,P(B)>0$,则下列等式成立的是( ).

(A) $AB=\varnothing$ (B) $P(A\bar{B})=P(A)P(\bar{B})$

(C) $P(B)=1-P(A)$ (D) $P(B|\bar{A})=0$

解 选(B).

由于事件 A 与 B 相互独立,A 与$\bar{B}$也相互独立,有 $P(A\bar{B})=P(A)P(\bar{B})$

例 2 设 A,B,C 为三事件,则事件$\overline{A\cup BC}$=( ).

(A) $\bar{A}\bar{B}C$ (B) $\overline{AB}\cup C$

(C) $(\bar{A}\cup\bar{B})C$ (D) $(\bar{A}\cup\bar{B})\cup C$

解 选(A).

例 3 设 A 与 B 互为对立事件,且 $P(A)>0,P(B)>0$,则下列各式中**错误**的是( ).

(A) $P(\bar{A}|B)=0$ (B) $P(B|A)=0$

(C) $P(AB)=0$ (D) $P(A\cup B)=1$

解 选(A).

例 4 设 A,B 为两个随机事件,且 $P(AB)>0$,则 $P(A|AB)$=( ).

(A) $P(A)$ (B) $P(AB)$

(C) $P(A|B)$ (D) 1

解 选(D).

因为 $$P(A|AB)=\frac{P(AAB)}{P(AB)}=1$$

例 5 已知 $P(A)=\frac{1}{2},P(B|A)=\frac{1}{3}$,则 $P(A-B)=($ $)$.

(A) $\frac{1}{6}$　　(B) $\frac{1}{4}$

(C) $\frac{1}{3}$　　(D) $\frac{1}{2}$

解 选(C).

因为

$$P(A-B)=P(A)-P(AB)=P(A)-P(A)P(B|A)=\frac{1}{3}$$

例 6 设有三个随机事件 A ,B ,C ,事件“ A,B,C 中恰好有两个发生”可以表示成( ).

(A) $AB\cup AC\cup BC$　　(B) $AB\overline{C}\cup A\overline{B}C\cup\overline{A}BC$

(C) $AB\overline{C}\cup A\overline{B}C\cup\overline{A}BC\cup ABC$　　(D) $\overline{A}B\overline{C}\cup\overline{A}\overline{B}C\cup A\overline{B}\overline{C}$

解 选(B).

例 7 设 $P(A)=0.7,P(B)=0.3,P(A|B)=0.7$,则下列结论正确的是( ).

(A) A 与 B 相互独立　　(B) A 与 B 互不相容

(C) $A\cup B=\Omega$　　(C) $P(A\cup B)=P(A)+P(B)$

解 选(A).

由 $P(A)=0.7,P(B)=0.3,P(A|B)=0.7$,可得

$P(AB)=P(A)P(B)$,故选(A).

例 8 事件 A,B 互为对立事件等价于( ).

(A) A,B 互不相容　　(B) A,B 相互独立

(C) $A\cup B=\Omega$　　(D) A,B 构成样本空间的一个划分

解 选(D).

例 9 A,B,C 中 B 与 C 互不相容,则( )成立.

(A) $\overline{(A\cup BC)}=A$　　(B) $\overline{(A\cup BC)}=\overline{A}$

(C) $\overline{(A\cup BC)}=\varnothing$　　(D) $\overline{(A\cup BC)}=\Omega$

解 选(B).

因为 $BC=\varnothing,A\cup\varnothing=A$,故有 $\overline{(A\cup BC)}=\overline{(A\cup\varnothing)}=\overline{A}$.

例 10 已知 A,B,C 两两独立,$P(A)=P(B)=P(C)=\frac{1}{2},P(ABC)=\frac{1}{5}$,则 $P(AB\overline{C})=($ $)$.

(A) $\frac{1}{40}$　　(B) $\frac{1}{20}$

(C) $\frac{1}{10}$　　(D) $\frac{1}{4}$

解 选(B).

$$P(AB\bar{C}) = P(AB - C) = P(AB) - P(ABC)$$
$$= P(A)P(B) - P(ABC) = \frac{1}{2} \times \frac{1}{2} - \frac{1}{5} = \frac{1}{20}$$

例 11 A,B 为两事件,$0<P(A)<1$,则下面结论中错误的是( ).

(A) $P(A\cup B)=P(A)+P(B)-P(AB)$

(B) $P(B)=P(B|A)+P(B|\bar{A})$

(C) $P(A\cup A)=P(A)$

(D) $P(A\cup B)=P(A)+P(\bar{A}B)$

解 选(B).

题目要求选错误的结论,(A) 是加法公式的一般形式;由于 $A\cup A=A$,故(C) 成立;而 $A\cup B=A\cup B\bar{A}$,且 A 与 $B\bar{A}$ 互不相容,故(D) 成立. 对于(B), $P(B)=P(A)\cdot P(B|A)+P(\bar{A})\cdot P(B|\bar{A})$才成立,这是全概率公式.

故(B)是错误的.

例 12 设 A,B,C 是三个事件,在下列各式中不成立的是( ).

(A) $(A-B)\cup B=A\cup B$

(B) $(A\cup B)-B=A$

(C) $(A\cup B)-AB=A\bar{B}\cup\bar{A}B$

(D) $(A\cup B)-C=(A-C)\cup(B-C)$

解 选(B).

例 13 假设事件 A,B 满足 $P(B|A)=1$,则( ).

(A)B 是必然事件

(B)$P(B)=1$

(C)$P(A-B)=0$

(D)$A\subset B$

解 选(D).

由于 $P(B|A)=1$,有 $P(B|A)=\frac{P(AB)}{P(A)}=1$,$P(AB)=P(A)$,则 $AB=A\Rightarrow A\subset B$,故(D)正确.

例 14 甲、乙、丙三人独立破译密码,他们能破译的概率分别为 1/5, 1/3, 1/4,求将此密码译出的概率为( ).

(A) 1/60

(B) 7/12

(C) 3/5

(D) 47/60

解 选(C).

例 15 若 100 张奖券中有 5 张中奖,100 个人分别抽取 1 张,则第 100 个人能中奖的概率为( ).

(A)0.05

(B)0.03

(C)0.01

(D)0

解 选(A).

例 16 设 A,B,C 为三个事件,$P(AB)>0$ 且 $P(C|AB)=1$,则( ).

(A)$P(C)\leqslant P(A)+P(B)-1$

(B)$P(C)\leqslant P(A\cup B)$

(C)$P(C)\geqslant P(A)+P(B)-1$

(D)$P(C)\geqslant P(A\cup B)$

解 选(C).

由 $P(C|AB)=1$,则 $P(ABC)=P(AB)\leqslant P(C)$.

又由 $$P(A\cup B)=P(A)+P(B)-P(AB)\leqslant 1$$

$$P(AB)\geqslant P(A)+P(B)-1\Rightarrow P(C)\geqslant P(A)+P(B)-1$$

故选(C).

（二）填空题

例 1 已知 $P(A)=0.4$，$P(B)=0.3$，$P(A\cup B)=0.6$，则 $P(A\overline{B})=$__________.

解 0.3，由加法公式和减法公式可得.

例 2 已知 $P(A)=a$，$P(B)=0.3$，$P(\overline{A}\cup B)=0.7$，若事件 A,B 互不相容，则 $a=$__________.

解 0.3，由加法公式可得.

例 3 将 n 个小球随机放到 $N(n\leqslant N)$ 个盒子中去，不限定盒子的容量，则每个盒子中至多有 1 球的概率是__________.

解 $\dfrac{P_N^n}{N^n}$，由古典概型公式可得.

例 4 在 1500 个产品中有 400 个次品，1100 个正品，任取 200 个，则取出恰有 90 个次品的概率为__________，至少有 2 个次品的概率为__________.

解 $\dfrac{C_{400}^{90}C_{1100}^{110}}{C_{1500}^{200}}$，$1-\dfrac{C_{1100}^{200}}{C_{1500}^{200}}-\dfrac{C_{1100}^{199}C_{400}^{1}}{C_{1500}^{200}}$.

例 5 掷两颗骰子，点数之和为奇数的概率为__________.

解 $\dfrac{1}{2}$，由古典概型公式可得.

例 6 两人独立破译一密电码，他们能单独破译出的概率分别为 0.2 和 0.25，则此密电码被译出的概率为__________.

解 0.4，由加减公式和独立性可得.

例 7 一个口袋中装有 6 个球，分别编号为 1～6，随机地从这个口袋中任取 2 个球，则最小号码是 3 的概率为__________.

解 0.2，由古典概型公式可得.

例 8 在 100 张奖券中，有 10 张有奖，现有 100 人随机各取 1 张，第 12 个人抽中奖的概率为__________.

解 0.1.

例 9 设三次独立试验中，事件 A 出现的概率相等，如果已知 A 至少出现一次的概率等于 $\dfrac{19}{27}$，则事件 A 在一次试验中出现的概率为__________.

解 $\dfrac{1}{3}$，由古典概型公式可得.

设 $P(A)=P$，由题意可知 $(1-P)^3=1-\dfrac{19}{27}=\dfrac{8}{27}$，所以 $P=\dfrac{1}{3}$.

例 10 有甲、乙两批种子，发芽率分别为 0.8 和 0.7，在这两批种子中随机地抽取一粒，求恰有一粒种子发芽的概率为__________.

解 0.38.

设 A_1="甲发芽",A_2="乙发芽",则 $P(A_1\overline{A}_2\cup\overline{A}_1A_2)=P(A_1)P(\overline{A}_2)+P(\overline{A}_1)P(A_2)=0.38$.

例 11 电路由元件 A 与两个并联的元件 B,C 串联而成,若 A,B,C 损坏与否是相互独立的,且它们损坏的概率依次为 0.3,0.2,0.1,

则电路断路的概率为________________.

解 0.296.

设 A_i="第 i 个元件损坏"($i=1,2,3$),则 $P(A_1\cup A_2A_3)=P(A_1)+P(A_2A_3)-P(A_1A_2A_3)=0.3+0.2\times0.1-0.3\times0.2\times0.1=0.296$.

例 12 一个盒子中有 6 只晶体管,其中有 2 只是不合格品,从中任取 2 只,求至少有 1 只是合格品的概率为__________.

解 $\frac{14}{15}$,由古典概型可得概率为 $1-\frac{C_2^2}{C_6^2}$.

(三) 计算题

例 1 一盒乒乓球有 6 个新球,4 个旧球.不放回抽取,每次任取 1 个,共取两次,求:

(1) 第二次才取到新球的概率;

(2) 在发现其中之一是新球的条件下,另一个也是新球的条件概率.

解 设 $A_i=\{$第 i 次取得新球$\}$,$i=1,2$.

(1) 设 $C=\{$第二次才取得新球$\}$,有

$$C=\overline{A}_1A_2$$

$$P(C)=P(\overline{A}_1A_2)=P(\overline{A}_1)P(A_2\mid\overline{A}_1)=\frac{4}{10}\times\frac{6}{9}=\frac{4}{15}$$

(2) 设事件 $D=\{$发现其中之一是新球$\}$,$E=\{$另一个也是新球$\}$,有

$$P(ED)=P(A_1A_2)=P(A_1)P(A_2\mid A_1)=\frac{6}{10}\times\frac{5}{9}=\frac{1}{3}$$

$$\begin{aligned}P(D)&=P(A_1A_2)+P(A_1\overline{A}_2)+P(\overline{A}_1A_2)\\&=\frac{1}{3}+P(A_1)P(\overline{A}_2\mid A_1)+P(\overline{A}_1)P(A_2\mid\overline{A}_1)\\&=\frac{1}{3}+\frac{6}{10}\times\frac{4}{9}+\frac{4}{10}\times\frac{6}{9}=\frac{13}{15}\end{aligned}$$

$$P(E\mid D)=\frac{P(ED)}{P(D)}=\frac{1/3}{13/15}=\frac{5}{13}$$

例 2 设事件 A,B 相互独立,且 $P(A)=0.3$,$P(A\cup B)=0.8$,计算概率 $P(B)$,$P(A-B)$.

解
$$\begin{aligned}P(A\cup B)&=P(A)+P(B)-P(AB)=P(A)+P(B)-P(A)P(B)\\&=0.3+P(B)-0.3P(B)=0.8\end{aligned}$$

所以
$$P(B)=5/7=0.714$$
$$P(A-B)=P(A\overline{B})=P(A)P(\overline{B})=3/35=0.086$$

例 3 设 A,B,C 是三个随机事件，且 $P(A)=P(B)=P(C)=\frac{1}{5}$，$P(AB)=\frac{1}{6}$，$P(BC)=\frac{1}{8}$，$P(AC)=0$. 试求 A,B,C 这三个随机事件中至少有一个发生的概率.

解 $P(A\cup B\cup C)=P(A)+P(B)+P(C)-P(AB)-P(BC)-P(AC)+P(ABC)$

由于 $ABC\subset AC$，所以 $0\leqslant P(ABC)\leqslant P(AC)=0$. 所以 $P(ABC)=0$.

因此

$$P(A\cup B\cup C)=P(A)+P(B)+P(C)-P(AB)-P(BC)-P(AC)+P(ABC)$$
$$=\frac{1}{5}+\frac{1}{5}+\frac{1}{3}-\frac{1}{6}-\frac{1}{8}-0+0=\frac{53}{120}$$

例 4 设 $P(A)=0.8$，$P(B)=0.5$，问：

(1) 在什么条件下，$P(AB)$ 取最大值，最大值是多少？

(2) 在什么条件下，$P(AB)$ 取最小值，最小值是多少？

解 因为 $P(A\cup B)=P(A)+P(B)-P(AB)$，所以当 $P(A\cup B)$ 最小时，$P(AB)$ 最大；当 $P(A\cup B)$ 最大时，$P(AB)$ 最小.

(1) 当 $P(A\cup B)=P(A)=0.8$ 时，$P(AB)=0.5$ 为最大值；

(2) 当 $P(A\cup B)=P(\Omega)=1$ 时，$P(AB)=0.3$ 为最小值.

例 5 若 $A\supset B$，$A\supset C$，且 $P(A)=0.9$，$P(\overline{B}\cup\overline{C})=0.8$，求 $P(A-BC)$.

解 由 $0.8=P(\overline{B}\cup\overline{C})=P(\overline{BC})=1-P(BC)$，得

$$P(BC)=0.2$$

因为 $A\supset B$，$A\supset C$，所以 $A\supset BC$.

故 $$P(A-BC)=P(A)-P(BC)=0.9-0.2=0.7$$

例 6 已知一批产品中 96 % 是合格品，检查产品时，一合格品被误认为是次品的概率是 0.02；一次品被误认为是合格品的概率是 0.05. 求在被检查后认为是合格品的产品确实是合格品的概率.

解 A=“被查后认为是合格品”，B=“抽查的产品为合格品”.

由全概率公式，有

$$P(A)=P(B)P(A|B)+P(\overline{B})P(A|\overline{B})$$
$$=0.96\times0.98+0.04\times0.05=0.9428$$

由贝叶斯公式，有

$$P(B|A)=P(B)P(A|B)/P(A)=0.9408/0.9428=0.998$$

所以被检查后认为是合格品的产品确实是合格品的概率为 0.998.

例 7 某产品主要由三个厂家供货，甲、乙、丙三个厂家的产品分别占总数的 15%，80%，5%. 其次品率分别为 0.02，0.01，0.03. 试计算：(1)从这批产品中任取的一件是不合格品的概率为多大？(2)已知从这批产品中随机地取出的一件是不合格品，问这件产品是甲厂生产的概率？

解 设 B="抽取产品是不合格品",A_1="此产品来自甲厂",A_2="此产品来自乙厂",A_3="此产品来自丙厂".

(1) 由全概率公式,有

$$P(B)=\sum_{i=1}^{3}P(A_i)P(B|A_i)=0.15\times0.02+0.80\times0.01+0.05\times0.03$$
$$=0.0125$$

(2) 由贝叶斯公式,有

$$P(A_1|B)=\frac{P(A_1)P(B|A_1)}{P(B)},\text{所以 } P(A_1|B)=0.24$$

例 8 装有 10 件某产品(其中一等品 5 件,二等品 3 件,三等品 2 件)的箱子中丢失 1 件产品,但不知是几等品,今从箱中任取 2 件产品,结果都是一等品,求丢失的也是一等品的概率.

解 设 A="从箱中任取 2 件都是一等品",B_i="丢失 i 等品" $(i=1,2,3)$.

由全概率公式,则

$$P(A)=P(B_1)P(A\mid B_1)+P(B_2)P(A\mid B_2)+P(B_3)P(A\mid B_3)$$
$$=\frac{1}{2}\frac{C_4^2}{C_9^2}+\frac{3}{10}\frac{C_5^2}{C_9^2}+\frac{1}{5}\frac{C_5^2}{C_9^2}=\frac{2}{9}$$

所求概率为

$$P(B_1\mid A)=\frac{P(B_1)P(A\mid B_1)}{P(A)}=\frac{3}{8}$$

例 9 一袋中装有 m 枚正品硬币,n 枚次品硬币(次品硬币的两面均印有国徽)从袋中任取一枚,已知将它投掷 r 次,每次都得到国徽,问这枚硬币是正品的概率是多少?

解 设 A="任取一枚硬币掷 r 次得 r 个国徽",B="任取一枚硬币是正品",则 $A=BA+\bar{B}A$,所求概率为

$$P(B\mid A)=\frac{P(B)P(A\mid B)}{P(B)P(A\mid B)+P(\bar{B})P(A\mid \bar{B})}$$
$$=\frac{\frac{m}{m+n}\left(\frac{1}{2}\right)^r}{\frac{m}{m+n}\left(\frac{1}{2}\right)^r+\frac{n}{m+n}}=\frac{m}{m+n2^r}$$

例 10 某学生接连参加同一课程的两次考试,第一次考试及格的概率为 p,如果他第一次及格,则第二次及格的概率也为 p;如果他第一次不及格,则第二次及格的概率为 $\frac{p}{2}$.

(1) 求他第一次与第二次考试都及格的概率;

(2) 求他第二次考试及格的概率;

(3) 若在这两次考试中至少有一次及格,他便可以取得某种证书,求该学生取得这种证书的概率;

(4) 若已知第二次考试他及格了,求他第一次考试及格的概率.

解 设 $A=\{$该学生第一次考试及格$\}$，$B=\{$该学生第二次考试及格$\}$.

则由题设，$P(A)=p$，$P(B|A)=p$，$P(B|\bar{A})=\frac{p}{2}$.

(1) $P(AB)=P(A)P(B|A)=p^2$；

(2) $P(B)=P(A)P(B|A)+P(\bar{A})P(B|\bar{A})=p^2+(1-p)\frac{p}{2}=\frac{p(1+p)}{2}$；

(3) $P(A\cup B)=P(A)+P(B)-P(AB)=p+\frac{p(1+p)}{2}-p^2=\frac{p(3-p)}{2}$；

(4) $P(A|B)=\frac{P(AB)}{P(B)}=\frac{p^2}{\frac{p(1+p)}{2}}=\frac{2p}{1+p}$.

例 11 设两两相互独立的三个事件 A,B,C 满足条件：$ABC=\varnothing$，$P(A)=P(B)=P(C)<0.5$，且已知 $P(A\cup B\cup C)=\frac{9}{16}$，试求 $P(A)$.

解 因为 A,B,C 两两相互独立，且 $ABC=\varnothing$，$P(A)=P(B)=P(C)$，所以

$$P(AB)=P(A)P(B)=P^2(A),P(AC)=P(A)P(C)=P^2(A),$$

$$P(BC)=P(B)P(C)=P^2(A),P(ABC)=0$$

$$P(A\cup B\cup C)=P(A)+P(B)+P(C)-P(AB)-P(AC)-$$

$$P(BC)+P(ABC)=3P(A)-3P^2(A)=\frac{9}{16}$$

即

$$P^2(A)-P(A)+\frac{3}{16}=0$$

得 $P(A)=\frac{3}{4}>0.5$（舍去），$P(A)=\frac{1}{4}<0.5$.

故 $P(A)=\frac{1}{4}$.

例 12 已知每门高射炮击中敌机的概率都是 0.3，现有一架敌机入侵，问需有多少门炮同时开火方能以 0.99 的概率击中敌机？

解 设需配置 n 门高射炮，并且令 A_i 为"第 i 门炮击中飞机"$(i=1,2,\cdots,n)$，A 为"敌机被击中"，则

$$A=A_1\cup A_2\cup\cdots A_n$$

$$\begin{aligned}P(A)&=1-P(\bar{A})=1-P(\overline{A_1\cup A_2\cup\cdots\cup A_n})\\&=1-P(\overline{A_1}\,\overline{A_2}\cdots\overline{A_n})=1-P(\overline{A_1})P(\overline{A_2})\cdots P(\overline{A_n})\\&=1-0.7^n\end{aligned}$$

取 n 使 $1-0.7^n\geqslant 0.99$，解得

$$n\geqslant\frac{\lg 0.01}{\lg 0.7}=\frac{-2}{-0.155}=12.9$$

所以，至少需要配置 13 门高射炮.

（四）证明题

例 1 若事件 A 与 B 相互独立，则 $\overline{A}$ 与 B 也相互独立．

证明 因为 A,B 相互独立，所以

$$P(AB)=P(A)P(B)$$

则

$$\begin{aligned}P(\overline{A}B)&=P(B)-P(AB)=P(B)-P(A)P(B)\\&=P(B)(1-P(A))=P(\overline{A})P(B)\end{aligned}$$

从而 $\overline{A}$ 与 B 也相互独立．

例 2 若事件 $A\subset B$，则 $P(A)\leqslant P(B)$．

证明 $P(B)=P(AB\cup\overline{A}B)=P(AB)+P(\overline{A}B)$，由于事件 $A\subset B$，所以 $P(AB)=P(A)$，$P(B)=P(A)+P(\overline{A}B)$．从而 $P(A)\leqslant P(B)$．

例 3 设 A,B 互不相容，$P(A)=p$，$P(B)=q$，证明 $P(\overline{A}\overline{B})=1-p-q$．

证明 由于 A,B 互不相容，因此 $P(AB)=0$，进而

$$\begin{aligned}P(\overline{A}\,\overline{B})&=P(\overline{A\cup B})=1-P(A\cup B)\\&=1-[P(A)+P(B)-P(AB)]=1-p-q\end{aligned}$$

例 4 设 $P(A)=p$，$0<p<1$，$P(B)=1-\sqrt{p}$，证明：$P(\overline{A}\cap\overline{B})>0$．

证明
$$\begin{aligned}P(\overline{A}\cap\overline{B})&=P(\overline{A\cup B})=1-P(A\cup B)=1-(P(A)+P(B)-P(AB))\\&=1-[p+1-\sqrt{p}-P(AB)]=\sqrt{p}-p+P(AB)\\&=\sqrt{p}(1-\sqrt{p})+P(AB)\end{aligned}$$

因为 $0<p<1$ 且 $P(AB)\geqslant 0$，所以 $P(\overline{A}\cap\overline{B})>0$．

四、练习题

（一）选择题

1．一部五卷的选集，按任意顺序放到书架上，则第一卷及第五卷分别在两端的概率是（ ）．

(A) $\frac{1}{10}$　　(B) $\frac{1}{8}$

(C) $\frac{1}{5}$　　(D) $\frac{1}{6}$

2．假设事件 A,B 满足 $P(B|A)=1$，则（ ）．

(A) B 是必然事件　　(B) $P(B)=1$

(C) $P(A-B)=0$　　(D) $A\subset B$

3．已知 $A\subset B$，$P(A)=0.2$，$P(B)=0.3$，则 $P(B\overline{A})=$（ ）．

(A) 0.3　　(B) 0.2

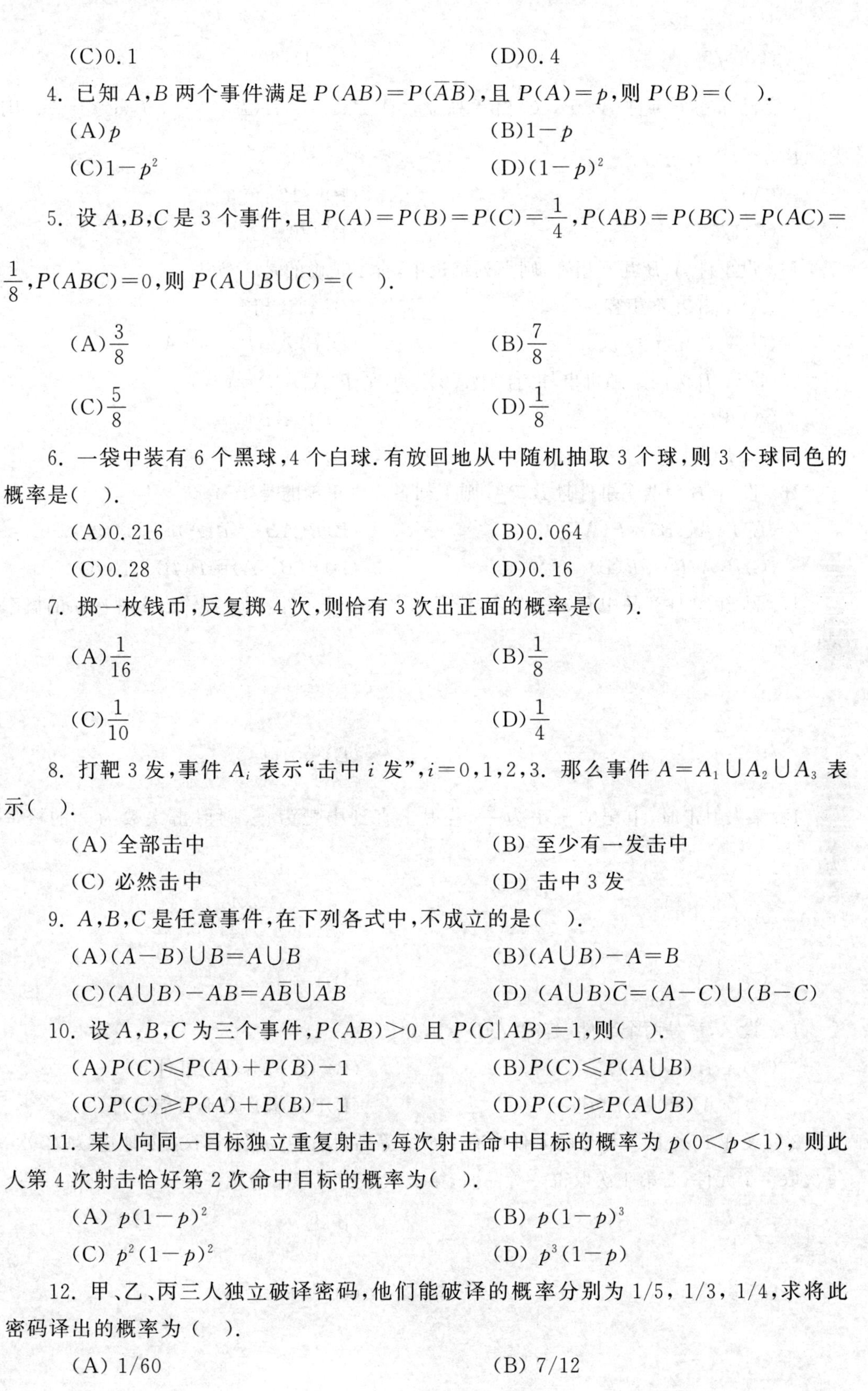

(C)0.1　　　　(D)0.4

4. 已知 A,B 两个事件满足 $P(AB)=P(\overline{A}\overline{B})$，且 $P(A)=p$，则 $P(B)=$（　）.

(A)p　　　　(B)$1-p$

(C)$1-p^2$　　　　(D)$(1-p)^2$

5. 设 A,B,C 是 3 个事件，且 $P(A)=P(B)=P(C)=\frac{1}{4}$，$P(AB)=P(BC)=P(AC)=\frac{1}{8}$，$P(ABC)=0$，则 $P(A\cup B\cup C)=$（　）.

(A)$\frac{3}{8}$　　　　(B)$\frac{7}{8}$

(C)$\frac{5}{8}$　　　　(D)$\frac{1}{8}$

6. 一袋中装有 6 个黑球，4 个白球. 有放回地从中随机抽取 3 个球，则 3 个球同色的概率是（　）.

(A)0.216　　　　(B)0.064

(C)0.28　　　　(D)0.16

7. 掷一枚钱币，反复掷 4 次，则恰有 3 次出正面的概率是（　）.

(A)$\frac{1}{16}$　　　　(B)$\frac{1}{8}$

(C)$\frac{1}{10}$　　　　(D)$\frac{1}{4}$

8. 打靶 3 发，事件 A_i 表示"击中 i 发"，$i=0,1,2,3$. 那么事件 $A=A_1\cup A_2\cup A_3$ 表示（　）.

(A) 全部击中　　　　(B) 至少有一发击中

(C) 必然击中　　　　(D) 击中 3 发

9. A,B,C 是任意事件，在下列各式中，不成立的是（　）.

(A)$(A-B)\cup B=A\cup B$　　　　(B)$(A\cup B)-A=B$

(C)$(A\cup B)-AB=A\overline{B}\cup\overline{A}B$　　　　(D) $(A\cup B)\overline{C}=(A-C)\cup(B-C)$

10. 设 A,B,C 为三个事件，$P(AB)>0$ 且 $P(C|AB)=1$，则（　）.

(A)$P(C)\leqslant P(A)+P(B)-1$　　　　(B)$P(C)\leqslant P(A\cup B)$

(C)$P(C)\geqslant P(A)+P(B)-1$　　　　(D)$P(C)\geqslant P(A\cup B)$

11. 某人向同一目标独立重复射击，每次射击命中目标的概率为 $p(0<p<1)$，则此人第 4 次射击恰好第 2 次命中目标的概率为（　）.

(A) $p(1-p)^2$　　　　(B) $p(1-p)^3$

(C) $p^2(1-p)^2$　　　　(D) $p^3(1-p)$

12. 甲、乙、丙三人独立破译密码，他们能破译的概率分别为 1/5，1/3，1/4，求将此密码译出的概率为（　）.

(A) 1/60　　　　(B) 7/12

(C) 3/5　　(D) 47/60

13. 已知三个事件 A，B，C 相互独立，且 $P(A)=P(B)=\frac{1}{2}$，$P(C)=\frac{1}{3}$，则 $P(ABC)=($　$)$.

(A)1/2　　(B)1/12

(C)1/3　　(D)1/6

14. 设事件 A,B 互不相容,则下列结论中,肯定正确的是(　).

(A)$\bar{A},\bar{B}$ 互不相容　　(B)$\bar{A},\bar{B}$ 相容

(C)A,B 相互独立　　(D)$P(A-B)=P(A)$

15. 设 A,B 为两个随机事件,且 $P(AB)>0$,则 $P(A|AB)=($　$)$.

(A) $P(A)$　　(B) $P(AB)$

(C) $P(A|B)$　　(D) 1

16. 设 A,B 为两个事件且 $B\subset A$,则下列各式中正确的是(　).

(A)$P(A\cup B)=P(A)$　　(B)$P(AB)=P(A)$

(C)$P(A|B)=P(B)$　　(D)$P(B-A)=P(B)-P(A)$

17. 已知10件产品中有3件次品,任意一次性抽取4件,则4件恰有1件次品的概率是(　).

(A)$\frac{1}{2}$　　(B)$\frac{2}{3}$

(C)$\frac{1}{3}$　　(D)$\frac{3}{4}$

18. 某人射击时,中靶的概率为$\frac{3}{4}$.若射击直到中靶为止,则射击次数为3的概率为(　).

(A)$\left(\frac{3}{4}\right)^3$　　(B)$\left(\frac{3}{4}\right)^2\times\frac{1}{4}$

(C)$\left(\frac{1}{4}\right)^2\times\frac{3}{4}$　　(D)$\left(\frac{1}{4}\right)^3$

19. 设 A,B 是两个事件,若 $P(AB)=0$,则(　).

(A)A,B 互不相容　　(B)AB 是不可能事件

(C)$P(A)=0$ 或 $P(B)=0$　　(D)AB 未必是不可能事件

20. 设在10个同一型号的元件中有7个一等品,从这些元件中不放回地连续取2次,每次取1个元件,若第1次取得一等品时,第2次取得一等品的概率是(　).

(A)$\frac{7}{10}$　　(B)$\frac{6}{10}$

(C)$\frac{6}{9}$　　(D)$\frac{7}{9}$

（二）填空题

1. 已知 $P(A)=a, P(B)=b, P(AB)=c$，则 $P(\overline{AB})=$ ________.

2. 已知 $P(A)=0.7, P(A-B)=0.3$，则 $P(\overline{AB})=$ ________.

3. 设 $A\subset B, P(A)=0.3, P(B)=0.8$，则 $P(A|B)=$ ________.

4. 若随机变量 ξ 在 $(0,5)$ 上服从均匀分布，则方程 $4x^2+4\xi x+\xi+2=0$ 有实根的概率是________.

5. 设 $A\subset B, P(A)=0.1, P(B)=0.5$，则 $P(AB)=$ ________.

6. 掷两颗骰子，求点数之和为 7 的概率为________.

7. 已知 $P(A)=\frac{1}{4}, P(B|A)=\frac{1}{3}$，则 $P(AB)=$ ________.

8. 已知 $P(A)=P(B)=P(C)=\frac{1}{4}, P(AB)=0, P(AC)=P(BC)=\frac{1}{6}$，则 A,B,C 都不发生的概率为________.

9. 三个箱子，第一个箱子中有 4 个黑球，1 个白球，第二个箱子中有 3 个黑球 3 个白球，第三个箱子中有 3 个黑球 5 个白球，现随机地取一个箱子，再从这个箱子中取出一个球，这个球是白球的概率为________.

10. 若 $A\subset B$，则 $P(A)<P(B)$，对吗？________.

11. 袋中有 a 个白球，b 个黑球，从中任取一个，则取得白球的概率是________.

12. 10 张奖券中含有 3 张中奖的奖券，现有三人每人购买 1 张，则恰有一个中奖的概率为________.

13. 同时掷 3 枚均匀硬币，则恰 2 枚正面朝上的概率为________.

14. 设 A,B,C 是三个随机事件，试用 A,B,C 分别表示事件

(1) A,B,C 至少有一个发生________.

(2) A,B,C 中恰有一个发生________.

(3) A,B,C 不多于一个发生________.

15. 若事件 A 和事件 B 相互独立，$P(A)=\alpha, P(B)=0.3, P(\overline{A}\cup B)=0.7$，则 $\alpha=$ ________.

16. 将 C,C,E,E,I,N,S 等 7 个字母随机地排成一行，那么恰好排成英文单词 SCIENCE 的概率为________.

（三）计算题

1. 设 $P(A)=x, P(B)=y, P(AB)=z$，用 x,y,z 表示下列事件的概率：$P(\overline{A}\cup\overline{B})$，$P(\overline{A}B)$，$P(\overline{A}\cup B)$，$P(\overline{AB})$.

2. 设 $P(\overline{A})=0.3, P(B)=0.4, P(A\overline{B})=0.5$，求 $P(B|A\cup\overline{B})$.

3. 设第一个盒子中装有 5 个白球，4 个红球；第二个盒子中装有 4 个白球，6 个红球.

先从第一个盒子中任取 2 个球放入第二盒，再从第二个盒子中任取一球. 求此球为红球的概率.

4. 设事件 A,B 相互独立，且 $P(A\overline{B})=\frac{1}{4}$，$P(\overline{A}B)=\frac{1}{6}$，求 $P(AB)$.

5. 某保险公司把被保险人分为三类："谨慎的""一般的""冒失的". 统计资料表明，上述三种人在一年内发生事故的概率依次为 0.05，0.15，0.30，如果"谨慎的"被保险人占 20%，"一般的" 占 50% ，"冒失的" 占 30%，求：

(1) 某保险人在一年内事故的概率是多少？

(2) 若某被保险人在一年内出了事故，则他是"谨慎的"的概率是多少（小数点后保留三位数字）？

6. 设某人从外地赶来参加紧急会议，他乘火车、轮船、汽车或飞机来的概率分别是 3/10，1/5，1/10 和 2/5. 如果他乘飞机来，不会迟到；而乘火车、轮船或汽车来，迟到的概率分别是 1/4，1/3，1/2. 现此人迟到，试推断他乘哪一种交通工具的可能性最大？

7. 某单位的仓库里有来自三个厂家提供的同一种原材料，它们外形没有区别. 甲厂的一级品率为 0.95，乙厂的一级品率为 0.98，丙厂的一级品率为 0.90. 甲、乙、丙三厂的该原材料所占比例为 2∶2∶1.

(1) 在仓库里随机地取一件该原材料，求它是一级品的概率；

(2) 在仓库里随机地取一件该原材料，若已知它是一级品，求它是来自甲厂的概率.

8. 玻璃杯成箱出售，每箱 20 只，假设各箱含 0 只、1 只、2 只次品的概率相应为 0.8，0.1，0.1. 一顾客欲买一箱玻璃杯，在购买时，顾客随机地查看 4 只，若无次品就买下，否则退回. 试求：

(1) 顾客买下玻璃杯的概率 α；

(2) 顾客买下后确实没有次品的概率 β（小数点后保留两位）.

9. 设某工厂有甲、乙、丙三个班组，它们生产同一种产品，每个班组的产量分别占总产量的 25%，35%，40%，每个车间的次品率分别为 0.05，0.04，0.02. 求：

(1) 从全厂总产品中抽取一件产品恰好为次品的概率；

(2)抽取一件产品为次品，它是乙班组生产的概率.

（四）证明题

1. 设 A，B 是任意两个事件，证明 $P(A\cup B)P(AB)\leqslant P(A)P(B)$.

2. 设事件 A,B,C 同时发生必导致 D 发生，证明：$P(A)+P(B)+P(C)\leqslant 2+P(D)$.

五、练习题答案

（一）1. A； 2. C； 3. C； 4. B； 5. A； 6. C； 7. D； 8. B； 9. B； 10. C； 11. B； 12. C； 13. B； 14. B； 15. D； 16. A； 17. A； 18. C； 19. D； 20. C.

(二) 1. $1-c$； 2. 0.6； 3. $\frac{3}{8}$； 4. $\frac{3}{5}$； 5. 0.1； 6. $\frac{1}{7}$； 7. $\frac{1}{12}$；

8. $\frac{7}{12}$； 9. $\frac{53}{120}$； 10. 不对； 11. $\frac{a}{a+b}$； 12. 0.441； 13. $\frac{3}{8}$；

14. (1) $A\cup B\cup C$,(2) $A\bar{B}\bar{C}\cup\bar{A}B\bar{C}\cup\bar{A}\bar{B}C$,(3) $\bar{A}\bar{B}\bar{C}\cup A\bar{B}\bar{C}\cup\bar{A}B\bar{C}\cup\bar{A}\bar{B}C$；

15. $\frac{3}{7}$； 16. $\frac{4}{7!}$.

(三) 1. **解** $P(\bar{A}\cup\bar{B})=P(\overline{AB})=1-P(AB)=1-z$

$P(\bar{A}B)=P(B-AB)=P(B)-P(AB)=y-z$

$P(\bar{A}\cup B)=P(\bar{A})+P(B)-P(\bar{A}B)=1-x+y-y+z=1-x+z$

2. **解** 由 $P(\bar{A})=0.3,P(B)=0.4$,得 $P(A)=0.7,P(\bar{B})=0.6$,
因为 $A=AB\cup A\bar{B}$,且 $AB\cap A\bar{B}=\varnothing$.所以

$$P(A)=P(AB)+P(A\bar{B}),P(AB)=P(A)-P(A\bar{B})=0.7-0.5=0.2$$

3. **解** 设 A_i 分别为"从第一个盒子中取两个红球:一个红球、一个白球;两个白球"事件($i=1,2,3$).B 为"从第二个盒子中取出一个红球"事件.则

$$P(B)=\sum_{i=1}^{3}P(A_i)P(B|A_i)=\frac{C_4^2}{C_9^2}\cdot\frac{C_8^1}{C_{12}^1}+\frac{C_5^2}{C_9^2}\cdot\frac{C_6^1}{C_{12}^1}+\frac{C_5^1\cdot C_4^1}{C_9^2}\cdot\frac{C_7^1}{C_{12}^1}=\frac{31}{54}$$

4. **解** 因为 A,B 相互独立,所以 $A,\bar{B};\bar{A},B$ 也相互独立.由

$$P(A\bar{B})=P(A)P(\bar{B})=P(A)[1-P(B)]=\frac{1}{4}$$

$$P(\bar{A}B)=P(\bar{A})P(B)=[1-P(A)]P(B)=\frac{1}{6}$$

得 $P(A)=\frac{1}{3}$或 $P(A)=\frac{3}{4}$;$P(B)=\frac{1}{4}$或 $P(B)=\frac{2}{3}$.故 $P(AB)=\frac{1}{12}$或 $P(AB)=\frac{1}{2}$.

5. **解** 分别以 $A_i,i=1,2,3$ 表示被保险人是"谨慎的""一般的""冒失的",以事件 D 表示"出事故",则

$$P(D)=\sum_{i=1}^{3}P(A_i)P\left(\frac{D}{A_i}\right)=0.05\times20\%+0.15\times50\%+0.3\times30\%=0.175$$

$$P(A_1\mid D)=\frac{P(A_1)P\left(\frac{D}{A_1}\right)}{P(D)}=\frac{0.05\times20\%}{0.175}\approx0.057$$

6. **解** 设事件 A_1,A_2,A_3,A_4 分别表示交通工具"火车、轮船、汽车和飞机",其概率分别等于 3/10,1/5,1/10 和 2/5,事件 B 表示"迟到",已知概率 $P\{B|A_i\},i=1,2,3,4$ 分别等于 1/4,1/3,1/2,0,则

$$P\{B\}=\sum_{i=1}^{4}P(A_i)P(B\mid A_i)=\frac{23}{120}$$

$$P(A_1\mid B)=\frac{P(A_1)P(B\mid A_1)}{P(B)}=\frac{9}{23},P(A_2\mid B)=\frac{P(A_2)P(B\mid A_2)}{P(B)}=\frac{8}{23}$$

$$P(A_3 \mid B)=\frac{P(A_3)P(B \mid A_3)}{P(B)}=\frac{6}{23}, P(A_4 \mid B)=\frac{P(A_4)P(B \mid A_4)}{P(B)}=0$$

由概率判断他乘火车的可能性最大.

7. **解** 设 A_i 表示抽到第 i 个厂生产地产品,$i=1,2,3$;B 表示抽到一级品.由全概率公式和贝叶斯公式,有

$$P(B)=\sum_{i=1}^{3} P(A_i)P(B \mid A_i)=0.4\times 0.95+0.4\times 0.98+0.2\times 0.9=0.952$$

$$P(A_1 \mid B)=\frac{P(A_1)P(B \mid A_1)}{P(B)}=\frac{0.4\times 0.95}{0.952}=0.399$$

8. **解** 设 B="顾客买下玻璃杯",

A_1="含有 0 只次品",A_2="含有 1 只次品",A_3="含有 2 只次品",则

$$P(A_1)=0.8, P(A_2)=0.1, P(A_3)=0.1$$

$$P(B|A_1)=1, P(B|A_2)=\frac{C_{19}^4}{C_{20}^4}=\frac{4}{5}, P(B|A_3)=\frac{C_{18}^4}{C_{20}^4}=\frac{12}{19}$$

$$P(B)=P(A_1)P(B|A_1)+P(A_2)P(B|A_2)+P(A_3)P(B|A_3)=0.94$$

$$P(A_1|B)=\frac{P(A_1)P(B|A_1)}{P(B)}=0.85$$

9. **解** 设 A_1={甲车间生产的产品},A_2={乙车间生产的产品},A_3={丙车间生产的产品},D={次品},则

(1) $p(D)=\sum_{i=1}^{3} p(A_i)p(D|A_i)=0.0345$;

(2) $p(A_2|D)=\dfrac{p(A_2)P(D|A_2)}{\sum_{I=1}^{3} p(A_i)P(D|A_i)}=\dfrac{28}{69}$.

(四)

1. **证明**

$$\begin{aligned}P(A+B)P(AB)-P(A)P(B) &= (P(A)+P(B)-P(AB))P(AB)-P(A)P(\mathrm{B}) \\ &= -P(A)(P(B)-P(AB))+P(AB)(P(B)-P(AB) \\ &= -(P(B)-P(AB))(P(A)-P(AB)) \\ &= -P(B-A)P(A-B)\leqslant 0\end{aligned}$$

2. **证明** 由题设条件知,$ABC\subset D\Rightarrow P(ABC)\leqslant P(D)$,

$$\begin{aligned}&P(A)+P(B)-P(AB)\leqslant 1 \\ &\Rightarrow P(A)+P(B)\leqslant 1+P(AB) \\ &\Rightarrow P(A)+P(B)+P(C)\leqslant 1+P(AB)+P(C) \\ &\qquad =1+P(AB\cup C)+P(ABC) \\ &\qquad \leqslant 2+P(ABC) \\ &\qquad \leqslant 2+P(D)\end{aligned}$$

第二章 随机变量及其分布

一、内容提要

1. 随机变量的定义

对于给定的随机试验,Ω 是其样本空间,对 Ω 中每一个样本点 ω,有且只有一个实数 $X(\omega)$ 与之对应,则称此定义在 Ω 上的实值函数 X 为随机变量.通常用大写英文字母表示随机变量,用小写英文字母表示其取值.

2. 分布函数及其性质

设 X 是一个随机变量,x 是任意实数,函数 $F(x)=P(X\leqslant x)$ 称为 X 的分布函数.它表示事件$\{X\leqslant x\}$的概率,即随机点 X 在点 x 左方(含 x 点)的概率.

随机变量 X 的概率计算都可以借助其分布函数来完成:

$$P\{a<X\leqslant b\}=P\{X\leqslant b\}-P\{X\leqslant a\}=F(b)-F(a)$$

$F(x)$的性质:

(1) $F(x)$单调不减;

(2) $0\leqslant F(x)\leqslant 1$,且 $F(-\infty)=\lim\limits_{x\to-\infty}F(x)=0$,

$F(+\infty)=\lim\limits_{x\to+\infty}F(x)=1$ ——已知 $F(x)$求系数问题;

(3) $F(x+0)=F(x)$,即 $F(x)$是右连续的.

如果任一函数 $F(x)$满足上述性质,则 $F(x)$是分布函数.

3. 离散型随机变量及其分布律

当随机变量 X 的全部可能取的值是有限个值或可列个值时,我们称 X 为离散型随机变量.设离散型随机变量 X 可能取到的值为 $x_1,x_2,\cdots,x_n,\cdots$,$X$ 取各个值的相应的概率,即事件$\{X=x_k\}$的概率为 $P\{X=x_k\}=p_k,k=1,2,\cdots,n,\cdots$,此式称为离散型随机变量 X 的概率分布律(或称概率分布列).

分布律有时也由表格形式给出:

X	x_1	x_2	$\cdots$	x_n	$\cdots$
P	p_1	p_2	$\cdots$	p_n	$\cdots$

由概率的定义可知,p_k 满足如下两个条件:

(1) $p_k\geqslant 0,k=1,2,\cdots$;

(2) $\sum\limits_{k=1}^{\infty}p_k=1$.

4. 离散型随机变量分布律与分布函数关系

(1) 设离散型随机变量 X 分布律为

$$P\{X=x_k\}=p_k,\quad k=1,2,\cdots,n,\cdots$$

则 X 的分布函数为

$$F(x)=P\{X\leqslant x\}=\sum_{x_k\leqslant x}P\{X=x_k\}=\sum_{x_k\leqslant x}p_k,\quad -\infty<x<+\infty$$

(2) 若 X 的分布函数为 $F(x)$，则 $F(x)$ 的各跳跃点(间断点) x_k 就是 X 的可能值，且

$$p_k=P\{X=x_k\}=F(x_k)-F(x_k-0),\quad k=1,2,\cdots,n,\cdots$$

5. 连续型随机变量和其概率密度函数及其性质

设 X 为一个随机变量，若存在一个定义在 $(-\infty,+\infty)$ 内的非负函数 $f(x)$，使得 X 的分布函数 $F(x)$ 满足 $F(x)=\int_{-\infty}^{x}f(t)\mathrm{d}t$，则称 X 为连续型随机变量，并称 $f(x)$ 为 X 的概率密度函数，简称密度函数(或概率密度).

$f(x)$ 性质：(1) $f(x)\geqslant 0$；

(2) $\int_{-\infty}^{+\infty}f(x)\mathrm{d}x=1$ —— 已知 $f(x)$ 求系数问题；

(3) $P\{a<X\leqslant b\}=P\{X\leqslant b\}-P\{X\leqslant a\}$

$=F(B)-F(A)=\int_{a}^{b}f(x)dx$ —— 求 X 落在某区间的概率；

(4) 如果在 $f(x)$ 的连续点 x 处，有 $F'(x)=f(x)$；

(5) $f(x)$ 定义域 $(-\infty,+\infty)$ —— 注意分段时不要落下某一段.

注意：对连续型随机变量 X 在任一指定点 x_0 处，其概率为零，即 $P\{X=x_0\}=0$，所以 $P\{a\leqslant X\leqslant b\}=P\{a\leqslant X<b\}=P\{a<X<b\}=P\{a<X\leqslant b\}=\int_{a}^{b}f(x)\mathrm{d}x$.

6. 常用概率密度

(1) 两点分布(0−1 分布)：若 X 只能取 0 与 1 两个值，且 $P(X=0)=1-p$，$P(X=1)=p$，则称 X 服从(0−1)分布，记为 $X\sim B(1,p)$.

(2) 二项分布：若 X 的取值为 $0,1,2\cdots n$，且 $P(X=k)=C_n^k p^k(1-p)^{n-k}$，$k=0,1,\cdots n$；则称 X 服从二项分布，记为 $X\sim B(n,p)$.

二项分布 $B(n,p)$，就是在 n 重独立重复试验中事件 A 恰好发生的次数，p 为事件 A 在每次试验中发生的概率.

(3) 泊松分布：若 X 的可能取值为 $0,1,2,\cdots$，且

$P(X=k)=\dfrac{\lambda^k e^{-\lambda}}{k!}$，$k=0,1,\cdots$，其中 $\lambda>0$ 是常数，称 X 服从参数为 λ 的泊松分布，记为 $X\sim P(\lambda)$.

当 $n\to\infty$，p 较小且 $np=\lambda$ 时，二项分布以泊松分布为其极限，即

$$C_n^k p^k q^{n-k}\to\frac{\lambda^k e^{-\lambda}}{k!},\ p\text{ 较小时},\lambda=np$$

(4) 均匀分布:若连续型随机变量 X 具有概率密度

$$f(x)=\begin{cases}\dfrac{1}{b-a}, & a<x<b\\ 0, & 其他\end{cases}$$

则称 X 在区间(a,b)上服从均匀分布,记为 $X\sim U(a,b)$.

$$分布函数\ F(x)=\begin{cases}0, & x<a\\ \dfrac{x-a}{b-a}, & a\leqslant x<b\\ 1, & x\geqslant b\end{cases}$$

(5) 指数分布:设连续型随机变量 X 的密度函数为

$$f(x)=\begin{cases}\lambda e^{-\lambda x}, & x\geqslant 0\\ 0, & 其他\end{cases}$$

其中 $\lambda>0$ 为常数,则称 X 服从参数为 λ 的指数分布,记为 $X\sim e(\lambda)$.

$$分布函数\ F(x)=\begin{cases}1-e^{-\lambda x}, & x>0\\ 0, & x\leqslant 0\end{cases}$$

(6) 正态分布:设连续型随机变量 X 的概率密度为

$$f(x)=\frac{1}{\sqrt{2\pi}\sigma}e^{-\frac{(x-\mu)^2}{2\sigma^2}},-\infty<x<+\infty$$

其中 μ,σ 为常数,且 $\sigma>0$,则称 X 服从参数为 μ,σ 的正态分布,记为 $X\sim N(\mu,\sigma^2)$.

分布函数:$F(x)=\dfrac{1}{2\pi\sigma}\int_{-\infty}^{x}e^{-\frac{(t-\mu)^2}{2\sigma^2}}dt,-\infty<x<+\infty$

正态分布的概率密度函数有如下性质.

① $f(x)$ 处处连续;

② $f(x)\geqslant 0$;

③ $\int_{-\infty}^{+\infty}f(x)dx=1$;

④ 曲线 $f(x)$ 关于 $x=\mu$ 对称;

⑤ 当 $x=\mu$ 时,$f(x)=\dfrac{1}{\sqrt{2\pi}\sigma}$ 最大;

⑥ 当 $x=\mu\pm\sigma$ 时有拐点$\left(\mu-\sigma,\dfrac{1}{\sqrt{2\pi e}\sigma}\right)$,$\left(\mu+\sigma,\dfrac{1}{\sqrt{2\pi e}\sigma}\right)$.

当 μ 固定时,曲线位置不变,但形状随 σ 的不同而改变,σ 越大,曲线越扁平,即分布越分散,σ 越小,曲线越陡峭,即分布越集中.

注意:当 $\mu=0,\sigma=1$ 时,称 X 服从标准正态分布,记为 $X\sim N(0,1)$.

此时概率密度函数 $\varphi(x)=\dfrac{1}{\sqrt{2\pi}}e^{-\frac{x^2}{2}}$,分布函数

$$\Phi(x)=\frac{1}{\sqrt{2\pi}}\int_{-\infty}^{x}e^{-\frac{t^2}{2}}dt$$

如果 $X\sim N(0,1)$，则

$$\Phi(-a)=1-\Phi(a),a>0$$

$$\Phi(0)=\frac{1}{2}$$

$$P\{a<X\leqslant b\}=\Phi(b)-\Phi(a)=\int_a^b\varphi(x)\mathrm{d}x$$

定理：若 $X\sim N(\mu,\sigma^2)$，则随机变量 $Y=\dfrac{X-\mu}{\sigma}$服从标准正态分布，即 $Y\sim N(0,1)$. 同时 $P(a<X\leqslant b)=\Phi\left(\dfrac{b-\mu}{\sigma}\right)-\Phi\left(\dfrac{a-\mu}{\sigma}\right)$.

7. 离散型随机变量函数的分布

如果 X 是一个离散型随机变量，$Y=g(x)$，显然 Y 也是一个离散型随机变量，则可用离散型随机变量分布律的求法求 Y 的分布.

8. 连续型随机变量函数的分布

如果 X 是一个连续型随机变量，其密度函数 $f_X(x)$，已知 $Y=g(X)$，则 Y 也是一个连续型随机变量，要求 Y 的密度函数 $f_Y(y)$.

法 1：(1)先求 Y 的分布函数 $F_Y(y)$

$$F_Y(y)=P\{Y\leqslant y\}=P\{g(x)\leqslant y\}=\int_{g(x)\leqslant y}f_X(x)\mathrm{d}x$$

(2) 再求 Y 的密度函数 $f_Y(y)$：$f_Y(y)=F'_Y(y)$.

法 2：设随机变量 X 的密度函数为 $f_X(x)$，$-\infty<x<+\infty$，又设函数 $y=g(x)$处处可导且恒有 $g'(x)>0$(或恒有 $g'(x)<0$)，则 Y 是连续型随机变量，其密度函数为

$$f_Y(y)=\begin{cases}f_X[h(y)]h'(y), & \alpha<y<\beta\\ 0, & \text{其他}\end{cases}$$

其中 $\alpha=\min\{g(-\infty),g(+\infty)\}$，$\beta=\max\{g(-\infty),g(+\infty)\}$，$h(y)$是 $g(x)$的反函数.

二、习题全解

1. 设随机变量 X 的分布函数为

$$F(x)=\begin{cases}0, & x<-1\\ 0.4, & -1\leqslant x<1\\ 0.8, & 1\leqslant x<3\\ 1, & x\geqslant 3\end{cases}$$

求 X 的分布律.

解 易见 $F(x)$有 3 个间断点，分别为$-1,1,3$. 故随机变量 X 有 3 个可能值. 则

$$P\{X=-1\}=F(-1)-F(-1-0)=0.4$$
$$P\{X=1\}=F(1)-F(1-0)=0.8-0.4=0.4$$
$$P\{X=3\}=F(3)-F(3-0)=1-0.8=0.2$$

即

X	-1	1	3
P	0.4	0.4	0.2

2. 设 X 的分布列为

X	-1	0	1
P	0.15	0.20	0.65

求 X 的分布函数 $F(x)$.

解 当 $x<-1$ 时，$F(x)=P\{X\leqslant x\}=P(\varnothing)=0$；

当 $-1\leqslant x<0$ 时，$F(x)=P\{X\leqslant x\}=P(X=-1)=0.15$；

当 $0\leqslant x<1$ 时，$F(x)=P\{X\leqslant x\}=P\{X=-1\}+P\{X=0\}=0.15+0.20=0.35$；

当 $x\geqslant 1$ 时，显然有 $F(x)=P\{X\leqslant x\}=1$，所以 X 的分布函数为

$$F(x)=\begin{cases}0, & x<-1\\ 0.15, & -1\leqslant x<0\\ 0.35, & 0\leqslant x<1\\ 1, & x\geqslant 1\end{cases}$$

$F(x)$ 的图形是一条阶梯形的曲线，在 $x=-1,0,1$ 处有跳跃点，跳跃值分别是 0.15，0.20，0.65.

3. 设随机变量 X 的分布律为

X	1	2	3
P	$\frac{1}{4}$	$\frac{1}{2}$	$\frac{1}{4}$

求：(1) X 的分布函数；(2) $P(X\leqslant\frac{1}{2})$，$P(\frac{1}{2}<X\leqslant\frac{3}{2})$，$P(2\leqslant X\leqslant 3)$.

解 (1) 当 $x<1$ 时，$F(x)=P\{X\leqslant x\}=P(\varnothing)=0$；

当 $1\leqslant x<2$ 时，$F(x)=P\{X\leqslant x\}=P(X=1)=1/4$；

当 $2\leqslant x<3$ 时，$F(x)=P\{X\leqslant x\}=P\{X=1\}+P\{X=2\}=1/4+1/2=3/4$；

当 $x\geqslant 3$ 时，显然有 $F(x)=P\{X\leqslant x\}=1$，所以 X 的分布函数为

$$F(x)=\begin{cases}0, & x<1\\ 1/4, & 1\leqslant x<2\\ 3/4, & 2\leqslant x<3\\ 1, & x\geqslant 3\end{cases}$$

(2) $P(X\leqslant\frac{1}{2})=0$；

$P(\frac{1}{2}<X\leqslant\frac{3}{2})=P(X=1)=1/4$；

$P(2\leqslant X\leqslant 3)=P(X=2)+P(X=3)=3/4$.

4. 20 件产品中有 4 件为次品，从中抽 6 件，以 X 表示次品的个数，在有放回和不放回两种情况下，分别求：(1)随机变量 X 的分布律；(2)x 的分布函数.

解 有放回抽样：X 的所有可能取值为 0,1,2,3,4,5,6；X 的分布列为 $P(X=k)=C_6^k\cdot(0.2)^k\cdot(0.8)^{6-k}$，$k=0,1,2,3,4,5,6$.

X 的分布函数为

$$F(x)=\begin{cases}0, & x<0\\ 0.262, & 0\leqslant x<1\\ 0.655, & 1\leqslant x<2\\ 0.901, & 2\leqslant x<3\\ 0.983, & 3\leqslant x<4\\ 0.998, & 4\leqslant x<5\\ 0.999, & 5\leqslant x<6\\ 1, & x\geqslant 6\end{cases}$$

无放回抽样：X 的所有可能取值为 0,1,2,3,4；X 的分布列为 $P(X=k)=\dfrac{C_4^k\cdot C_{16}^{6-k}}{C_{20}^6}$，$k=0,1,2,3,4$.

X 的分布函数为

$$F(x)=\begin{cases}0, & x<0\\ 0.207, & 0\leqslant x<1\\ 0.657, & 1\leqslant x<2\\ 0.939, & 2\leqslant x<3\\ 0.997, & 3\leqslant x<4\\ 1, & x\geqslant 4\end{cases}$$

5. 一袋中有 5 个球，编号为 1,2,3,4,5；在袋中同时取出 3 个球，以 X 表示取出 3 个球中的最大号码，求：(1)随机变量 X 的分布律；(2)分布函数.

解 X 的分布列为

X	3	4	5
P	$\frac{1}{10}$	$\frac{3}{10}$	$\frac{3}{5}$

当 $x<3$ 时，$F(x)=P\{X\leqslant x\}=P(\varnothing)=0$；

当 $3\leqslant x<4$ 时，$F(x)=P\{X\leqslant x\}=P(X=3)=1/10$；

当 $4\leqslant x<5$ 时，$F(x)=P\{X\leqslant x\}=P\{X=3\}+P\{X=4\}=1/10+3/10=2/5$；

当 $x\geqslant 4$ 时，显然有 $F(x)=P\{X\leqslant x\}=1$，X 的分布函数为

$$F(x)=\begin{cases}0, & x<3\\ 1/10, & 3\leqslant x<4\\ 2/5, & 4\leqslant x<5\\ 1, & x\geqslant 5\end{cases}$$

6. 设随机变量 X 服从参数为 λ 的泊松分布，且 $P\{X=1\}=P\{X=2\}$，求 λ.

解 X 服从参数为 λ 的泊松分布，则 X 的分布列为 $P(X=k)=\dfrac{\lambda^k\cdot e^{-\lambda}}{k!}$，$k=0,1,2,\cdots$；由 $P\{X=1\}=P\{X=2\}$，则 $\dfrac{\lambda\cdot e^{-\lambda}}{1}=\dfrac{\lambda^2\cdot e^{-\lambda}}{2}$，所以 $\lambda=2$.

7. 设随机变量 $X\sim B(2,p)$，$Y\sim B(3,p)$，若 $p\{X\geqslant 1\}=\dfrac{5}{9}$，求 $p\{Y\geqslant 1\}$.

解 $X\sim B(2,p)$，所以 X 的分布列为 $P(X=k)=C_2^k\cdot p^k\cdot(1-p)^{2-k}$，$k=0,1,2$；所以 $p\{X\geqslant 1\}=1-P\{X<1\}=1-P\{X=0\}=1-(1-p)^2=\dfrac{5}{9}$，解得 $p=\dfrac{1}{3}$；因此 $p\{Y\geqslant 1\}=1-p\{Y=0\}=1-(1-p)^3=\dfrac{19}{27}$.

8. 设 $f(x)=\begin{cases}\dfrac{c}{1+x^2}, & 0\leqslant x\leqslant 1\\ 0, & \text{其他}\end{cases}$ 是随机变量 X 的概率密度函数，求 c.

解 由 $\int_{-\infty}^{+\infty}f(x)\mathrm{d}x=1$，得 $\int_0^1\dfrac{c}{1+x^2}\mathrm{d}x=1$，所以 $c\cdot\arctan x\Big|_0^1=c\cdot\dfrac{\pi}{4}=1$，解得 $c=\dfrac{4}{\pi}$.

9. 连续型随机变量 X 的分布函数为

$$F(x)=\begin{cases}a+Be^{-\lambda x}, & x>0\\ 0, & x\leqslant 0\end{cases}$$

其中 $\lambda>0$ 为常数.

求：(1) a 和 B；(2) $P(X<2)$.

解 (1) 由 $F(+\infty)=\lim\limits_{x\to+\infty}F(x)=1$，得 $a=1$；又因为 X 是连续型随机变量，所以 $F(x)$ 处处连续，故 $F(0-0)=F(0)$，即 $a+B=0$，$B=-a=-1$，故 $a=1$，$B=-1$.

所以

$$F(x)=\begin{cases}1-e^{-\lambda x}, & x>0\\ 0, & x\leqslant 0\end{cases}$$

(2) $P(X<2)=F(2)=1-e^{-2\lambda}$.

10. 设随机变量 X 服从参数 $\lambda=2$ 的指数分布. 证明：$Y=1-e^{-2X}$ 在区间 $(0,1)$ 上服从均匀分布.

证明 根据题设，X 的密度函数为

$$f_X(x)=\begin{cases}2e^{-2x}, & x\geqslant 0\\ 0, & \text{其他}\end{cases}$$

由 $Y=1-e^{-2X}$，故 $0<Y<1$.

当 $y\leqslant 0$ 时，$F_Y(y)=0$；当 $y\geqslant 1$ 时，$F_Y(y)=1$；

当 $0<y<1$ 时，有

$$F_Y(y)=P(Y\leqslant y)=P(1-e^{-2X}\leqslant y)=P\left(X\leqslant -\frac{1}{2}\ln(1-y)\right)$$

$$=\int_0^{-\frac{1}{2}\ln(1-y)} f_X(x)\mathrm{d}x=\int_0^{-\frac{1}{2}\ln(1-y)} 2e^{-2x}\mathrm{d}x$$

故
$$f_Y(y)=F'_Y(y)=2e^{-2\left(-\frac{1}{2}\ln(1-y)\right)}\frac{1}{2(1-y)}=1$$

故

$$f_Y(y)=\begin{cases}1, & 0<y<1\\ 0, & \text{其他}\end{cases}$$

即 $Y=1-e^{-2X}$ 在 $(0,1)$ 上服从均匀分布.

11. 设随机变量 X 的概率密度函数为

$$f(x)=\begin{cases}k\sqrt{x}, & 0\leqslant x\leqslant 1\\ 0, & \text{其他}\end{cases}$$

(1) 求常数 k;(2) 求 X 的分布函数 $F(x)$;(3) 求 $P\left\{X>\frac{1}{4}\right\}$.

解 (1) 由 $\int_{-\infty}^{+\infty}f(x)\mathrm{d}x=1$,得 $\int_0^1 k\sqrt{x}\,\mathrm{d}x=1$,即 $k\cdot\frac{2}{3}x^{\frac{3}{2}}\Big|_0^1=1$,

解得 $k=\frac{3}{2}$,于是 X 的密度函数为

$$f(x)=\begin{cases}\frac{3}{2}\sqrt{x}, & 0\leqslant x\leqslant 1\\ 0, & \text{其他}\end{cases}$$

(2) 当 $x<0$ 时,显然 $F(x)=0$.

当 $0\leqslant x<1$ 时,$F(x)=\int_0^x\frac{3}{2}\sqrt{t}\,\mathrm{d}t=x^{\frac{3}{2}}$;

当 $x\geqslant 1$ 时,$F(x)=\int_0^1\frac{3}{2}\sqrt{t}\,\mathrm{d}t=1$.

所以 X 的分布函数为

$$F(x)=\begin{cases}0, & x<0\\ x^{\frac{3}{2}}, & 0\leqslant x<1\\ 1, & x\geqslant 1\end{cases}$$

(3) $P\left\{X>\frac{1}{4}\right\}=1-F\left(\frac{1}{4}\right)=1-\frac{1}{8}=\frac{7}{8}$.

12. 设随机变量 X 密度函数 $p(x)=\begin{cases}A\sin x, & x\in[0,\pi]\\ 0, & \text{其他}\end{cases}$.

求:(1) 常数 A;(2) 分布函数 $F(x)$;(3) $P\left\{\frac{\pi}{2}<X<\frac{3\pi}{4}\right\}$.

解 (1) 由 $\int_{-\infty}^{+\infty}f(x)\mathrm{d}x=1$,得 $\int_0^{\pi}A\sin x\mathrm{d}x=1$,即 $A\cdot(-\cos x)\Big|_0^{\pi}=1$,解得 $A=\frac{1}{2}$,

于是 X 的密度函数为

$$p(x)=\begin{cases}\frac{1}{2}\sin x, & 0\leqslant x\leqslant \pi \\ 0, & \text{其他}\end{cases}$$

(2) 当 $x<0$ 时,显然 $F(x)=0$.

当 $0\leqslant x<\pi$ 时, $F(x)=\int_0^x \frac{1}{2}\sin t\mathrm{d}t=\frac{1}{2}(-\cos t)\Big|_0^x=\frac{1}{2}(1-\cos x)$;

当 $x\geqslant\pi$ 时, $F(x)=\int_0^\pi \frac{1}{2}\sin t\mathrm{d}t=1$.

所以 X 的分布函数为

$$F(x)=\begin{cases}0, & x<0 \\ \frac{1}{2}(1-\cos x), & 0\leqslant x<\pi \\ 1, & x\geqslant\pi\end{cases}$$

(3) $P\left\{\frac{\pi}{2}<X<\frac{3\pi}{4}\right\}=F\left(\frac{3\pi}{4}\right)-F\left(\frac{\pi}{2}\right)=\frac{\sqrt{2}}{4}$.

13. 设随机变量 X 的密度函数为

$$f(x)=\begin{cases}3x^2, & 0<x\leqslant 1 \\ 0, & \text{其他}\end{cases}$$

用 Y 表示 X 的 3 次独立重复观察中事件$\left(X\leqslant\frac{1}{2}\right)$出现的次数,求 $P(Y=2)$.

解

$$p=P\left(X\leqslant\frac{1}{2}\right)=\int_{-\infty}^{\frac{1}{2}}f(x)\mathrm{d}x=\int_0^{\frac{1}{2}}3x^2\mathrm{d}x=\frac{1}{8}$$

所以

$$P(Y=2)=\mathrm{C}_3^2\cdot p^2\cdot(1-p)^{3-2}=3\times\frac{1}{64}\times\frac{7}{8}=\frac{21}{512}$$

14. 某型号的灯泡的寿命 X (单位:h)的密度函数为

$$f(x)=\begin{cases}\frac{1000}{x^2}, & x>1000 \\ 0, & \text{其他}\end{cases}$$

现有一大批这种灯泡,任取 5 只,问其中至少有 2 只寿命大于 1500h 的概率是多少?

解 由题意

$$\begin{aligned}P(X>1500)&=1-P(X\leqslant 1500)\\&=1-\int_{1000}^{1500}\frac{1000}{x^2}\mathrm{d}x=1+\frac{1000}{x}\Big|_{1000}^{1500}=\frac{2}{3}\end{aligned}$$

记 A="其中至少有 2 只寿命大于 1500h",则

$$P(A)=1-P(\overline{A})=1-\left(\frac{1}{3}\right)^5-\mathrm{C}_5^1\left(\frac{2}{3}\right)\cdot\left(\frac{1}{3}\right)^4=\frac{232}{243}$$

15. 设 X 是$[0,1]$上的连续型随机变量, $P(X\leqslant 0.29)=0.75$, $Y=1-X$,试确定 y,使

$P(Y\leqslant y)=0.25$.

解 由题意，$P(Y\leqslant y)=P(1-X\leqslant y)=P(1-y\leqslant X)=0.25$，而 X 是 $[0,1]$ 上的连续型随机变量，且 $P(X\leqslant 0.29)=0.75$，所以 $P(X>0.29)=1-P(X\leqslant 0.29)=0.25$. 故 $1-y=0.29\Rightarrow y=0.71$.

16. 随机变量 $X\sim U(0,5)$，求方程 $4t^2+4Xt+X+2=0$ 有实根的概率.

解 $X\sim U(0,5)$，则其密度函数为

$$f(x)=\begin{cases}\frac{1}{5}, & 0<x<5\\ 0, & \text{其他}\end{cases}$$

当判别式 $(4X)^2-4\times 4\times(X+2)=16X^2-16X-32\geqslant 0$，即 $X\geqslant 2$ 或 $X\leqslant -1$ 时，方程 $4t^2+4Xt+X+2=0$ 有实根.

$$P(X\geqslant 2)+P(X\leqslant -1)=\frac{1}{5}\times 3+0=\frac{3}{5}.$$

17. 假设测量误差 $X\sim N(0,10^2)$，试求在 100 次独立测量中，至少有 3 次测量误差的绝对值大于 19.6 的概率 α，并利用泊松分布求出 α 的近似值.

解 $p=P(|X|>19.6)=P\left(\left|\frac{X}{10}\right|>1.96\right)=0.05$

令 Y 表示 100 次独立测量中事件 $\{|X|>19.6\}$ 发生的次数，则 $Y\sim B(100,0.05)$，所求概率为

$$\begin{aligned}\alpha&=P(Y\geqslant 3)=1-P(Y<3)=1-P(Y=0)-P(Y=1)-P(Y=2)\\&=1-(0.95)^3-100\times 0.05\times(0.95)^{99}-\frac{100\times 99}{2!}\times 0.05^2\times(0.95)^{98}\\&\approx 1-e^{-\lambda}-\lambda e^{-\lambda}-\frac{\lambda^2}{2!}e^{-\lambda}\,(\lambda=100\times 0.05=5)\\&=1-e^{-\lambda}\left(1+\lambda+\frac{\lambda^2}{2}\right)=1-0.007\times(1+5+12.5)\approx 0.87\end{aligned}$$

18. 若 $X\sim N(1,9)$，求 $P(X\leqslant 2)$，$P(1<X\leqslant 5)$.

解
$$P(X\leqslant 2)=\Phi\left(\frac{2-1}{3}\right)=\Phi(0.33)=0.6293$$

$$\begin{aligned}P(1<X\leqslant 5)&=\Phi\left(\frac{5-1}{3}\right)-\Phi\left(\frac{1-1}{3}\right)\\&=\Phi(1.33)-\Phi(0)=0.9082-0.5=0.4082\end{aligned}$$

19. 设 $X\sim N(3,2^2)$，求：

(1) $P\{2<X\leqslant 5\}$，$P\{-4<X\leqslant 10\}$，$P\{X>3\}$，$P\{|X|>2\}$；

(2) 确定 b，使 $P\{X>b\}=P\{X\leqslant b\}$；

(3) 设 a 满足 $P\{X>a\}\geqslant 0.9$，问 a 至多为多少？

解 (1) $P\{2<X\leqslant 5\}=P\left(\frac{2-3}{2}<\frac{X-3}{2}\leqslant\frac{5-3}{2}\right)=\Phi(1)-\Phi\left(-\frac{1}{2}\right)$

$$=\Phi(1)-\left(1-\Phi\left(\frac{1}{2}\right)\right)=0.8413-1+0.6915=0.5328$$

$$P\{-4<X\leqslant 10\}=P\left(\frac{-4-3}{2}<\frac{X-3}{2}\leqslant\frac{10-3}{2}\right)$$

$$=\Phi\left(\frac{7}{2}\right)-\Phi\left(-\frac{7}{2}\right)=2\Phi\left(\frac{7}{2}\right)-1=0.9996$$

$$P\{X>3\}=1-P(X\leqslant 3)=1-P\left(\frac{X-3}{2}\leqslant\frac{3-3}{2}\right)=1-\Phi(0)=1-0.5=0.5$$

$$P\{|X|>2\}=P(X>2)+P(X<-2)=1-P(X\leqslant 2)+P(X<-2)$$

$$=1-P\left(\frac{X-3}{2}\leqslant\frac{2-3}{2}\right)+P\left(\frac{X-3}{2}\leqslant\frac{-2-3}{2}\right)$$

$$=1-\Phi\left(-\frac{1}{2}\right)+\Phi\left(-\frac{5}{2}\right)=0.6977$$

(2) 由 $P\{X>b\}=P\{X\leqslant b\}$，则 $1-P\{X\leqslant b\}=P\{X\leqslant b\}$，$P\{X\leqslant b\}=P\left(\frac{X-3}{2}\leqslant\frac{b-3}{2}\right)=\frac{1}{2}$，所以 $\Phi\left(\frac{b-3}{2}\right)=\frac{1}{2}$，查表得 $\frac{b-3}{2}=0$，故 $b=3$.

(3) $P\{X>a\}=1-P(X\leqslant a)=1-P\left(\frac{X-3}{2}\leqslant\frac{a-3}{2}\right)$

$$=1-\Phi\left(\frac{a-3}{2}\right)\geqslant 0.9$$

得 $\Phi\left(\frac{a-3}{2}\right)\leqslant 0.1$，查表得 $\Phi(1.28)=0.9$，故 $\Phi(-1.28)=0.1$，所以 $\frac{a-3}{2}\leqslant -1.28$，解得 $a\leqslant 0.44$.

20. 若 $X\sim N(\mu,\sigma^2)$，其中 $\mu=25,\sigma=5$，试求：$P(X>20)$.

解 $P(X>20)=1-P(X\leqslant 20)=1-P\left(\frac{X-25}{5}\leqslant\frac{20-25}{5}\right)$.

$$=1-\Phi(-1)=\Phi(1)=0.8413$$

21. 设 $X\sim N(110,12^2)$，求：

(1) $P\{X\leqslant 105\}$，$P\{100<X\leqslant 120\}$；

(2) 确定最小的 b，使 $P\{X>b\}\leqslant 0.05$.

解 (1) $P\{X\leqslant 105\}=P\left(\frac{X-110}{12}\leqslant\frac{105-110}{12}\right)=\Phi\left(-\frac{5}{12}\right)$

$$=1-\Phi\left(\frac{5}{12}\right)=1-0.6628=0.3372$$

$$P\{100<X\leqslant 120\}=P\left(\frac{100-110}{12}<\frac{X-110}{12}\leqslant\frac{120-110}{12}\right)$$

$$=\Phi\left(\frac{5}{6}\right)-\Phi\left(-\frac{5}{6}\right)=2\Phi\left(\frac{5}{6}\right)-1=0.5934$$

(2) $P\{X>b\}=1-P(X\leqslant b)=1-P\left(\frac{X-110}{12}\leqslant\frac{b-110}{12}\right)$

$$=1-\Phi\left(\frac{b-110}{12}\right)\leqslant 0.05$$

所以 $\Phi\left(\frac{b-110}{12}\right)\geqslant 0.95$，查表得 $\Phi(1.65)=0.9505$，所以 $\frac{b-110}{12}=1.65$，解得 $b=129.8$.

22. 设随机变量 X 的分布律为

X	-1	0	3
P	0.2	0.3	0.5

求 $Y=2X^2+1$ 及 $Z=3X+1$ 的分布律.

解 Y 的可能取值为 3,1,19,则

$$P\{Y=3\}=P\{2X^2+1=3\}=P\{X=1\}=0.2$$
$$P\{Y=1\}=P\{2X^2+1=1\}=P\{X=0\}=0.3$$
$$P\{Y=19\}=P\{2X^2+1=19\}=P\{X=3\}=0.5$$

所以

Y	3	1	19
P	0.2	0.3	0.5

Z 的可能取值为 $-2,1,10$,则

$$P\{Z=-2\}=P\{3X+1=-2\}=P\{X=-1\}=0.2$$
$$P\{Z=1\}=P\{3X+1=1\}=P\{X=0\}=0.3$$
$$P\{Z=10\}=P\{3X+1=10\}=P\{X=3\}=0.5$$

所以

Z	-2	1	10
P	0.2	0.3	0.5

23. 设随机变量 $x\sim N(0.1)$,求下列随机变量 Y 的概率密度函数.

(1) $Y=2X-1$；(2) $Y=\mathrm{e}^{-X}$.

$$f_X(x)=\frac{1}{\sqrt{2\pi}}\mathrm{e}^{-\frac{x^2}{2}},-\infty<x<+\infty$$

(1) $F_Y(y)=P(Y\leqslant y)=P(2X-1\leqslant y)=p(X\leqslant\frac{y+1}{2})$

$$=\int_{-\infty}^{\frac{y+1}{2}}f_X(x)\mathrm{d}x=\int_{-\infty}^{\frac{y+1}{2}}\frac{1}{\sqrt{2\pi}}\mathrm{e}^{-\frac{x^2}{2}}\mathrm{d}x$$

从而 $f_Y(y)=F'_Y(y)=\frac{1}{\sqrt{2\pi}}\mathrm{e}^{-\left(\frac{\frac{y+1}{2}}{2}\right)^2}\cdot\frac{1}{2}$

故 $f_Y(y)=\frac{1}{2\sqrt{2\pi}}\mathrm{e}^{-\left(\frac{y+1}{8}\right)^2},-\infty<y<+\infty$

(2) $Y=\mathrm{e}^{-x}$,故 $Y>0$. 所以 $y\leqslant 0$ 时,$\{Y\leqslant y\}$是不可能事件.

$$F_Y(y)=P(Y\leqslant y)=0,f_Y(y)=F_Y^1(y)=0$$

当 $y>0$ 时,有

$$F_Y(y)=P(Y\leqslant y)=P(\mathrm{e}^{-x}\leqslant y)=P(X\geqslant-\ln y)=\int_{-\ln y}^{+\infty}f_X(x)\mathrm{d}x$$
$$=\int_{-\ln y}^{+\infty}\frac{1}{\sqrt{2\pi}}\mathrm{e}^{-\frac{x^2}{2}}\mathrm{d}x$$

从而 $f_Y(y)=F'_Y(y)=-\frac{1}{\sqrt{2\pi}}\mathrm{e}^{-\frac{(-\ln y)^2}{2}}\left(-\frac{1}{y}\right)=\frac{1}{\sqrt{2\pi}y}\mathrm{e}^{-\frac{(\ln y)^2}{2}}$

故 $f_Y(y)=\begin{cases}\frac{1}{\sqrt{2\pi}y}\mathrm{e}^{-\frac{(\ln y)^2}{2}}, & y>0\\ 0, & y\leqslant 0\end{cases}$

24. 设随机变量 $X\sim U\left(-\frac{\pi}{2},\frac{\pi}{2}\right)$,试求 $Y=A\sin X$(A 是常数)的概率密度函数.

解 由题设知,X 的概率密度为

$$f_X(x)=\begin{cases}\frac{1}{\pi}, & -\frac{\pi}{2}<x<\frac{\pi}{2}\\ 0, & \text{其他}\end{cases}$$

$A>0$ 时,有

$$F_Y(y)=P(Y\leqslant y)=P(A\sin X\leqslant y)=P\left(\sin X\leqslant\frac{y}{A}\right)$$
$$=P\left(-\frac{\pi}{2}<X\leqslant\arcsin\frac{y}{A}\right)=\int_{-\frac{\pi}{2}}^{\arcsin\frac{y}{A}}f_X(x)\mathrm{d}x=\int_{-\frac{\pi}{2}}^{\arcsin\frac{y}{A}}\frac{1}{\pi}\mathrm{d}x$$

故 $$f_Y(y)=F'_Y(y)=\frac{1}{A\pi}\cdot\frac{1}{\sqrt{1-\left(\frac{y}{A}\right)^2}}=\frac{1}{\pi\sqrt{A^2-y^2}},\quad -A<y<A$$

则 $$f_Y(y)=\begin{cases}\frac{1}{\pi\sqrt{A^2-y^2}}, & -A<y<A\\ 0, & \text{其他}\end{cases}$$

同理可得,$A<0$ 时,有

$$f_Y(y)=\begin{cases}\frac{1}{\pi\sqrt{A^2-y^2}}, & A<y<-A\\ 0, & \text{其他}\end{cases}$$

当 $A=0$ 时,$Y\equiv 0$,所以 $P(Y\equiv 0)=1$.

25. 设随机变量 $X\sim U(0,1)$，试求：(1)$Y=e^{2X}$ 的概率密度函数；(2)$Y=-\ln X$ 的概率密度函数.

解 (1)由题设知，X 的概率密度为

$$f_X(x)=\begin{cases}1, & 0<x<1\\ 0, & \text{其他}\end{cases}$$

$$F_Y(y)=P(Y\leqslant y)=P(e^{2X}\leqslant y)=P\left(X\leqslant \frac{1}{2}\ln y\right)$$
$$=\int_0^{\frac{1}{2}\ln y} f_X(x)\mathrm{d}x=\int_0^{\frac{1}{2}\ln y}\mathrm{d}x$$

故 $f_Y(y)=F'_Y(y)=\dfrac{1}{2y}$，$0\leqslant\dfrac{1}{2}\ln y\leqslant 1$，则

$$f_Y(y)=\begin{cases}\dfrac{1}{2y}, & 1\leqslant y\leqslant e^2\\ 0, & \text{其他}\end{cases}$$

(2) 由 $Y=-\ln X$ 知，Y 的取值必为非负，故当 $y<0$ 时，$\{Y\leqslant y\}$ 是不可能事件，所以 $F_Y(y)=P(Y\leqslant y)=0$，$f_Y(y)=0$.

当 $y\geqslant 0$ 时，$F_Y(y)=P(Y\leqslant y)=P(-\ln X\leqslant y)=P(\ln X\geqslant -y)$

$$=P(X\geqslant e^{-y})=\int_{e^{-y}}^1 f_X(x)\mathrm{d}x=\int_{e^{-y}}^1\mathrm{d}x$$

从而 $f_Y(y)=F'_Y(y)=e^{-y}$，故

$$f_Y(y)=\begin{cases}e^{-y}, & y\geqslant 0\\ 0, & y<0\end{cases}$$

三、典型例题

(一)选择题

例 1 下列函数中，能作为随机变量密度函数的是(　).

(A) $f(x)=\begin{cases}\sin x, 0\leqslant x\leqslant\pi\\ 0, \text{其他}\end{cases}$　　(B) $f(x)=\begin{cases}\sin x, 0\leqslant x\leqslant\dfrac{\pi}{2}\\ 0, \text{其他}\end{cases}$

(C) $f(x)=\begin{cases}\sin x, -\dfrac{\pi}{2}\leqslant x\leqslant\dfrac{\pi}{2}\\ 0, \text{其他}\end{cases}$　　(D) $f(x)=\begin{cases}\sin x, 0\leqslant x\leqslant\dfrac{3\pi}{2}\\ 0, \text{其他}\end{cases}$

解 随机变量密度函数 $f(x)$ 满足 $f(x)\geqslant 0$ 且 $\int_{-\infty}^{+\infty}f(x)\mathrm{d}x=1$. 选(B).

例 2 设 $F(x)$ 和 $f(x)$ 分别为某随机变量的分布函数和概率密度，则必有(　)

(A) $f(x)$ 单调不减　　(B) $\int_{-\infty}^{+\infty}F(x)\mathrm{d}x=1$

(C) $F(-\infty)=0$　　(D) $F(x)=\int_{-\infty}^{+\infty}f(x)\mathrm{d}x$

解 由分布函数和密度函数的性质可知(C)为正确答案.

例 3 下列函数中,可作为某个随机变量的分布函数的是( ).

(A)$F(x)=\frac{1}{1+x^2}$

(B)$F(x)=\frac{1}{2}+\frac{1}{\pi}\arctan x$

(C)$F(x)=\begin{cases}\frac{1}{2}(1-e^{-x}), & x>0\\ 0, & x\leqslant 0\end{cases}$

(D)$F(x)=\int_{-\infty}^{x}f(t)dt$,其中$\int_{-\infty}^{+\infty}f(t)dt=1$

解 随机变量的分布函数满足 $F(-\infty)=0,F(+\infty)=1$.选(B).

例 4 设 X_1,X_2 是随机变量,其分布函数分别为 $F_1(x),F_2(x)$,为使 $F(x)=aF_1(x)+bF_2(x)$是某一随机变量的分布函数,在下列给定的各组数值中应取( ).

(A) $a=\frac{3}{5},b=-\frac{2}{5}$　　(B) $a=\frac{2}{3},b=\frac{2}{3}$

(C) $a=-\frac{1}{2},b=\frac{3}{2}$　　(D) $a=\frac{1}{2},b=\frac{3}{2}$

解 要使 $F(x)$为某一随机变量的分布函数,必须使 $F(-\infty)=0,F(+\infty)=1$,又由题设 $F_1(+\infty)=1,F_2(+\infty)=1$,故有 $a+b=1$,只有(C)中 a,b 满足要求,故选(C).

例 5 设随机变量 X 的密度函数为 $f(x)$.且 $f(-x)=f(x)$,$F(x)$是 X 的分布函数.则对任意实数 a.有( ).

(A) $F(-a)=1-\int_0^a f(x)dx$　　(B) $F(-a)=\frac{1}{2}-\int_0^a f(x)dx$

(C) $F(-a)=F(a)$　　(D) $F(-a)=2F(a)-1$

解
$$F(0)=\int_{-\infty}^{0}f(x)dx \xlongequal{-x=t} -\int_{+\infty}^{0}f(-t)dt=\int_{0}^{+\infty}f(x)dt$$
$$=1-\int_{-\infty}^{0}f(x)dt=1-F(0)$$

所以 $F(0)=\frac{1}{2}$

$$F(-a)=\int_{-\infty}^{-a}f(x)dx=\int_{a}^{+\infty}f(x)dx=1-\int_{-\infty}^{a}f(x)dx$$
$$=1-\left(\int_{-\infty}^{0}f(x)dx+\int_0^a f(x)dx\right)=\frac{1}{2}-\int_0^a f(x)dx$$

所以选(B).

解 $F(x)=P(X\leqslant x)$,故 $F(3)=P(X\leqslant 3)=1$.选(D).

例 6 随机变量 X 的概率密度为 $f(x)=\begin{cases}\frac{c}{x^2}, x>1,\\ 0, x\leqslant 1,\end{cases}$ 则常数 c 等于( ).

(A) -1　　　　(B) $-\frac{1}{2}$

(C) $\frac{1}{2}$　　　　(D) 1

解　由$\int_{-\infty}^{+\infty} f(x)\mathrm{d}x = 1$,所以$\int_{1}^{+\infty} \frac{c}{x^2}\mathrm{d}x = -\frac{c}{x}\Big|_{1}^{+\infty} = -(0-c) = 1 \Rightarrow c = 1$. 选(D).

例 7　设随机变量 $X \sim U(0,5)$,则方程 $t^2+Xt+1=0$ 没有实根的概率为(　).

(A) $\frac{1}{5}$　　　　(B) $\frac{2}{5}$

(C) $\frac{3}{5}$　　　　(D) $\frac{4}{5}$

解　$X \sim U(0,5)$,故

$$f(x) = \begin{cases} \frac{1}{5}, & 0 < x < 5 \\ 0, & \text{其他} \end{cases}$$

方程 $t^2+Xt+1=0$ 没有实根,则 $\Delta = X^2-4<0$,即 $-2<X<2$,所以无实根的概率为 $\frac{2}{5}$. 选(B).

例 8　连续随机变量 X 的概率密度为

$$f(x) = \begin{cases} x, & 0 \leqslant x \leqslant 1 \\ 2-x, & 1 < x \leqslant 2 \\ 0, & \text{其他} \end{cases}$$

则随机变量 X 落在区间(0.4,1.2)内的概率为(　).

(A) 0.64　　　　(B) 0.6

(C) 0.5　　　　(D) 0.42

解　$P(0.4 < X < 1.2) = \int_{0.4}^{1} x\mathrm{d}x + \int_{1}^{1.2} (2-x)\mathrm{d}x = 0.6$. 选(B).

例 9　设 X 的分布律为 $P\{X=k\} = b\lambda^k, k=1,2,\cdots, b>0$,则(　).

(A) λ 为任意实数　　　　(B) $\lambda = b+1$

(C) $\lambda = \frac{1}{1+b}$　　　　(D) $\lambda = \frac{1}{b-1}$

解　随机变量 X 的分布律满足 $\sum_{k=1}^{\infty} p_k = 1$,所以 $\sum_{k=1}^{\infty} b\lambda^k = 1$,

即 $b \cdot \frac{\lambda}{1-\lambda} = 1 \Rightarrow \lambda = \frac{1}{1+b}$. 选(C).

例 10　设某种电子管的寿命 (h) 具有下面的密度函数

$$p(x) = \begin{cases} \frac{100}{x^2}, & x > 100, \\ 0, & x \leqslant 100, \end{cases}$$

装有这种电子管的仪器在开始使用的 150h 内，3 只这种管子没有 1 个需要更换的概率是(　).

(A) $\frac{1}{3}$　　(B) $\left(\frac{1}{3}\right)^3$

(C) $\frac{2}{3}$　　(D) $\left(\frac{2}{3}\right)^3$

解　管子不需要更换，则寿命大于 150h.

$$P(X>150)=\int_{100}^{150}\frac{100}{x^2}\mathrm{d}x=\frac{1}{3}$$

令 Y 表示对在开初使用的 150h 内，3 只这种管子不需要更换的个数，则 $Y\sim P\left(3,\frac{1}{3}\right)$，故 $P(Y=0)=\mathrm{C}_3^0\cdot\left(\frac{1}{3}\right)^0\cdot\left(\frac{2}{3}\right)^3=\left(\frac{2}{3}\right)^3$. 选(D).

例 11　设随机变量 $X\sim N(1,4)$，已知 $\Phi(0.5)=0.6915$，则 $P(1\leqslant X\leqslant 2)=$(　).

(A) 0.6915　　(B) 0.1915

(C) 0.5915　　(D) 0.3915

解　$P(1\leqslant X\leqslant 2)=P\left(\frac{1-1}{2}\leqslant\frac{X-1}{2}\leqslant\frac{2-1}{2}\right)$

$$=\Phi(0.5)-\Phi(0)=0.6915-0.5=0.1915$$

选(B).

例 12　设 $X\sim N(2,\sigma^2)$，且 $P\{2<X<4\}=0.3$，则 $P\{X<0\}=$(　).

(A) 0.8　　(B) 0.2

(C) 0.5　　(D) 0.4

解　$X\sim N(2,\sigma^2)$，所以密度函数以 $x=2$ 为对称轴，$P(X<2)=P(X>2)=0.5$，$P\{2<X<4\}=P\{0<X<2\}=0.3$，因此 $P\{X<0\}=P\{X<2\}-P\{0<X<2\}=0.2$. 选(B).

例 13　设 $X\sim N(3,4)$，且 c 满足 $P\{X>c\}=P\{X\leqslant c\}$，则 $c=$(　).

(A) 3　　(B) 2

(C) 1　　(D) $\frac{1}{3}$

解　$X\sim N(3,4)$，所以密度函数以 $x=3$ 为对称轴，$P(X<3)=P(X>3)=0.5$，因此 $c=3$. 选(A).

例 14　设随机变量 X 服从正态分布 $N(\mu,\sigma^2)$，则随 σ 的增大，概率 $P\{|X-\mu|<\sigma\}$ 有性质(　).

(A) 单调增大　　(B) 单调减小

(C) 保持不变　　(D) 增减不定

解　$P\{|X-\mu|<\sigma\}=P\left(-\frac{\sigma}{\sigma}<\frac{X-\mu}{\sigma}<\frac{\sigma}{\sigma}\right)=\Phi(1)-\Phi(-1)$，故其值保持不变. 选(C).

例 15　设 X_1 和 X_2 是任意两个相互独立的连续型随机变量，它们的密度函数分别为 $f_1(x)$ 和 $f_2(x)$，分布函数分别为 $F_1(x)$ 和 $F_2(x)$，则(　　).

(A) $f_1(x)+f_2(x)$必为某一随机变量的密度函数

(B) $f_1(x)\cdot f_2(x)$必为某一随机变量的密度函数

(C) $F_1(x)+F_2(x)$必为某一随机变量的分布函数

(D) $F_1(x)\cdot F_2(x)$必为某一随机变量的分布函数

解 $\int_{-\infty}^{+\infty}[f_1(x)+f_2(x)]dx=2$

所以(A)不正确.

(B) 不具有普遍性,如 $X_1\sim U(0.1)$,$X_2\sim U(2.3)$,$f_1(x).f_2(x)=0$,所以(B)不正确.

$F_1(+\infty)+F_2(+\infty)=2$,所以(C)不正确.

所以选(D).

(二) 填空题

例 1 设随机变量 X 的分布律为 $P(X=k)=c\left(\frac{2}{3}\right)^k$,$k=0,1,2\cdots$,则 $c=$ ______.

解 $\sum p_k=1$,因此$\sum_{k=0}^{\infty}c\left(\frac{2}{3}\right)^k=c\frac{1}{1-\frac{2}{3}}=3c=1\Rightarrow c=\frac{1}{3}$

例 2 设随机变量 X 的分布律为

X	-4	-1	0	2	4
P	$\frac{7}{20}$	a	$2a$	$\frac{1}{20}$	$\frac{3}{20}$

则 $a=$ ______;$Y=3X-1$ 的分布律为______.

解 $\sum p_k=1$,因此$\frac{7}{20}+a+2a+\frac{1}{20}+\frac{3}{20}=1\Rightarrow a=\frac{3}{20}$.

$$P(Y=-13)=P(X=-4)=\frac{7}{20},P(Y=-4)=P(X=-1)=\frac{3}{20}$$

$$P(Y=-1)=P(X=0)=\frac{6}{20},P(Y=5)=P(X=2)=\frac{1}{20}$$

$$P(Y=11)=P(X=4)=\frac{3}{20}$$

因此

Y	-13	-4	-1	5	11
P	$\frac{7}{20}$	$\frac{3}{20}$	$\frac{6}{20}$	$\frac{1}{20}$	$\frac{3}{20}$

例 3 设随机变量 X 服从参数为 λ 的泊松分布,且 $P(X=0)=\frac{1}{2}$,求 $\lambda=$ ______,$P(X>1)=$ ______.

解　$X \sim P(\lambda)$，因此

$$P(X=k)=\frac{\lambda^k e^{-\lambda}}{k!}, k=0,1,\cdots$$

故 $P(X=0)=\frac{\lambda^0 e^{-\lambda}}{0!}=e^{-\lambda}=\frac{1}{2}$，即 $\lambda=\ln 2$.

$$P(X>1)=1-P(X\leqslant 1)=1-P(X=0)-P(X=1)=0.5(1-\ln 2)$$

例 4　连续型随机变量 X 的概率密度为

$$f(x)=\begin{cases}\frac{8}{3x^3}, & 1\leqslant x\leqslant a\\ 0, & \text{其他}\end{cases}$$

则 $a=$____________.

解　连续型随机变量 X 的概率密度满足 $\int_{-\infty}^{+\infty} f(x)\mathrm{d}x=1$，所以

$$\int_1^a \frac{8}{3x^3}\mathrm{d}x=-\frac{4}{3}\frac{1}{x^2}\Big|_1^a=-\frac{4}{3}\left(\frac{1}{a^2}-1\right)=1\Rightarrow a=2$$

例 5　设连续型随机变量 X 的分布函数为

$$F(x)=\begin{cases}A+Be^{-2x}, & x>0\\ 0, & x\leqslant 0\end{cases}$$

则 $A=$____________，$B=$____________.

解　$F(x)$ 满足 $F(-\infty)=0, F(+\infty)=1$ 且 $F(x+0)=F(x)$，
因此 $F(+\infty)=A=1, A+B=F(0+0)=F(0)=0\Rightarrow B=-1$.

例 6　随机变量 X 在 $(-2,a)$ 上服从均匀分布，且 $X<1$ 的概率为 0.5，则 $a=$____________.

解　$X\sim U(-2,a)$，则

$$f(x)=\begin{cases}\frac{1}{a+2}, & -2<x<a\\ 0, & \text{其他}\end{cases}$$

$$P(X<1)=\int_{-2}^{1}\frac{1}{a+2}\mathrm{d}x=\frac{3}{a+2}=0.5\Rightarrow a=4.$$

例 7　随机变量 $X\sim N(\mu,\sigma^2)$，其概率密度函数为

$f(x)=\frac{1}{\sqrt{6\pi}}e^{-\frac{x^2-4x+4}{6}}, -\infty<x<+\infty$

求 $\mu=$____________，$\sigma=$____________.

解　$X\sim N(\mu,\sigma^2)$，则其密度函数为 $f(x)=\frac{1}{\sqrt{2\pi}\sigma}e^{-\frac{(x-\mu)^2}{2\sigma^2}}$，因此可得 $\sigma=\sqrt{3}, \mu=2$.

例 8　设 $X\sim N(0,\sigma^2)$ 分布，则 $\frac{X}{\sigma}\sim$____________.

解　$X\sim N(\mu,\sigma^2)$，则 $\frac{X-\mu}{\sigma}\sim N(0,1)$，$\mu=0$，因此 $\frac{X}{\sigma}\sim N(0,1)$.

例 9 设随机变量 X 的分布密度函数为 $f_x(x), x\in\mathbf{R}$，则 $Y=-2X+3$ 的密度函数为__________.

解 $F_Y(y)=P(Y\leqslant y)=P(-2X+3\leqslant y)=P\left(X\geqslant -\frac{y-3}{2}\right)$

$$=1-P\left(X<\frac{3-y}{2}\right)=1-F_X\left(\frac{3-y}{2}\right)$$

故 Y 的密度函数 $f_Y(y)=F'_Y(y)=\frac{1}{2}f_X\left(\frac{3-y}{2}\right), y\in\mathbf{R}$.

例 10 $X\sim N(0.1)$. 对给定的 $\alpha(0<d<1)$，数 μ_α 满足 $P(X>\mu_\alpha)=\alpha$. 若 $P\{|X|<x\}=\alpha$，则 $X=$________.

解 $P(X<-\mu_\alpha)=\alpha$

所以 $1-\alpha=1-P\{|X|<x\}$

$$=P\{|X|\geqslant x\}=P(X\geqslant x)+P(X\leqslant -x)$$
$$=2P(X\geqslant x)$$

所以 $P(X\geqslant x)=\frac{1-\alpha}{2}$

所以 $x=\mu_{\frac{1-\alpha}{2}}$

（三）计算题

例 1 掷一枚均匀的硬币 2 次，设随机变量 X 表示出现国徽的次数，求 X 的分布列.

解 X 所有可能取值为 0,1,2，则

$$P(X=0)=\frac{1}{2^2}=\frac{1}{4}, P(X=1)=\frac{2}{2^2}=\frac{1}{2}, P(X=2)=\frac{1}{2^2}=\frac{1}{4}$$

例 2 设随机变量 X 的分布列为

$P(X=-1)=\frac{1}{4}$，$P(X=2)=\frac{1}{2}$，$P(X=3)=\frac{1}{4}$，求 X 的分布函数，并求 $P\left(X\leqslant\frac{1}{2}\right), P\left(\frac{3}{2}<X\leqslant\frac{5}{2}\right), P(2\leqslant X\leqslant 3), P(2\leqslant X<3)$.

解 由概率的有限可加性，得所求分布函数为

$$F(x)=P(X\leqslant x)=\begin{cases}0, & x<-1\\ \frac{1}{4}, & -1\leqslant x<2\\ \frac{3}{4}, & 2\leqslant x<3\\ 1, & x\geqslant 3\end{cases}$$

$F(x)$ 是右连续的.

$$P\left(X\leqslant\frac{1}{2}\right)=\frac{1}{4}, P\left(\frac{3}{2}<X\leqslant\frac{5}{2}\right)=F\left(\frac{5}{2}\right)-F\left(\frac{3}{2}\right)=\frac{3}{4}-\frac{1}{4}=\frac{1}{2}$$

$$P(2\leqslant X\leqslant 3)=P(X=2)+P(X=3)=\frac{3}{4}$$

$$P(2 \leqslant X < 3) = P(X=2) = \frac{1}{2}$$

例 3 设随机变量 X 在 $[0,9]$ 上服从均匀分布,试求:

(1) X 的密度函数 $f(x)$;(2)X 的分布函数 $F(x)$;(3)$P(-1 \leqslant x \leqslant 2)$.

解 (1) 由于随机变量 X 在 $[0,9]$ 上服从均匀分布,所以 X 的密度函数为

$$f(x) = \begin{cases} 1/9, & 0 < x < 9 \\ 0, & \text{其他} \end{cases}$$

(2) X 的分布函数为

$$F(x) = \begin{cases} 0, & x < 0 \\ \dfrac{1}{9}x, & 0 \leqslant x < 9 \\ 1, & x \geqslant 9 \end{cases}$$

(3) $P(-1 \leqslant x \leqslant 2) = \int_{-1}^{2} f(x)\mathrm{d}x = \int_{0}^{2} \frac{1}{9}\mathrm{d}x = \frac{2}{9}.$

例 4 设随机变量 X 的概率密度为

$$f(x) = \begin{cases} kx, & 0 < x < \pi \\ 0, & \text{其他} \end{cases}$$

求:(1)常数 k;(2)X 的分布函数 $F(x)$;(3) $P\left(-1 < X < \dfrac{\pi}{2}\right)$.

解 (1) 因为$\int_{-\infty}^{+\infty} f(x)\mathrm{d}x = 1$,所以$\int_{0}^{\pi} kx\,\mathrm{d}x = \frac{1}{2}kx^2 \Big|_0^{\pi} = 1$,解得 $k = \dfrac{2}{\pi^2}$.

(2) 因为 $F(x) = \int_{-\infty}^{x} f(t)\mathrm{d}t$,所以 $F(x) = \begin{cases} 0, & x < 0 \\ \dfrac{x^2}{\pi^2}, & 0 \leqslant x < \pi \\ 1, & x \geqslant \pi \end{cases}$

(3) $P\left(-1 < X < \dfrac{\pi}{2}\right) = F\left(\dfrac{\pi}{2}\right) - F(-1) = \dfrac{1}{4}$

例 5 设随机变量 X 概率密度为

$$f(x) = \begin{cases} \dfrac{A}{\sqrt{1-x^2}}, & |x| < 1 \\ 0, & |x| \geqslant 1 \end{cases}$$

求:(1) 常数 A;(2) X 落在$(-1/2,1/2)$内的概率;(3) X 的分布函数.

解 (1) 因为

$$\int_{-\infty}^{+\infty} f(x)\mathrm{d}x = 1$$

所以 $\int_{-1}^{1} \frac{A}{\sqrt{1-x^2}}\mathrm{d}x = A\arcsin x \Big|_{-1}^{1} = A\left(\frac{\pi}{2} - \left(-\frac{\pi}{2}\right)\right) = A\pi = 1$

解得 $A = \dfrac{1}{\pi}$.

(2) $P\left(-\frac{1}{2}<X<\frac{1}{2}\right)=\int_{-\frac{1}{2}}^{\frac{1}{2}}\frac{1}{\pi}\frac{1}{\sqrt{1-x^2}}\mathrm{d}x=\frac{1}{\pi}\arcsin x\Bigg|_{-\frac{1}{2}}^{\frac{1}{2}}=\frac{1}{3}$

$$(3)\ F(x)=\begin{cases}0, & x<-1\\ \int_{-\infty}^{x}f(t)\mathrm{d}t=\frac{1}{2}+\frac{1}{\pi}\arcsin x, & -1\leqslant x<1\\ 1, & x\geqslant 1\end{cases}$$

例 6 设随机变量 X 的密度函数为

$$f(x)=\begin{cases}2x, & 0<x<A\\ 0, & 其他\end{cases}$$

试求:(1)常数 A;(2)X 的分布函数 $F(x)$;(3)$P(-1\leqslant X\leqslant 3)$.

解 (1) 因为
$$\int_{-\infty}^{+\infty}f(x)\mathrm{d}x=1$$
所以
$$\int_{0}^{A}2x\mathrm{d}x=x^2\Big|_{0}^{A}=A^2=1$$
解得 $A=1$ 或 $A=-1$(舍去).

$$(2)\ F(x)=\begin{cases}0, & x<0\\ \int_{0}^{x}2t\mathrm{d}t=x^2, & 0\leqslant x<1\\ 1, & x\geqslant 1\end{cases}$$

(3) $P(-1\leqslant X\leqslant 3)=F(3)-F(-1)=1-0=1$

例 7 设连续型随机变量 X 具有概率密度

$$f(x)=\begin{cases}kx+1, & 0\leqslant x\leqslant 2\\ 0, & 其他\end{cases}$$

求:(1)常数 k;(2)$P(0<X\leqslant 1)$.

解 (1) 因为
$$\int_{-\infty}^{+\infty}f(x)\mathrm{d}x=1$$
所以
$$\int_{0}^{2}(kx+1)\mathrm{d}x=2k+2=1$$
解得 $k=-1/2$.

(2) $P(0<X\leqslant 1)=\int_{0}^{1}f(x)\mathrm{d}x=3/4$.

例 8 设连续型随机变量 X 的分布函数为

$$F(x)=\begin{cases}A+B\mathrm{e}^{-\frac{x^2}{2}}, & x\geqslant 0\\ 0, & x<0\end{cases}$$

求:(1)系数 A 与 B;(2)X 的密度函数 $f(x)$;(3) X 的取值落在区间 [1,2] 内的概率.

解 (1) 由 $F(+\infty)=\lim\limits_{x\to+\infty}F(x)=1$,得 $A=1$.

又因为 X 是连续型随机变量,所以 $F(x)$ 处处连续,故有 $F(0-0)=F(0)$,即 $A+B=0$,$B=-A=-1$. 故 $A=1,B=-1$.

所以
$$F(x)=\begin{cases}1-\mathrm{e}^{-\frac{x^2}{2}}, & x\geqslant 0\\ 0, & x<0\end{cases}$$

(2) 由 $F'(x)=f(x)$,得 X 的密度函数为

$$f(x)=\begin{cases}x\mathrm{e}^{-\frac{x^2}{2}}, & x\geqslant 0\\ 0, & x<0\end{cases}$$

(3) $P(1<X<2)=F(2)-F(1)=(1-\mathrm{e}^{-2})-(1-\mathrm{e}^{-\frac{1}{2}})\approx 0.3402$

例 9 设成年男子的身高服从正态分布 $N(170,10^2)$(单位:cm).

求:(1) 成年男子身高大于 160cm 的概率;

(2) 公共汽车的车门至少应设计多高,才能使成年男子上车时碰头的概率不大于 5%?

(3) 在这个设计之下,求 100 个成年男子上车时,至少有 2 个人碰头的概率.

解 (1) 设 X 为成年男子的身高,则 $X\sim N(170,10^2)$.

故
$$\begin{aligned}P(X>160)&=1-P(X\leqslant 160)=1-P\left(\frac{X-170}{10}\leqslant\frac{160-170}{10}\right)\\&=1-\Phi(-1)=\Phi(1)=0.8413\end{aligned}$$

(2) 设公共汽车的车门高度为 $h$cm,若使成年男子上车时碰头,则 $X\geqslant h$.

$$P(X\geqslant h)=1-P(X<h)=1-P\left(\frac{X-170}{10}<\frac{h-170}{10}\right)\leqslant 0.05$$

$$\Phi\left(\frac{h-170}{10}\right)\geqslant 0.95=\Phi(1.645)$$

则 $\frac{h-170}{10}\geqslant 1.645$,即 $h\geqslant 186.45$cm,则车门应至少为 186.45cm,才能使成年男子上车时碰头的概率不大于 5%.

(3) 记 100 个成年男子中上车碰头的人数为 Y,则 $Y\sim B(100,0.05)$.

因此
$$\begin{aligned}P(Y\geqslant 2)&=1-P(Y=0)-P(Y=1)\\&=1-0.95^{100}-\mathrm{C}_{100}^{1}\times 0.95^{99}\times 0.05=0.9631\end{aligned}$$

(四) 证明题

例 设 X 服从区间 $[a,b]$ 上的均匀分布,试证明 $Y=X+c$(c 为常数)也服从均匀分布.

证明 由题设可知 X 服从区间 $[a,b]$ 上的均匀分布,所以 X 的密度函数为

$$f_X(x)=\begin{cases}\dfrac{1}{b-a}, & a\leqslant x\leqslant b\\ 0, & \text{其他}\end{cases}$$

先求 $Y=X+c$(c 为常数)的分布函数:

$$P(Y\leqslant y)=P(X+c\leqslant y)=P(X\leqslant y-c)$$

$$=\int_{-\infty}^{y-c}f_X(x)\mathrm{d}x=\begin{cases}0, & y-c<a\\ \dfrac{y-c-a}{b-a}, & a\leqslant y-c\leqslant b\\ 1, & y-c>b\end{cases}$$

再对 y 求导数可得 Y 的密度函数为

$$f_Y(y)=\begin{cases}\dfrac{1}{b-a}, & a+c\leqslant y\leqslant b+c\\ 0, & \text{其他}\end{cases}$$

故 Y 服从$[a+c,b+c]$上的均匀分布.

四、练习题

(一) 选择题

1. 设 $f(x)=\sin x$ 是某个连续型随机变量 X 的概率密度函数,则它的取值范围是( ).

(A) $\left[0,\ \frac{\pi}{2}\right]$ (B) $[0,\ \pi]$

(C) $\left[-\frac{\pi}{2},\ \frac{\pi}{2}\right]$ (D) $\left[\pi,\ \frac{3\pi}{2}\right]$

2. 随机变量 X 的取值范围是$(-1,1)$,以下函数可作为 X 的概率密度的是( ).

(A) $f(x)=\begin{cases}x, & -1<x<1\\ 0, & \text{其他}\end{cases}$ (B) $f(x)=\begin{cases}x^2, & -1<x<1\\ 0, & \text{其他}\end{cases}$

(C) $f(x)=\begin{cases}\frac{1}{2}, & -1<x<1\\ 0, & \end{cases}$ (D) $f(x)=\begin{cases}2, & -1<x<1\\ 0, & \text{其他}\end{cases}$

3. 设随机变量 $X\sim N(1,4)$,$\Phi(1)=0.8413$,$\Phi(0)=0.5$,则事件$\{1\leqslant X\leqslant 3\}$的概率为( ).

(A) 0.1385 (B) 0.2413

(C) 0.2934 (D) 0.3413

4. 设随机变量 X 的概率密度为

$$f(x)=\begin{cases}Ax^2 & 0<x<1\\ 0 & \text{其他}\end{cases}$$

则常数 A 取值为（ ）.

(A) 3　　(B) 2

(C) 1　　(D) -1

5. 设连续随机变量 X 的分布函数

$$F(x)=\begin{cases}0, & x<0\\ Ax^2, & 0\leqslant x<2\\ 1, & x\geqslant 2\end{cases}$$

其中 A 为待定常数，则有 $P\{1<X<3\}=$（ ）.

(A) $\frac{1}{2}$　　(B) $\frac{1}{4}$

(C) $\frac{3}{4}$　　(D) $\frac{4}{5}$

6. 设 $F_1(x)$ 与 $F_2(x)$ 分别为随机变量与的分布函数，为使 $F(x)=aF_1(x)-bF_2(x)$ 是某一随机变量的分布函数，在下列给定的各组数值中应取（ ）.

(A) $a=\frac{3}{5},b=-\frac{2}{5}$　　(B) $a=\frac{2}{3},b=\frac{2}{3}$

(C) $a=-\frac{1}{2},b=\frac{3}{2}$　　(D) $a=\frac{1}{2},b=-\frac{3}{2}$

7. 设连续型随机变量 X 的概率密度和分布函数分别为 $f(x)$ 和 $F(x)$，则下面各式正确的是（ ）.

(A) $0\leqslant f(x)\leqslant 1$　　(B) $P(X=x)=f(x)$

(C) $P(X=x)=F(x)$　　(D) $P(X=x)\leqslant F(x)$

8. 设 $X\sim N(\mu,4^2)$，$Y\sim N(\mu,5^2)$，记 $P(X\leqslant\mu-4)=p_1$，$P(Y\geqslant\mu+5)=p_2$，则（ ）.

(A) 对任意实数 μ 有 $p_1=p_2$　　(B) $p_1<p_2$

(C) $p_1>p_2$　　(D) 只对 μ 的个别值才有 $p_1=p_2$

9. 离散型随机变量 X 的分布函数为 $F(x)$，则 $P(X=x_k)=$（ ）.

(A) $P(x_{k-1}\leqslant X\leqslant x_k)$　　(B) $F(x_{k+1})-F(x_{k-1})$

(C) $P(x_{k-1}<X<x_{k+1})$　　(D) $F(x_k)-F(x_{k-1})$

10. 设随机变量 $X\sim B(10,p)$，则 X 的分布律为 $P(X=k)=$（ ）.

(A) $p^k(1-p)^{10-k}$，$(k=0,1\cdots10)$　　(B) $C_{10}^k p^k(1-p)^{10-k}(k=0,1\cdots10)$

(C) $C_{10}^k p^k(1-p)^{10-k}(k=1\cdots10)$　　(D) 以上都不正确

11. 设 X 的分布函数 $F(x)=A(\pi/2+\arctan x)$，则 $A=$（ ）.

(A) $\pi/2$　　(B) π

(C) $2/(3\pi)$　　(D) $1/\pi$

12. 随机变量 $X\sim N(0,1)$，X 的分布函数为 $\Phi(x)$，则 $P(|X|>2)$ 的值为（ ）.

(A) $2[1-\Phi(2)]$　　(B) $2\Phi(2)-1$

(C) $2-\Phi(2)$　　(D) $1-2\Phi(2)$

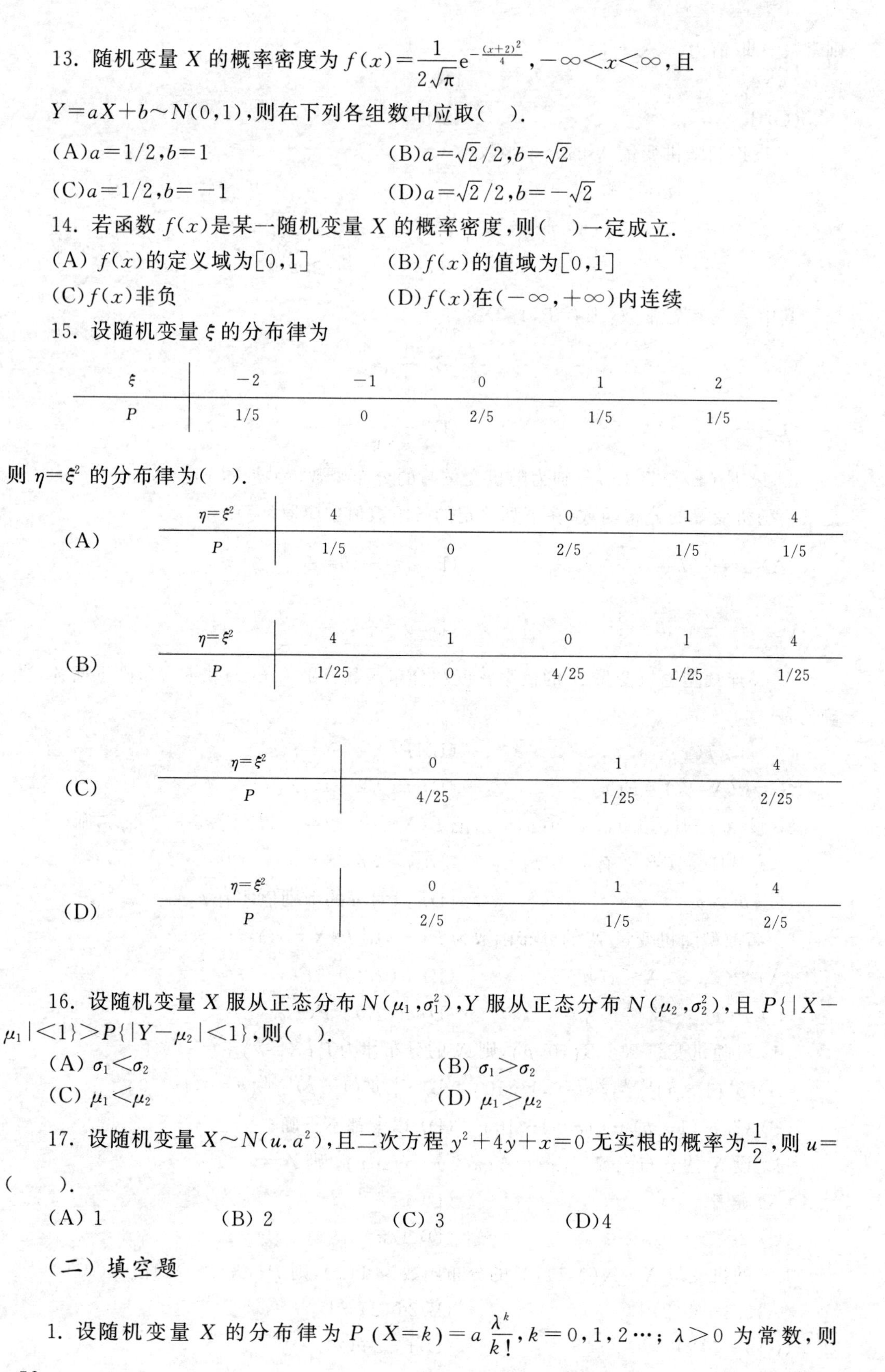

13. 随机变量 X 的概率密度为 $f(x)=\dfrac{1}{2\sqrt{\pi}}\mathrm{e}^{-\frac{(x+2)^2}{4}}$，$-\infty<x<\infty$，且 $Y=aX+b\sim N(0,1)$，则在下列各组数中应取(　).

(A)$a=1/2,b=1$　　(B)$a=\sqrt{2}/2,b=\sqrt{2}$

(C)$a=1/2,b=-1$　　(D)$a=\sqrt{2}/2,b=-\sqrt{2}$

14. 若函数 $f(x)$是某一随机变量 X 的概率密度，则(　)一定成立.

(A) $f(x)$的定义域为$[0,1]$　　(B)$f(x)$的值域为$[0,1]$

(C)$f(x)$非负　　(D)$f(x)$在$(-\infty,+\infty)$内连续

15. 设随机变量 ξ 的分布律为

ξ	-2	-1	0	1	2
P	1/5	0	2/5	1/5	1/5

则 $\eta=\xi^2$ 的分布律为(　).

(A)

$\eta=\xi^2$	4	1	0	1	4
P	1/5	0	2/5	1/5	1/5

(B)

$\eta=\xi^2$	4	1	0	1	4
P	1/25	0	4/25	1/25	1/25

(C)

$\eta=\xi^2$	0	1	4
P	4/25	1/25	2/25

(D)

$\eta=\xi^2$	0	1	4
P	2/5	1/5	2/5

16. 设随机变量 X 服从正态分布 $N(\mu_1,\sigma_1^2)$，Y 服从正态分布 $N(\mu_2,\sigma_2^2)$，且 $P\{|X-\mu_1|<1\}>P\{|Y-\mu_2|<1\}$，则(　).

(A) $\sigma_1<\sigma_2$　　(B) $\sigma_1>\sigma_2$

(C) $\mu_1<\mu_2$　　(D) $\mu_1>\mu_2$

17. 设随机变量 $X\sim N(u.a^2)$，且二次方程 $y^2+4y+x=0$ 无实根的概率为$\dfrac{1}{2}$，则 $u=$(　).

(A) 1　　(B) 2　　(C) 3　　(D)4

(二) 填空题

1. 设随机变量 X 的分布律为 $P(X=k)=a\dfrac{\lambda^k}{k!}$，$k=0,1,2\cdots$；$\lambda>0$ 为常数，则

$a=$______.

2. 设离散型随机变量 X 的分布律为

X	-1	0	1	2
P	$\frac{1}{2c}$	$\frac{3}{4c}$	$\frac{5}{8c}$	$\frac{2}{16c}$

则 $c=$______.

3. 从家到学校的途中有3个交通岗,假设在各个交通岗遇到红灯的概率是相互独立的,且概率均是0.4,设 X 为途中遇到红灯的次数,则 X 的分布律为______.

4. 连续型随机变量取任何给定值的概率都等于______.

5. 设连续型随机变量 X 的概率密度为

$$f(x)=\begin{cases}\sin x, & 0\leqslant x\leqslant a\\ 0, & \text{其他}\end{cases}$$

则 $a=$______.

6. 已知随机变量 X 的密度为

$$f(x)=\begin{cases}ax+b, & 0<x<1\\ 0, & \text{其他}\end{cases}$$

且 $P\{x>1/2\}=5/8$,则 $a=$______ $b=$______.

7. 设随机变量 X 的分布函数为 $F(x)=A+B\arctan x$,$-\infty<x<+\infty$,则 $A=$______,$B=$______.

8. 设随机变量 X 的分布函数为

$$F(x)=\begin{cases}0, & x\leqslant -a\\ \frac{1}{2}+B\arcsin\frac{x}{a}, & -a<x<a,(a>0)\\ 1, & x\geqslant a\end{cases}$$

则 $B=$______.

9. $X\sim N(1,4)$,$\Phi(0.5)=0.6915$,$\Phi(1.5)=0.9332$,则 $P(|X|>2)=$______.

10. 已知随机变量 $X\sim N(2,4)$,且 $Y=aX+b$ 服从标准正态分布,则 $a=$______,$b=$______.

11. 设随机变量 X 在 $(0,2)$ 上服从均匀分布,$Y=2X$,则 Y 的概率密度为______.

(三) 计算题

1. 一袋中装有5个球,编号为1,2,3,4,5,在袋中同时取3个,以 X 表示取出的3个球中的最大号码,写出 X 的分布律,并求 X 的分布函数.

2. 设连续型随机变量 X 的密度函数为

$$f(x)=\begin{cases}cx^2, & 0<x<2\\ 0, & \text{其他}\end{cases}$$

试求:(1)常数 c;(2)X 的分布函数 $F(x)$;(3)$P(-1<x<1)$.

3. 设随机变量 X 的概率密度为

$$f(x)=\begin{cases}kx^2, & 0\leqslant x<2\\ 3-x, & 2\leqslant x<3\\ 0, & \text{其他}\end{cases}$$

试求:(1) 常数 k;(2) X 的分布函数 $F(x)$;(3) $P(1<X\leqslant\frac{5}{2})$.

4. 设随机变量 X 的概率密度为

$$f(x)=\begin{cases}kx+\frac{1}{2}, & 0<x<1\\ 0, & \text{其他}\end{cases}$$

求:(1)常数 k;(2)X 的分布函数 $F(x)$;(3)$P(-\frac{1}{2}<x<\frac{1}{2})$.

5. 测量距离时产生的随机误差 $X\sim N(20.40^2)$,作三次独立测量,求:

(1) 至少有一次误差绝对值不超过 30m 的概率;

(2) 只有一次误差绝对值不超过 30m 的概率.

(四) 证明题

设随机变量 X 取值 $[0,1]$,若 $P(x\leqslant X\leqslant y)$ 只与长度 $y-x$ 有关(对一切 $0\leqslant X\leqslant y<1$),试证 X 服从 $[0,1]$ 上的均匀分布.

五、练习题答案

(一) 选择题

1. (A)$f(x)$ 满足 $f(x)\geqslant 0$ 且 $\int_{-\infty}^{+\infty}f(x)\mathrm{d}x=1$.

2. (C).

3. (D)$P(1\leqslant X\leqslant 3)=P\left(\frac{1-1}{2}\leqslant\frac{X-1}{2}\leqslant\frac{3-1}{2}\right)=\Phi(1)-\Phi(0)$.

4. (A)$\int_{-\infty}^{+\infty}f(x)\mathrm{d}x=1$

5. (C)$\lim\limits_{x\to 2}F(x)=F(2)\Rightarrow A=\frac{1}{4}$,$P\{1<X<3\}=F(3)-F(1)$.

6. (A)$F(+\infty)=1=aF_1(+\infty)-bF_2(+\infty)=a-b$.

7. (D)连续型随机变量 $P(X=x)=0$,$F(x)\geqslant 0$.

8. (A).　9. (D).　10. (B).　11. (D).　$F(+\infty)=1$.

12. (A) $P(|X|>2)=1-P(-2\leqslant X\leqslant 2)=1-(\Phi(2)-\Phi(-2))$.

13. (B) $X\sim N(-2,\sqrt{2})$. 14. (C). 15. (D).

16. (A)$P\{|X-\mu_1|<1\}=2\Phi\left(\frac{1}{\sigma_1}\right)-1,P\{|Y-\mu_2|<1\}=2\Phi\left(\frac{1}{\sigma_2}\right)-1$.

17. (D)

(二) 填空题

1. $a=\mathrm{e}^{-\lambda}$. 2. $c=2$. 3. $P(X=k)=C_3^k(0.4)^k(0.6)^{3-k},k=0,1,2,3$.

4. 0. 5. $\frac{\pi}{2}$. 6. $a=1,b=\frac{1}{2}$. 提示：$\int_0^1(ax+b)\mathrm{d}x=1$；$\int_0^{\frac{1}{2}}(ax+b)\mathrm{d}x=\frac{3}{8}$.

7. $A=\frac{1}{2},B=\frac{1}{\pi}$. 提示：$F(-\infty)=0,F(+\infty)=1$.

8. $B=\frac{1}{\pi}$. 提示：$F(-a+0)=F(-a)$.

9. 0.3753. 10. $a=0.5,b=-1$. 11. $f(x)=\begin{cases}0.25, & 0<y<4\\ 0 & \text{其他}\end{cases}$.

(三) 计算题

1. **解** 分布律：$P(X=3)=\frac{1}{10},P(X=4)=\frac{3}{10},P(X=5)=\frac{6}{10}$

$$\text{分布函数}:F(x)=\begin{cases}0, & x<3\\ \frac{1}{10}, & 3\leqslant x<4\\ \frac{4}{10}, & 4\leqslant x<5\\ 1, & x\geqslant 5\end{cases}$$

2. **解** (1) 因为$\int_{-\infty}^{+\infty}f(x)\mathrm{d}x=1$，则有$\int_0^2cx^2\mathrm{d}x=1$，解得$c=\frac{3}{8}$.

(2) 当$x<0$时，$F(x)=0$；当$0\leqslant x<2$时，$F(x)=\int_0^x\frac{3}{8}x^2\mathrm{d}x=\frac{x^3}{8}$.

当$x\geqslant 2$时，$F(x)=1$，故

$$F(x)=\begin{cases}0, & x<0\\ \frac{x^3}{8}, & 0\leqslant x<2\\ 1, & x\geqslant 2\end{cases}$$

(3) $P(-1<x<1)=F(1)-F(-1)=\frac{1}{8}$

3. **解** (1) 因为$\int_{-\infty}^{+\infty}f(x)\mathrm{d}x=1$，所以$\int_0^1kx^2\mathrm{d}x=\frac{1}{3}k=1$，解得$k=3$.

(2) $F(x)=\int_{-\infty}^{x}f(t)\mathrm{d}t$，得

$$F(x)=\begin{cases}0, & x<0\\ x^3, & 0\leqslant x<1\\ 1, & x\geqslant 1\end{cases}$$

(3) $P(\frac{1}{3}<X\leqslant\frac{2}{3})=F(\frac{2}{3})-F(\frac{1}{3})=\frac{7}{27}$

4. **解** (1) 因为$\int_{-\infty}^{+\infty}f(x)\mathrm{d}x=1$,所以$\int_0^1(kx+\frac{1}{2})\mathrm{d}x=\frac{1}{2}k+\frac{1}{2}=1$

解得 $k=1$.

(2) $F(x)=\int_{-\infty}^{x}f(t)\mathrm{d}t, F(x)=\begin{cases}0, & x<0\\ \frac{1}{2}x^2+\frac{1}{2}x, & 0\leqslant x<1\\ 1, & x\geqslant 1\end{cases}$

(3) $P(-\frac{1}{2}<X<\frac{1}{2})=F(\frac{1}{2})-F(-\frac{1}{2})=\frac{3}{8}$

5. **解** $P(|X|\leqslant 30)=P(-30\leqslant X\leqslant 30)=\Phi\left(\frac{30-20}{40}\right)-\Phi\left(\frac{-30-20}{40}\right)$

$$=\Phi(0.25)-\Phi(-1.25)=0.4931$$

$$P(|X|>30)=1-P(|X|\leqslant 30)=1-0.4931=0.5069$$

(1) $P=1-\{P|X|>30\}^3=1-0.5069^3\approx 0.87$

(2) $P=C_3^1\cdot P(|X|\leqslant 30)\cdot\{P(|X|>30)\}^2\approx 0.38$

（四）证明题

证明： 设 $x_i\in[0,1], x_i+\Delta x\in[0,1], i=1,2, x_1\neq x_2$,则由题意知

$$\begin{aligned}F(x_1+\Delta x)-F(x_1)&=P(x_1<X\leqslant x_1+\Delta x)\\&=P(x_2<X\leqslant x_2+\Delta x)\\&=F(x_2+\Delta x)-F(x_2)\end{aligned}$$

令 $\Delta x\to 0$,则

$$\begin{aligned}F'(x_1)&=\lim_{\Delta x\to 0}\frac{F(x_1+\Delta x)-F(x_1)}{\Delta x}\\&=\lim_{\Delta x\to 0}\frac{F(x_2+\Delta x)-F(x_2)}{\Delta x}\\&=F'(x_2)\end{aligned}$$

则 $F'(x)=C, 0<x<1$. 故 $F(x)=\int_0^x F'(x)\mathrm{d}x=\int_0^x C\mathrm{d}x=Cx$

又由 $F(1)=C=1$,得

$$F(x)=\begin{cases}0, & x<0\\ x, & 0\leqslant x<1\\ 1, & x\geqslant 1\end{cases}$$

因此 X 服从$[0,1]$上的均匀分布.

第三章　二维随机变量及其分布

一、内容提要

(一) 分布函数

1. 二维随机变量的分布函数

设(X,Y)为二维随机变量,对任意实数x,y, $F(x,y)=P\{X\leqslant x,Y\leqslant y\}$为$(X,Y)$的分布函数(或称联合分布函数).

2. 二维随机变量的分布函数$F(x,y)$的性质

(1) $F(x,y)$对x或y都是不减函数,即当$x_1\leqslant x_2$时,$F(x_1,y)\leqslant F(x_2,y)$;或当$y_1\leqslant y_2$时,$F(x,y_1)\leqslant F(x,y_2)$;

(2) $F(-\infty,y)=0,F(x,-\infty)=0,F(-\infty,-\infty)=0,F(+\infty,+\infty)=1$;

(3) 对任意的$x_1\leqslant x_2$及$y_1\leqslant y_2$,有$F(x_2,y_2)-F(x_1,y_2)-F(x_2,y_1)+F(x_1,y_1)\geqslant 0$.

3. 二维离散型随机变量的分布律

(1) 设$P\{(X,Y)=(x_i,y_j)\}=P\{X=x_i,Y=y_j\}=p_{ij},i,j=1,2,\cdots$,则称$p_{ij}$为$(X,Y)$的联合概率分布律(分布律).

(2) p_{ij}的性质:

非负性　　$p_{ij}\geqslant 0\ ,\ i,j=1,2,\cdots$;

归一性　　$\sum_i\sum_j p_{ij}=1.$

4. 二维连续型随机变量的联合密度函数

(1) 对(X,Y)的分布函数$F(x,y)$,若存在非负函数$f(x,y)$使对一切x,y,都有$F(x,y)=\int_{-\infty}^{x}\int_{-\infty}^{y}f(u,v)\,\mathrm{d}u\mathrm{d}v$,则称$(X,Y)$为二维连续随机变量;称$f(x,y)$为$F(x,y)$的联合密度函数$\left(注:f(x,y)=\dfrac{\partial^2F(x,y)}{\partial x\partial y}\right)$.

(2) 联合密度函数$f(x,y)$具有性质:

非负性　$f(x,y)\geqslant 0$;

归一性　$\int_{-\infty}^{+\infty}\int_{-\infty}^{+\infty}f(x,y)\,\mathrm{d}x\mathrm{d}y=F(+\infty,+\infty)=1$;

$$P((X,Y)\in D)=P(a<X\leqslant b,c<Y\leqslant d)=\iint_D f(x,y)\mathrm{d}x\mathrm{d}y.$$

（二）边际分布

1. 边际分布函数

设(X,Y)的分布函数为$F(x,y)$，则

$$F_X(x)=P\{X\leqslant x\}=P\{X\leqslant x,Y\leqslant+\infty\}=F(x,+\infty)$$
$$F_Y(y)=P\{Y\leqslant y\}=P\{X\leqslant+\infty,Y\leqslant y\}=F(+\infty,y)$$

为(X,Y)关于X与Y的边际分布函数.

2. 二维离散型随机变量的边际分布律

设(X,Y)为二维离散型随机变量，则

$$P_{i.}=P_X(x_i)=P\{X=x_i\}=\sum_j p_{ij},i=1,2,3,\cdots$$
$$p_{.j}=P_Y(y_j)=P\{Y=y_j\}=\sum_i p_{ij},j=1,2,3,\cdots$$

分别为X及Y的边际分布.

3. 二维连续型随机变量的边际密度函数

设(X,Y)为二维连续型随机变量，若它的联合密度函数为$f(x,y)$，则称$f_X(x)=\int_{-\infty}^{+\infty}f(x,y)\,\mathrm{d}y$

$$f_{Y(y)}=\int_{-\infty}^{+\infty}f(x,y)\,\mathrm{d}x$$

分别为X与Y的边际密度函数.

4. 两个重要的二维连续分布

(1) 二维正态分布：记为$(X,Y)\sim N(\mu_1,\mu_2,\sigma_1^2,\sigma_2^2,\rho)$.

如果二维随机变量(X,Y)的联合密度函数为

$$f(x,y)=\frac{1}{2\pi\sigma_1\sigma_2\sqrt{1-\rho^2}}\mathrm{e}^{-\frac{1}{2(1-\rho^2)}\left(\frac{(x-\mu_1)^2}{\sigma_1^2}-\frac{2\rho(x-\mu_1)(y-\mu_2)}{\sigma_1\sigma_2}+\frac{(y-\mu_2)^2}{\sigma_2^2}\right)}$$

其中$\mu_1,\mu_2,\sigma_1,\sigma_2,\rho$为常数，且$\sigma_1>0,\sigma_2>0,|\rho|<1$，则称$(X,Y)$服从参数为$\mu_1,\mu_2,\sigma_1,\sigma_2,\rho$的二维正态分布.

(2) 二维均匀分布：设G为一平面上的有界区域，其面积为S，如果二维随机变量(X,Y)的联合密度函数为

$$f(x,y)=\begin{cases}\dfrac{1}{S}, & (x,y)\in G\\ 0, & \text{其他}\end{cases}$$

则称(X,Y)在G上服从均匀分布.

（三）条件分布

1. 二维离散型随机变量的条件分布律

设(X,Y)为二维离散型随机变量，对于固定的j，如果有$P\{Y=y_j\}>0$，则称

$$P\{X=x_i\mid Y=y_j\}=\frac{P\{X=x_i,Y=y_j\}}{P\{Y=y_j\}}=\frac{p_{ij}}{p_{.j}},i=1,2,3,\cdots$$

为在 $Y=y_j$ 的条件下随机变量 X 的条件分布律.

同理可定义在 $X=x_i$ 的条件下随机变量 Y 的条件分布律.

2. 二维连续型随机变量条件概率密度

设(X,Y)为二维连续型随机变量,称$\dfrac{f(x,y)}{f_Y(y)}$为在 $Y=y$ 的条件下随机变量 X 的条件概率密度.记为 $f_{X|Y}(x|y)=\dfrac{f(x,y)}{f_Y(y)}$.

同理可定义在 $X=x$ 的条件下随机变量 Y 的条件概率密度,$f_{Y|X}(y|x)=\dfrac{f(x,y)}{f_X(x)}$.

(四) 相互独立的随机变量

(1) 二维随机变量的独立性:设 $F(x,y)$,$F_X(x)$,$F_Y(y)$分别为(X,Y)的联合分布函数及边际分布函数,若对任意实数 x,y 有 $F(x,y)=F_X(x)F_Y(y)$,则称 X 与 Y 是相互独立的.

(2) X 与 Y 是相互独立的$\Leftrightarrow P\{X\leqslant x,Y\leqslant y\}=P\{X\leqslant x\}\cdot P\{Y\leqslant y\}$.

(3) 离散型随机变量(X,Y)相互独立$\Leftrightarrow$对一切 i,j,都有 $p_{ij}=p_{\cdot i}\cdot p_{j\cdot}$,即

$$P\{X=x_i,Y=y_j\}=P\{X=x_i\}\cdot P\{Y=y_j\}$$

(4) 连续型随机变量(X,Y)相互独立$\Leftrightarrow$对一切 x,y,有

$$f(x,y)=f_X(x)f_Y(y)$$

(五) 两个随机变量的函数的分布

1. $Z=X+Y$ 的分布

(1) 设(X,Y)为二维连续型随机变量,其联合概率密度函数为 $f(x,y)$,则 $Z=X+Y$ 的概率密度函数为

$$f_Z(z)=\int_{-\infty}^{+\infty}f(z-y,y)\mathrm{d}y \text{ 或 } f_Z(z)=\int_{-\infty}^{+\infty}f(x,z-x)\mathrm{d}x$$

(2) 若随机变量 X,Y 相互独立,其边际密度函数分别为 $f_X(x)$和 $f_Y(y)$,则 $Z=X+Y$的概率密度为

$$f_Z(z)=\int_{-\infty}^{+\infty}f_X(z-y)f_Y(y)\mathrm{d}y \text{ 或 } f_Z(z)=\int_{-\infty}^{+\infty}f_X(x)f_Y(z-x)\mathrm{d}x$$

2. $Z=\max\{X,Y\}$和 $Z=\min\{X,Y\}$的分布

若随机变量 X,Y 相互独立,其分布函数分别为 $F_X(x)$和 $F_Y(y)$,则 $Z=\max\{X,Y\}$的分布函数为

$$F_{\max}(z)=F_X(z)F_Y(z)$$

$Z=\min\{X,Y\}$的分布函数为

$$F_{\min}(z)=1-[1-F_X(z)][1-F_Y(z)]$$

二、习题全解

1. 若二维离散型随机变量(X,Y)的联合分布律为

X \ Y	1	2
0	0.25	b
1	0	0.3
2	a	0.15

问a,b应满足什么条件?

解 因为$\sum_i \sum_j P_{ij} = 1$,所以$0.25+0.3+0.15+a+b=1$,则a,b应满足$a+b=0.3$.

2. 设二维随机向量(X,Y)的联合概率密度为

$$f(x,y)=\begin{cases} c, & -1 \leqslant x \leqslant 1, 0 \leqslant y \leqslant 2 \\ 0, & \text{其他} \end{cases}$$

求c.

解 因为$\int_{-\infty}^{+\infty}\int_{-\infty}^{+\infty} f(x,y)\,\mathrm{d}x\mathrm{d}y = 1$,所以$\int_{-1}^{1}\mathrm{d}x\int_{0}^{2} c\mathrm{d}y = 1$,,即$c=\frac{1}{4}$.

3. 袋中有4个球,分别标有1,2,2,3,从袋中任取一球后,不放回,取二次,分别以X和Y记第一次,第二次取得球上标有的数字.求:(X,Y)的联合分布律.

解 第一次抽取的可能数字为1,2,3,且$P(X=1)=\frac{1}{4}$,$P(X=2)=\frac{1}{2}$,$P(X=3)=\frac{1}{4}$.

由于抽取方式为不放回,因此在第一次抽得数字为1的前提下,第二次抽得的数字只能为2,3,且$P(Y=2|X=1)=\frac{2}{3}$,$P(Y=3|X=1)=\frac{1}{3}$,所以

$$P(X=1,Y=2)=P(X=1)\cdot P(Y=2\mid X=1)=\frac{1}{4}\times\frac{2}{3}=\frac{1}{6}$$

$$P(X=1,Y=3)=P(X=1)\cdot P(Y=3\mid X=1)=\frac{1}{4}\times\frac{1}{3}=\frac{1}{12}$$

同理,在第一次抽得数字为2的前提下,第二次抽得的数字可能为1,2,3,且

$$P(Y=1\mid X=2)=P(Y=2\mid X=2)=P(Y=3\mid X=2)=\frac{1}{3}$$

在第一次抽得数字为3的前提下,第二次抽得的数字只能为1,2,且

$$P(Y=2\mid X=3)=\frac{2}{3},P(Y=1\mid X=3)=\frac{1}{3}$$

相应的(X,Y)的联合分布律为

X \ Y	1	2	3
1	0	$\frac{1}{6}$	$\frac{1}{12}$
2	$\frac{1}{6}$	$\frac{1}{6}$	$\frac{1}{6}$
3	$\frac{1}{12}$	$\frac{1}{6}$	0

4. 在一箱子中装有12件产品,其中2件是次品,以放回抽样的方式任取两次,每次一件,定义随机变量X,Y为$X=\begin{cases}1, & \text{第一次取得正品}\\0, & \text{第一次取得次品}\end{cases}$,$Y=\begin{cases}1, & \text{第二次取得正品}\\0, & \text{第二次取得次品}\end{cases}$.求$(X,Y)$的联合分布律.

解 因为以放回抽样的方式抽取产品,故每次抽得正品的概率都为$\frac{10}{12}$,每次抽得次品的概率都为$\frac{2}{12}$,因此

$$P(X=1,Y=1)=\frac{10}{12}\times\frac{10}{12}=\frac{25}{36}$$

$$P(X=1,Y=0)=\frac{10}{12}\times\frac{2}{12}=\frac{5}{36}$$

$$P(X=0,Y=1)=\frac{2}{12}\times\frac{10}{12}=\frac{5}{36}$$

$$P(X=0,Y=0)=\frac{2}{12}\times\frac{2}{12}=\frac{1}{36}$$

(X,Y)的联合概率分布为

X \ Y	1	0
1	$\frac{25}{36}$	$\frac{5}{36}$
0	$\frac{5}{36}$	$\frac{1}{36}$

5. 设随机变量U在区间$[-2,2]$上服从均匀分布,随机变量为$X=\begin{cases}-1, & U\leqslant -1\\1, & U>-1\end{cases}$,$Y=\begin{cases}-1, & U\leqslant 1\\1, & U>1\end{cases}$,求$(X,Y)$的联合概率分布.

解 $P(X=-1,Y=-1)=P(U\leqslant -1 \text{ 且 } U\leqslant 1)=P(U\leqslant -1)=\frac{1}{4}$

$P(X=-1,Y=1)=P(U\leqslant -1 \text{ 且 } U>1)=0$

$P(X=1,Y=-1)=P(U>-1 \text{ 且 } U\leqslant 1)=P(-1<U\leqslant 1)=\frac{1}{2}$

$$P(X=1,Y=1)=P(U>-1\text{ 且 }U>1)=P(U>1)=\frac{1}{4}$$

(X,Y)的联合概率分布为

$X \backslash Y$	-1	1
-1	$\frac{1}{4}$	0
1	$\frac{1}{2}$	$\frac{1}{4}$

6. 设二维随机变量(X,Y)的联合概率分布律为

$X \backslash Y$	0	1	2
0	0.2	0.1	0.3
1	0.3	0	0.1

求:(1) 关于 X,Y 边际概率分布律;(2)在 $X=1$ 的条件下随机变量 Y 的条件分布律;(3)在 $Y=0$ 的条件下随机变量 X 的条件分布律.

解 (1) 关于 X,Y 边际概率分布律为

$X \backslash Y$	0	1	2	$p_{i\cdot}$
0	0.2	0.1	0.3	0.6
1	0.3	0	0.1	0.4
$p_{\cdot j}$	0.5	0.1	0.4	1

(2) 在 $X=1$ 的条件下随机变量 Y 的条件分布律为

$$P\{Y=0 \mid X=1\}=\frac{P\{X=1,Y=0\}}{P\{X=1\}}=\frac{0.3}{0.4}=\frac{3}{4}$$

$$P\{Y=1 \mid X=1\}=\frac{P\{X=1,Y=1\}}{P\{X=1\}}=0$$

$$P\{Y=2 \mid X=1\}=\frac{P\{X=1,Y=2\}}{P\{X=1\}}=\frac{0.1}{0.4}=\frac{1}{4}$$

(3) 在 $Y=0$ 的条件下随机变量 X 的条件分布律为

$$P\{X=0 \mid Y=0\}=\frac{P\{X=0,Y=0\}}{P\{Y=0\}}=\frac{0.2}{0.5}=\frac{2}{5}$$

$$P\{X=1 \mid Y=0\}=\frac{P\{X=1,Y=0\}}{P\{Y=0\}}=\frac{0.3}{0.5}=\frac{3}{5}$$

7. 设二维随机向量(X,Y)的联合概率概率密度为

$$f(x,y)=\begin{cases}1, & 0\leqslant x\leqslant 1, |y|<x\\ 0, & \text{其他}\end{cases}$$

求条件概率密度 $f_{X|Y}(x|y)$ 和 $f_{Y|X}(y|x)$.

解 $f_X(x)=\int_{-\infty}^{+\infty}f(x,y)\,\mathrm{d}y=\begin{cases}\int_{-x}^{x}1\mathrm{d}y, & 0<x<1\\ 0, & \text{其他}\end{cases}=\begin{cases}2x, & 0<x<1\\ 0, & \text{其他}\end{cases}$

同理 $f_Y(y)=\int_{-\infty}^{+\infty}f(x,y)\,\mathrm{d}x=\begin{cases}\int_{y}^{1}1\mathrm{d}x, & 0\leqslant y\leqslant 1\\ \int_{-y}^{1}1\mathrm{d}x, & -1\leqslant y\leqslant 0\\ 0, & \text{其他}\end{cases}=\begin{cases}1-y, & 0<y<1\\ 1+y, & -1<y<0\\ 0, & \text{其他}\end{cases}$

条件概率密度 $f_{X|Y}(x\mid y)=\dfrac{f(x,y)}{f_Y(y)}=\begin{cases}\dfrac{1}{1-y} & 0<y<1\\ \dfrac{1}{1+y} & -1<y<0\\ 0 & \text{其他}\end{cases}$

$$f_{Y|X}(y\mid x)=\frac{f(x,y)}{f_X(x)}=\begin{cases}\dfrac{1}{2x}, & 0<x<1\\ 0, & \text{其他}\end{cases}$$

8. 盒子中有 3 个黑球、2 个白球、2 个红球,从中任取 4 球,以 X 记其中黑球的个数,Y 记其中红球的个数.求:(1)(X,Y)的联合概率分布律;(2)X 与 Y 的边际分布律;(3)X 与 Y 是否独立?(4)$P(X>Y)$,$P(Y=2X)$.

解 (1)(2)(X,Y)的联合概率分布律和边际分布律为

X \ Y	0	1	2	3	$p_{\cdot j}$
0	0	0	$\frac{3}{35}$	$\frac{2}{35}$	$\frac{1}{7}$
1	0	$\frac{6}{35}$	$\frac{12}{35}$	$\frac{2}{35}$	$\frac{4}{7}$
2	$\frac{1}{35}$	$\frac{6}{35}$	$\frac{3}{35}$	0	$\frac{2}{7}$
$p_{i\cdot}$	$\frac{1}{35}$	$\frac{12}{35}$	$\frac{18}{35}$	$\frac{4}{35}$	1

(3) 因为 $P_{00}\neq P_{\cdot 0}\cdot P_{0\cdot}$ 故 X,Y 不相互独立;

(4) $P(X>Y)=P_{10}+P_{20}+P_{21}+P_{30}+P_{31}+P_{32}=\dfrac{3}{35}+\dfrac{12}{35}+\dfrac{2}{35}+\dfrac{2}{35}=\dfrac{19}{35}$

$$P(Y=2X)=P_{00}+P_{12}=\frac{6}{35}$$

9. 设随机变量(X,Y)的概率密度函数为

(1) $f(x,y)=\begin{cases}24y(1-x) & 0<x<1,0<y<x\\ 0 & \text{其他}\end{cases}$

(2) $f(x,y)=\begin{cases} e^{-x} & 0<x<y<+\infty \\ 0 & 其他 \end{cases}$

求 X,Y 的边际概率密度.

解 (1) $f_X(x)=\int_{-\infty}^{+\infty} f(x,y)\,dy=\begin{cases}\int_0^x 24y(1-x)dy, & 0<x<1 \\ 0, & 其他\end{cases}$

$$=\begin{cases}12x^2(1-x), & 0<x<1 \\ 0, & 其他\end{cases}$$

$$f_Y(y)=\int_{-\infty}^{+\infty} f(x,y)\,dx=\begin{cases}\int_y^1 24y(1-x)dx, & 0<y<1 \\ 0, & 其他\end{cases}$$

$$=\begin{cases}12y(1-y)^2, & 0<y<1 \\ 0, & 其他\end{cases}$$

(2) $f_X(x)=\int_{-\infty}^{+\infty} f(x,y)\,dy=\begin{cases}\int_0^x e^{-x}dy, & 0<x<+\infty \\ 0, & 其他\end{cases}=\begin{cases}xe^{-x}, & 0<x<+\infty \\ 0, & 其他\end{cases}$

$$f_Y(y)=\int_{-\infty}^{+\infty} f(x,y)\,dx=\begin{cases}\int_y^{+\infty} e^{-x}dx, & 0<y<+\infty \\ 0, & 其他\end{cases}=\begin{cases}e^{-y}, & 0<y<+\infty \\ 0, & 其他\end{cases}$$

10. 设随机变量(X,Y)的概率密度函数为

$$f(x,y)=\begin{cases}Ae^{-2x-3y}, & 0<x,0<y \\ 0, & 其他\end{cases}$$

求:(1) 常数 A;(2)X,Y 的边际概率密度,并判断 X,Y 是否相互独立;(3)(X,Y)的联合分布函数;(4)概率 $P\{X>Y\}$.

解 (1) 由 $\int_{-\infty}^{+\infty}\int_{-\infty}^{+\infty} f(x,y)\,dxdy=F(+\infty,+\infty)=1$,得

$$\int_0^{+\infty} Ae^{-2x}dx\int_0^{+\infty} e^{-3y}dy=1$$

即 $A\left[-\frac{1}{2}e^{-2x}\right]_0^{+\infty}\left[-\frac{1}{3}e^{-3y}\right]_0^{+\infty}=1$

则 $A=6$.

(2) $f_X(x)=\int_{-\infty}^{+\infty} f(x,y)\,dy=\begin{cases}\int_0^{+\infty} 6e^{-2x-3y}dy, & 0<x<+\infty \\ 0, & 其他\end{cases}$

$$=\begin{cases}2e^{-2x}, & 0<x<+\infty \\ 0, & 其他\end{cases}$$

$$f_Y(y)=\int_{-\infty}^{+\infty} f(x,y)\,dx=\begin{cases}\int_0^{+\infty} 6e^{-2x-3y}dx, & 0<y<+\infty \\ 0, & 其他\end{cases}$$

$$=\begin{cases}3e^{-3y}, & 0<y<+\infty \\ 0, & \text{其他}\end{cases}$$

故有 $f(x,y)=f_X(x)f_Y(y)$，因此 X,Y 是相互独立的.

(3) $$F(x,y)=\int_{-\infty}^{x}\int_{-\infty}^{y}f(u,v)\,\mathrm{d}u\mathrm{d}v=\begin{cases}\int_0^x\int_0^y 6e^{-(2u+3v)}\,\mathrm{d}u\mathrm{d}v, & x>0,y>0 \\ 0, & \text{其他}\end{cases}$$

$$=\begin{cases}(1-e^{-2x})(1-e^{-3y}), & x>0,y>0 \\ 0, & \text{其他}\end{cases}$$

(4) $P\{X>Y\}=\int_0^{+\infty}\int_y^{+\infty}6e^{-(2x+3y)}\,\mathrm{d}x\mathrm{d}y=\frac{3}{5}$.

11. 设随机变量(X,Y)的概率密度函数为

$$f(x,y)=\begin{cases}6x^2y, & 0\leqslant x\leqslant 1,0\leqslant y\leqslant 1 \\ 0, & \text{其他}\end{cases}$$

求：(1) X,Y 的边际概率密度，并判断 X,Y 是否相互独立；(2)概率 $P\{X>Y\}$；(3)(X,Y)的联合分布函数.

解 (1) $$f_X(x)=\int_{-\infty}^{+\infty}f(x,y)\,\mathrm{d}y=\begin{cases}\int_0^1 6x^2y\mathrm{d}y, & 0<x<1 \\ 0, & \text{其他}\end{cases}=\begin{cases}3x^2, & 0<x<1 \\ 0, & \text{其他}\end{cases}$$

$$f_Y(y)=\int_{-\infty}^{+\infty}f(x,y)\,\mathrm{d}x=\begin{cases}\int_0^1 6x^2y\mathrm{d}x, & 0<y<1 \\ 0, & \text{其他}\end{cases}=\begin{cases}2y, & 0<y<1 \\ 0, & \text{其他}\end{cases}$$

故有 $f(x,y)=f_X(x)f_Y(y)$，因此 X,Y 是相互独立的.

(2) $P\{X>Y\}=\int_0^1\int_y^1 6x^2y\,\mathrm{d}x\mathrm{d}y=\frac{3}{5}$

(3) $$F(x,y)=\int_{-\infty}^{x}\int_{-\infty}^{y}f(u,v)\,\mathrm{d}u\mathrm{d}v=\begin{cases}0, & \text{其他} \\ \int_0^x\int_0^y 6u^2v\mathrm{d}u\mathrm{d}v, & 0<x\leqslant 1,0<y\leqslant 1 \\ 1, & x>1\text{且}y>1\end{cases}$$

$$=\begin{cases}0, & \text{其他} \\ x^3y^2, & 0<x\leqslant 1,0<y\leqslant 1 \\ 1, & x>1\text{且}y>1\end{cases}$$

12. 设 X,Y 相互独立，且都服从参数为 λ 的泊松分布. 证明：$Z=X+Y\sim P(2\lambda)$.

证明 依题 $P\{X=i\}=\frac{e^{-\lambda}\lambda^i}{i!}$，$i=1,2,\cdots$，$P\{Y=j\}=\frac{e^{-\lambda}\lambda^j}{j!}$，$j=1,2,\cdots$，因为 X,Y 相互独立，则

$$P\{Z=r\}=\sum_{i=0}^{r}P\{X=i,Y=r-i\}=\sum_{i=0}^{r}\frac{e^{-\lambda}\lambda^i}{i!}\frac{e^{-\lambda}\lambda^{(r-i)}}{(r-i)!}=e^{-2\lambda}\lambda^r\sum_{i=0}^{r}\frac{1}{i!(r-i)!}$$

$$= \frac{e^{-2\lambda}\lambda^r}{r!}\sum_{i=0}^{r}\frac{r!}{i!(r-i)!} = \frac{e^{-2\lambda}\lambda^r}{r!}(C_r^0 + C_r^1 + \cdots C_r^r) = \frac{e^{-2\lambda}\lambda^r 2^r}{r!} = \frac{e^{-2\lambda}(2\lambda)^r}{r!}$$

因此 $Z=X+Y\sim P(2\lambda)$.

13. 设随机变量 X,Y 独立同分布且

X	0	2
P	$\frac{1}{2}$	$\frac{1}{2}$

求:(1)(X,Y)的联合分布;

(2)$z=\max(X,Y)$的概率分布;

(3)$W=XY$的概率分布.

解 (1) 因为随机变量(X,Y)独立同分布,所以

$$P\{X=0,Y=0\}=P\{X=0\}\cdot P\{Y=0\}=\frac{1}{2}\times\frac{1}{2}=\frac{1}{4}$$

同理

$$P\{X=0,Y=2\}=P\{X=2,Y=0\}=P\{X=2,Y=2\}=\frac{1}{4}$$

(X,Y)的联合分布为

X \ Y	0	2
0	$\frac{1}{4}$	$\frac{1}{4}$
2	$\frac{1}{4}$	$\frac{1}{4}$

(2) $P\{Z=0\}=P\{X=0,Y=0\}=\frac{1}{4}$

$$P\{Z=2\}=P\{X=0,Y=2\}+P\{X=2,Y=0\}+P\{X=2,Y=2\}=\frac{3}{4}$$

$z=\max(X,Y)$的概率分布为

Z	0	2
P	$\frac{1}{4}$	$\frac{3}{4}$

(3) $P\{W=0\}=P\{X=0,Y=2\}+P\{X=2,Y=0\}+P\{X=0,Y=0\}=\frac{3}{4}$

$$P\{W=4\}=P\{X=2,Y=2\}=\frac{1}{4}$$

$W=XY$ 的概率分布为

W	0	4
P	$\frac{3}{4}$	$\frac{1}{4}$

14. 设随机变量(X,Y)的概率密度函数

$$f(x,y)=\begin{cases}x+y, & 0<x<1,0<y<1\\ 0, & \text{其他}\end{cases}$$

求 $W=X+Y$ 的密度函数.

解 $f_X(x)=\int_{-\infty}^{+\infty}f(x,y)\,\mathrm{d}y=\begin{cases}\int_0^1(x+y)\mathrm{d}y, & 0<x<1\\ 0, & \text{其他}\end{cases}$

$$=\begin{cases}x+\frac{1}{2}, & 0<x<1\\ 0, & \text{其他}\end{cases}$$

同理 $$f_Y(y)=\begin{cases}y+\frac{1}{2}, & 0<y<1\\ 0, & \text{其他}\end{cases}$$

依题 $$f_W(w)=\int_{-\infty}^{+\infty}f_X(x)f_Y(w-x)\mathrm{d}x=\int_0^1 f_X(x)f_Y(w-x)\mathrm{d}x$$

当且仅当 $0<x<1,0<w-x<1$ 时,上面的被积函数才不为零.

$$f_W(w)=\begin{cases}\int_0^w\left(x+\frac{1}{2}\right)\left(w-x+\frac{1}{2}\right)\mathrm{d}x, & 0<w\leqslant 1\\ \int_{w-1}^1\left(x+\frac{1}{2}\right)\left(w-x+\frac{1}{2}\right)\mathrm{d}x, & 1<w\leqslant 2\\ 0, & \text{其他}\end{cases}$$

$$=\begin{cases}\frac{w^3}{6}+\frac{w^2}{2}+\frac{w}{4}, & 0<w\leqslant 1\\ -\frac{w^3}{6}-\frac{w^2}{2}+\frac{7w}{4}-\frac{1}{6}, & 1<w\leqslant 2\\ 0 & \text{其他}\end{cases}$$

15. 设随机变量(X,Y)的概率密度函数为

$$f(x,y)=\begin{cases}\frac{1}{2}(x+y)\mathrm{e}^{-x-y}, & 0<x,0<y\\ 0, & \text{其他}\end{cases}$$

(1) 判断 X,Y 是否相互独立;(2)求 $Z=X+Y$ 的密度函数.

解 (1) $f_X(x)=\int_{-\infty}^{+\infty}f(x,y)\,\mathrm{d}y=\begin{cases}\int_0^{+\infty}\frac{1}{2}(x+y)\mathrm{e}^{-x-y}\mathrm{d}y, & 0<x<+\infty\\ 0, & \text{其他}\end{cases}$

$$=\begin{cases}\dfrac{1}{2}(x+1)e^{-x}, & 0<x<+\infty\\ 0, & \text{其他}\end{cases}$$

同理
$$f_Y(y)=\begin{cases}\dfrac{1}{2}(y+1)e^{-y}, & 0<y<+\infty\\ 0, & \text{其他}\end{cases}$$

故有 $f(x,y)\neq f_X(x)f_Y(y)$，因此 X,Y 不是相互独立的.

(2) 当 $z\leqslant 0$ 时，若 $x>0$，则 $z-x<0$，有 $f_Y(z-x)=0$；若 $x\leqslant 0$，有 $f_X(x)=0$；故 $f_Z(z)=0$.

当 $z>0$ 时，若 $x\leqslant 0$，有 $f_X(x)=0$；若 $z-x\leqslant 0$，即 $z\leqslant x$，有 $f_Y(z-x)=0$.

当$z-x>0$时，即 $z>x>0$，有

$$f_Z(z)=\int_0^z \frac{1}{2}(x+1)e^{-x}\,\frac{1}{2}(z-x+1)e^{-z+x}\,dx=\frac{e^{-z}}{2}\left(\frac{z^3}{6}+z^2+z\right)$$

$$f_Z(z)=\begin{cases}\dfrac{e^{-z}}{2}\left(\dfrac{z^3}{6}+z^2+z\right), & z>0\\ 0, & z\leqslant 0\end{cases}$$

16. 设 X,Y 相互独立，且 $X\sim U(0,1)$，$Y\sim U(0,2)$，求 $Z=\max\{X,Y\}$ 和 $Z=\min\{X,Y\}$的密度函数.

解 因为 $X\sim U(0,1)$，所以

$$f_X(x)=\begin{cases}1, & 0\leqslant x\leqslant 1\\ 0, & \text{其他}\end{cases}$$

$$F_X(x)=\begin{cases}0, & x\leqslant 0\\ x, & 0<x\leqslant 1\\ 1, & x>1\end{cases}$$

同理 $Y\sim U(0,2)$，有

$$f_Y(y)=\begin{cases}\dfrac{1}{2}, & 0<y<2\\ 0, & \text{其他}\end{cases}$$

$$F_Y(y)=\begin{cases}0, & y\leqslant 0\\ \dfrac{y}{2}, & 0<y\leqslant 2\\ 1, & y>2\end{cases}$$

由于 X,Y 相互独立，所以

$$F_{\max}(z)=F_X(z)F_Y(z)=\begin{cases}0, & z\leqslant 0\\ \dfrac{z^2}{2}, & 0<z\leqslant 1\\ \dfrac{z}{2}, & 1<z\leqslant 2\\ 1, & z>2\end{cases}$$

$$f_{\max}(z)=\begin{cases}z, & 0<z<1\\ \dfrac{1}{2}, & 1<z<2\\ 0, & \text{其他}\end{cases}$$

$$F_{\min}(z)=1-[1-F_X(z)][1-F_Y(z)]=\begin{cases}0, & z\leqslant 0\\ \dfrac{3z}{2}-\dfrac{z^2}{2}, & 0<z\leqslant 1\\ 1, & z>1\end{cases}$$

$$f_{\min}(z)=\begin{cases}\dfrac{3}{2}-z, & 0<z<1\\ 0, & \text{其他}\end{cases}$$

17. 设 X,Y 相互独立,它们都服从标准正态分布 $N(0,1)$. 证明:

(1) $Z=X^2+Y^2$ 服从 $\lambda=\dfrac{1}{2}$ 的指数分布(自由度为 2 的 χ^2 分布);

(2) $W=X+Y$ 服从正态分布 $N(0,2)$(用卷积公式).

证明 (1) 因为 X,Y 服从标准正态分布 $N(0,1)$,且 X,Y 相互独立,所以 $f(x,y)=\dfrac{1}{\sqrt{2\pi}}e^{-\frac{x^2}{2}}\dfrac{1}{\sqrt{2\pi}}e^{-\frac{y^2}{2}}=\dfrac{1}{2\pi}e^{-\frac{x^2+y^2}{2}}$,而 $z=x^2+y^2\geqslant 0$,显然当 $z\leqslant 0$ 时,$f_Z(z)=0$,当 $z>0$ 时,设 $x=r\cos\theta, y=r\sin\theta$,则 $z=r^2\Rightarrow 0<\theta<2\pi, 0<r<\sqrt{z}$,则 $F_Z(z)=\int_0^{2\pi}d\theta\int_0^{\sqrt{z}}\dfrac{1}{2\pi}e^{-\frac{r^2}{2}}rdr=1-e^{-\frac{z}{2}}$,所以 $f_Z(z)=\begin{cases}\dfrac{1}{2}e^{-\frac{z}{2}}, & z>0\\ 0, & \text{其他}\end{cases}$ 故 $Z=X^2+Y^2$ 服从 $\lambda=\dfrac{1}{2}$ 的指数分布.

(2) 由用卷积公式

$$f_Z(z)=\int_{-\infty}^{+\infty}f_X(x)f_Y(z-x)dx=\int_{-\infty}^{+\infty}\frac{1}{\sqrt{2\pi}}e^{-\frac{x^2}{2}}\frac{1}{\sqrt{2\pi}}e^{-\frac{(z-x)^2}{2}}dx$$

$$=\frac{1}{2\pi}\int_{-\infty}^{+\infty}e^{-\frac{x^2}{2}-\frac{(z-x)^2}{2}}dx=\frac{1}{2\pi}\int_{-\infty}^{+\infty}e^{-\frac{x^2}{2}-\frac{(z-x)^2}{2}}dx=\frac{1}{\sqrt{2\pi}}e^{-\frac{z^2}{4}}$$

所以,$W=X+Y$ 服从正态分布 $N(0,2)$.

三、典型例题

（一）选择题

例 1 设离散随机变量(X,Y)的分布列为

X \ Y	1	2	3
1	$\frac{1}{6}$	$\frac{1}{18}$	$\frac{1}{9}$
2	$\frac{1}{3}$	β	α

又设 X,Y 相互独立，则 α,β 的值为（　　）.

(A) $\alpha=\frac{1}{9},\beta=\frac{2}{9}$　　(B) $\alpha=\frac{2}{9},\beta=\frac{1}{9}$

(C) $\alpha=\frac{1}{6},\beta=\frac{1}{6}$　　(D) $\alpha=\frac{5}{18},\beta=\frac{1}{18}$

解 答案为(B).

因为边际分布律 $P\{Y=1\}=\frac{1}{6}+\frac{1}{18}+\frac{1}{9}=\frac{1}{3}$，$P\{X=2\}=\frac{1}{18}+\beta$，$P\{X=3\}=\frac{1}{9}+\alpha$，而 X,Y 相互独立，故

$$P\{X=2,Y=1\}=P\{X=2\}P\{Y=1\}=\left(\frac{1}{18}+\beta\right)\frac{1}{3}=\frac{1}{18},\text{因此 }\beta=\frac{1}{9}$$

$$P\{X=3,Y=1\}=P\{X=3\}P\{Y=1\}=\left(\frac{1}{9}+\alpha\right)\frac{1}{3}=\frac{1}{9},\text{因此 }\alpha=\frac{2}{9}.$$

例 2 设二维随机变量(X,Y)的分布律为

X \ Y	0	1	2
0	0.1	0.2	0
1	0.3	0.1	0.1
2	0.1	0	0.1

则 $P\{X=Y\}=$（　　）.

(A)0.3　　(B) 0.5

(C) 0.7　　(D) 0.8

解 答案为(A).

$$\begin{aligned}P\{X=Y\}&=P\{X=0,Y=0\}+P\{X=1,Y=1\}+P\{X=2,Y=2\}\\&=0.1+0.1+0.1=0.3\end{aligned}$$

例 3 设随机变量 X 与 Y 相互独立，且 $P\{X=-1\}=P\{Y=-1\}=\frac{1}{2}P\{X=1\}=$

$P\{Y=1\}=\frac{1}{2}$，则下列各式成立的是(　　).

(A) $P\{X=Y\}=\frac{1}{2}$　　　　(B) $P\{X=Y\}=1$

(C) $P\{X+Y=0\}=\frac{1}{4}$　　　　(D) $P\{XY=1\}=\frac{1}{4}$

解　答案为(A).

因为随机变量 X 与 Y 相互独立,所以

$P\{X=-1,Y=-1\}=P\{X=-1\}P\{Y=-1\}=\frac{1}{4}$,同理 $P\{X=-1,Y=1\}=P\{X=1,Y=-1\}=P\{X=1,Y=1\}=\frac{1}{4}$,所以$(X,Y)$的联合分布为

X \ Y	-1	1
-1	$\frac{1}{4}$	$\frac{1}{4}$
1	$\frac{1}{4}$	$\frac{1}{4}$

因此 $P\{X=Y\}=P\{X=1,Y=1\}+P\{X=-1,Y=-1\}=\frac{1}{2}$

$$P\{X+Y=0\}=P\{X=-1,Y=1\}+P\{X=1,Y=-1\}=\frac{1}{2}$$

$$P\{XY=1\}=P\{X=1,Y=1\}+P\{X=-1,Y=-1\}=\frac{1}{2}$$

例 4　设随机变量 X 与 Y 相互独立且同分布,X 的概率密度为

$$f(x)=\begin{cases}\frac{3}{8}x^2, & 0\leqslant x\leqslant 2\\ 0, & \text{其他}\end{cases}$$

记 $A=\{X>a\}$,$B=\{Y>a\}$,有 $P\{A\cup B\}=\frac{3}{4}$,则常数 $a=$(　　).

(A) $\sqrt[4]{3}$　　(B) $\sqrt[3]{4}$　　(C) $\sqrt[3]{2}$　　(D) $\sqrt[3]{6}$

解　答案(B).

因为 X 与 Y 同分布，所以 $P(A)=P(B)=\int_a^{+\infty}f(x)\mathrm{d}x=\int_a^2\frac{3}{8}x^2\mathrm{d}x=\frac{1}{8}(8-a^3)$,又因为 X 与 Y 相互独立，所以 $P\{A\cup B\}=P(A)+P(B)-P(A)P(B)=\frac{3}{4}$, $2P(A)-P^2(A)=\frac{3}{4}$，解得 $P(A)=\frac{1}{2}$ 或 $P(A)=\frac{3}{2}$(舍去),即$\frac{1}{8}(8-a^3)=\frac{1}{2}$, $a=\sqrt[3]{4}$.

例 5　设二维随机变量(X,Y)的联合概率密度为

$$f(x,y)=\begin{cases}2\mathrm{e}^{-(x+2y)}, & x>0,y>0\\ 0, & \text{其他}\end{cases}$$

则 $P\{X<Y\}=(\quad)$.

(A) $\frac{1}{4}$ (B) $\frac{1}{3}$ (C) $\frac{2}{3}$ (D) $\frac{3}{4}$

解 答案(C).

$$P\{X<Y\}=\iint_G f(x,y)\mathrm{d}x\mathrm{d}y=\int_0^{+\infty}\int_y^{+\infty}2\mathrm{e}^{-(x+2y)}\ \mathrm{d}x\mathrm{d}y=2\int_0^{+\infty}\mathrm{e}^{-2y}(\mathrm{e}^{-y})\ \mathrm{d}v=\frac{2}{3}$$

(二) 填空题

例 1 从一个装有 3 个红球、4 个白球、5 个蓝球的箱子中,随机地取出 3 个球,设 X 和 Y 表示取出的红球数和白球数,则(X,Y)的联合分布律为________,X 的边缘分布律为________.

解 若 X 和 Y 表示取出的红球数和白球数,则 X 和 Y 的可能取值都为,0,1,2,3,$X=0,Y=0$ 表示取出的 3 个球都是篮球,则 $P\{X=0,Y=0\}=\frac{C_5^3}{C_{12}^3}=\frac{1}{22}$;$X=0,Y=1$ 表示取出的 3 个球中,1 个是白球,2 个是篮球,$X=0,Y=2$ 表示取出的 3 个球中,2 个是白球,1 个是篮球,$X=0,Y=3$ 表示取出的 3 个球中都是白球,则

$$P\{X=0,Y=1\}=\frac{C_4^1C_5^2}{C_{12}^3}=\frac{2}{11}$$

$$P\{X=0,Y=2\}=\frac{C_4^2C_5^1}{C_{12}^3}=\frac{3}{22}$$

$$P\{X=0,Y=3\}=\frac{C_4^3}{C_{12}^3}=\frac{1}{55}$$

同理可推导出其他几种情形,则(X,Y)的联合分布律为

$X \backslash Y$	0	1	2	3
0	$\frac{1}{22}$	$\frac{2}{11}$	$\frac{3}{22}$	$\frac{1}{55}$
1	$\frac{3}{22}$	$\frac{3}{11}$	$\frac{9}{110}$	0
2	$\frac{3}{44}$	$\frac{3}{55}$	0	0
3	$\frac{1}{220}$	0	0	0

X 的边缘分布律为

X	0	1	2	3
P	$\frac{21}{55}$	$\frac{27}{55}$	$\frac{27}{220}$	$\frac{1}{220}$

例 2 二维连续型随机变量(X,Y)的密度函数为

$$f(x,y)=\begin{cases}kx^2y, & 0<x<y<1\\ 0, & \text{其他}\end{cases}$$

则 $k=$ ________; $P(X+Y\leqslant1)=$ ________.

解 因为 $\int_{-\infty}^{+\infty}\int_{-\infty}^{+\infty}f(x,y)\,\mathrm{d}x\mathrm{d}y=1$，所以 $\int_0^1\int_0^y kx^2y\,\mathrm{d}x\mathrm{d}y=1$，得 $k=15$.

$$P(X+Y\leqslant1)=\int_0^{\frac{1}{2}}\int_x^{1-x}15x^2y\mathrm{d}x\mathrm{d}y=\int_0^{\frac{1}{2}}15x^2\left.\frac{y^2}{2}\right|_x^{1-x}\mathrm{d}x\,\frac{5}{64}$$

例 3 设平面区域 D 由 $y=x,y=0$ 和 $x=2$ 所围成，二维随机变量 (X,Y) 在区域 D 上服从均匀分布，则 (X,Y) 关于 X 的边缘概率密度为________.

解 二维随机变量 (X,Y) 在区域 D 上服从均匀分布，则概率密度函数为

$$f(x,y)=\begin{cases}\frac{1}{2}, & 0<x<2,0<y<x\\ 0, & \text{其他}\end{cases}$$

则 (X,Y) 关于 X 的边缘概率密为

$$f_X(x)=\int_{-\infty}^{+\infty}f(x,y)\,\mathrm{d}y=\begin{cases}\int_0^x\frac{1}{2}\mathrm{d}y, & 0<x<2\\ 0, & \text{其他}\end{cases}=\begin{cases}\frac{1}{2}x, & 0<x<2\\ 0, & \text{其他}\end{cases}$$

例 4 若 $X\sim N(1,2),Y\sim N(0,3),Z\sim N(2,1)$，且 X,Y,Z 相互独立，则 $2X+Y\sim$ ________, $P(2X+3Y-Z\leqslant6)=$ ________.

解 首先介绍两个定理

定理 1：设 X,Y 相互独立，$X\sim N(\mu_1,\sigma_1^2),Y\sim N(\mu_2,\sigma_2^2)$，则 $Z=X+Y$ 仍然服从正态分布，且 $Z\sim N(\mu_1+\mu_2,\sigma_1^2+\sigma_2^2)$（该定理的证明在典型例题的（四）例 2 给出）.

定理 2：设 X,Y 相互独立，$X\sim N(\mu_1,\sigma_1^2),Y\sim N(\mu_2,\sigma_2^2)$，则 $Z=cX+\mathrm{d}Y$ 仍然服从正态分布，即 $Z\sim N(c\mu_1+d\mu_2,c^2\sigma_1^2+d^2\sigma_2^2)$.

定理 2 的结论可推广到多个相互独立的情形.

本题中，因为 X,Y,Z 相互独立，则 $2X+Y\sim N(2\mu_1+\mu_2,4\sigma_1^2+\sigma_2^2)=N(2,11)$

$2X+3Y-Z\sim N(2\mu_1+3\mu_2-\mu_3,4\sigma_1^2+9\sigma_2^2+\sigma_3^2)$，即 $2X+3Y-Z\sim N(0,36)$，$P(2X+3Y-Z\leqslant6)=\Phi\left(\frac{6}{6}\right)=\Phi(1)$.

例 5 设 X,Y 相互独立，且 X 服从 $[0,2]$ 上的均匀分布，Y 服从 $\lambda=2$ 的指数分布，则 $P\{X\leqslant Y\}=$ ________.

解 因为 X 服从 $[0,2]$ 上的均匀分布，则

$$f_X(x)=\begin{cases}\frac{1}{2}, & 0\leqslant x\leqslant2\\ 0, & \text{其他}\end{cases}$$

而 Y 服从 $\lambda=2$ 的指数分布，则

$$f_Y(y)=\begin{cases}2\mathrm{e}^{-2y}, & y>0\\ 0, & y\leqslant0\end{cases}$$

又因为 X,Y 相互独立，所以

$$f(x,y)=f_X(x)f_Y(y)=\begin{cases}\mathrm{e}^{-2y}, & 0\leqslant x\leqslant2,y>0\\ 0, & \text{其他}\end{cases}$$

$$P\{X \leqslant Y\} = 1 - P\{X > Y\} = 1 - \iint_G f(x,y)\mathrm{d}x\mathrm{d}y,$$

其中 G 由 $y=x, y=0$ 和 $x=2$ 所围成，所以

$$P\{X \leqslant Y\} = 1 - \int_0^2 \mathrm{d}x \int_0^x \mathrm{e}^{-2y}\mathrm{d}y = 1 + \int_0^2 \frac{\mathrm{e}^{-2y}}{2}\bigg|_0^x \mathrm{d}x = 1 + \int_0^2 \left(\frac{\mathrm{e}^{-2x}}{2} - \frac{1}{2}\right)\mathrm{d}x = \frac{1}{4} - \frac{\mathrm{e}^{-4}}{4}$$

(三) 计算题

例 1 随机变量 X 与 Y 相互独立，(X, Y)的分布律及边缘分布律分布为

X \ Y	y_1	y_2	y_3	$p_{i\cdot}$
x_1	p_{11}	1/8	p_{13}	$p_{1\cdot}$
x_2	1/8	p_{22}	p_{23}	$p_{2\cdot}$
$p_{\cdot j}$	1/6	$p_{\cdot 2}$	$p_{\cdot 3}$	1

求：$p_{11}, p_{13}, p_{22}, p_{23}$.

解 $P(Y=y_1)=P(X=x_1, Y=y_1)+P(X=x_2, Y=y_1)=p_{11}+\frac{1}{8}=\frac{1}{6} \Rightarrow p_{11}=\frac{1}{24}$

随机变量 X 与 Y 相互独立，所以

$$p_{1\cdot} = \frac{p_{11}}{p_{\cdot 1}} = \frac{1}{4}, p_{13} = p_{1\cdot} - p_{11} - p_{12} = \frac{1}{4} - \frac{1}{24} - \frac{1}{8} = \frac{1}{12}$$

同理

$$p_{\cdot 3} = \frac{p_{13}}{p_{1\cdot}} = \frac{1}{3}, p_{23} = p_{\cdot 3} - p_{13} = \frac{1}{3} - \frac{1}{12} = \frac{1}{4}$$

$$p_{\cdot 2} = 1 - p_{\cdot 1} - p_{\cdot 3} = 1 - \frac{1}{6} - \frac{1}{3} = \frac{1}{2}, p_{22} = p_{\cdot 2} - p_{12} = \frac{1}{2} - \frac{1}{8} = \frac{3}{8}$$

例 2 已知(X,Y)的分布律为

X \ Y	1	0
1	1/12	3/12
0	a	5/12

求(1)a；(2)求 $X.Y$ 的边缘分布律；(3)X 与 Y 是否相互独立；(4)$X+Y$ 的分布律.

解 (1) 因为$\sum_i \sum_j p_{ij} = 1$，所以 $1 = a + \frac{1}{12} + \frac{3}{12} + \frac{5}{12} \Rightarrow a = \frac{1}{4}$.

(2) X 的边缘分布律为

$$P(X=1) = P(X=1, Y=0) + P(X=1, Y=1) = \frac{1}{12} + \frac{3}{12} = \frac{1}{3}$$

$$P(X=0) = P(X=0, Y=0) + P(X=0, Y=1) = \frac{1}{4} + \frac{5}{12} = \frac{2}{3}$$

同理，Y 的边缘分布律为

$$P(Y=1)=\frac{1}{12}+\frac{1}{4}=\frac{1}{3}, P(Y=0)=\frac{3}{12}+\frac{5}{12}=\frac{2}{3}$$

(3) $P(X=1)P(Y=0)=\frac{2}{9}$,而 $P(X=1,Y=0)=\frac{3}{12}$,所以 X 与 Y 不是相互独立.

(4) 随机变量 $Z=X+Y$ 的可能取值为 0,1,2,则

$$P(Z=0)=P(X=0,Y=0)=\frac{5}{12}$$

$$P(Z=1)=P(X=1,Y=0)+P(X=0,Y=1)=\frac{3}{12}+\frac{1}{4}=\frac{1}{2}$$

$$P(Z=2)=P(X=1,Y=1)=\frac{1}{12}$$

例 3 甲乙两人投篮，命中率分别为 0.7，0.6，每人投三次，求甲比乙进球多的概率.

解 设 X 表示甲进球数，Y 表示乙进球数.

$$\begin{aligned}
&P(\text{甲比乙进球多})=P(X=3,Y=2)+P(X=3,Y=1)+P(X=3,Y=0)+\\
&\quad P(X=2,Y=1)+P(X=2,Y=0)+P(X=1,Y=0)\\
&=P(X=3)P(Y=2)+P(X=3)P(Y=1)+P(X=3)P(Y=0)+\\
&\quad P(X=2)P(Y=1)+P(X=2)P(Y=0)+P(X=1)P(Y=0)\\
&=0.7^3\times C_3^1\times 0.4\times 0.6^2+0.7^3\times C_3^2\times 0.4^2\times 0.6+0.7^3\times 0.4^3+\\
&\quad C_3^1\times 0.3\times 0.7^2\times C_3^1\times 0.6\times 0.4^2+C_3^1\times 0.3\times 0.7^2\times 0.4^3+C_3^1\times 0.7\times 0.3^2\times 0.4^3\\
&=0.148176+0.098784+0.021952+0.127008+0.028224+0.012096\\
&=0.43624
\end{aligned}$$

例 4 设二维随机变量(X,Y)的联合密度函数为 $f(x,y)=\begin{cases}ke^{-(2x+y)}, & x>0,y>0\\ 0, & \text{其他}.\end{cases}$

(1) 求系数 k；(2) 求 $X.Y$ 的边缘密度函数；(3) X 与 Y 是否相互独立？

解 (1)由 $\int_{-\infty}^{+\infty}\int_{-\infty}^{+\infty}f(x,y)\,dxdy=F(+\infty,+\infty)=1$,得 $\int_0^{+\infty}ke^{-2x}dx\int_0^{+\infty}e^{-y}dy=1$,

即 $k\left[-\frac{1}{2}e^{-2x}\right]_0^{+\infty}[-e^{-y}]_0^{+\infty}=1$,则 $k=2$.

$$(2)\ f_X(x)=\int_{-\infty}^{+\infty}f(x,y)\,dy=\begin{cases}\int_0^{+\infty}2e^{-2x-y}dy, & 0<x<+\infty\\ 0, & \text{其他}\end{cases}$$

$$=\begin{cases}2e^{-2x}, & 0<x<+\infty\\ 0, & \text{其他}\end{cases}$$

$$f_Y(y)=\int_{-\infty}^{+\infty} f(x,y)\,\mathrm{d}x=\begin{cases}\int_0^{+\infty} 2\mathrm{e}^{-2x-y}\mathrm{d}x, & 0<y<+\infty\\ 0, & \text{其他}\end{cases}$$

$$=\begin{cases}\mathrm{e}^{-y}, & 0<y<+\infty\\ 0, & \text{其他}\end{cases}$$

(3) 由于 $f(x,y)=f_X(x)f_Y(y)$，因此 X,Y 是相互独立的.

例 5 设(X,Y)在由直线 $x=1,x=\mathrm{e}^2,y=0$ 及曲线 $y=\dfrac{1}{x}$所围成的区域上服从均匀分布，

(1) 求边缘密度 $f_X(x)$和 $f_Y(y)$，并说明 X 与 Y 是否独立；

(2) 求(X, Y)关于 X 的边缘密度在 $x=2$ 处的值；

(3) 求 $P(X+Y\geqslant 2)$.

解 D 的面积 $=\int_1^{\mathrm{e}^2}\dfrac{1}{x}\mathrm{d}x=2$，所以二维随机变量$(X, Y)$的密度为

$$f(x,y)=\begin{cases}\dfrac{1}{2}, & (x,y)\in D\\ 0, & \text{其他}\end{cases}$$

(1) $$f_X(x)=\int_{-\infty}^{+\infty} f(x,y)\,\mathrm{d}y=\begin{cases}\int_0^{\frac{1}{x}}\dfrac{1}{2}\mathrm{d}y, & 1<x<\mathrm{e}^2\\ 0, & \text{其他}\end{cases}=\begin{cases}\dfrac{1}{2x}, & 1<x<\mathrm{e}^2\\ 0, & \text{其他}\end{cases}$$

$$f_Y(y)=\int_{-\infty}^{+\infty} f(x,y)\,\mathrm{d}x=\begin{cases}\int_1^{\mathrm{e}^2}\dfrac{1}{2}\mathrm{d}x, & 0<y<\dfrac{1}{\mathrm{e}^2}\\ \int_1^{\frac{1}{y}}\dfrac{1}{2}\mathrm{d}x, & \dfrac{1}{\mathrm{e}^2}<y<1\\ 0, & \text{其他}\end{cases}=\begin{cases}\dfrac{\mathrm{e}^2-1}{2}, & 0<y<\dfrac{1}{\mathrm{e}^2}\\ \dfrac{1}{2y}-\dfrac{1}{2}, & \dfrac{1}{\mathrm{e}^2}<y<1\\ 0, & \text{其他}\end{cases}$$

很显然，$f(x,y)\neq f_X(x)f_Y(y)$，所以 X 与 Y 不相互独立.

(2) (X, Y) 关于 X 的边缘密度在 $x=2$ 处的值 $f_X(2)=\dfrac{1}{4}$.

(3) $P(X+Y\geqslant 2)=1-P(X+Y<2)$，而 $P(X+Y<2)=\iint\limits_G (x,y)\mathrm{d}x\mathrm{d}y$，其中 G 由 $y+x=2,y=0$ 和 $x=1$ 所围成.

所以 $$P(X+Y\geqslant 2)=1-\int_1^2\mathrm{d}x\int_0^{2-x}\frac{1}{2}\mathrm{d}y=1-\frac{1}{2}\int_1^2(2-x)\mathrm{d}x=\frac{3}{4}$$

例 6 设二维随机变量(X,Y)的联合密度函数为

$$f(x,y)=\begin{cases}6x, & 0<x<y<1\\ 0, & \text{其他}\end{cases}$$

求：(1) X,Y 的边缘密度函数；

(2)当 $X=1/3$ 时，Y 的条件密度函数 $f_{Y|X}(y|x=1/3)$；

(3) $P(X+Y\leqslant 1)$.

解 (1) $f_X(x)=\int_{-\infty}^{+\infty}f(x,y)\,\mathrm{d}y=\begin{cases}\int_x^1 6x\mathrm{d}y, & 0<x<1\\ 0, & \text{其他}\end{cases}$

$=\begin{cases}6x(1-x), & 0<x<1\\ 0, & \text{其他}\end{cases}$

同理 $f_Y(y)=\int_{-\infty}^{+\infty}f(x,y)\,\mathrm{d}x=\begin{cases}\int_0^y 6x\mathrm{d}x, & 0<y<1\\ 0,\text{其他}\end{cases}=\begin{cases}3y^2, & 0<y<1\\ 0, & \text{其他}\end{cases}$

(2) $f_{Y|X}(y|x)=\dfrac{f(x,y)}{f_X(x)}=\begin{cases}\dfrac{1}{1-x}, & 0<x<1\\ 0,\text{其他}\end{cases}$

$$f_{Y|X}(y\mid x=1/3)=\frac{3}{2}$$

(3) $P(X+Y\leqslant 1)=\iint\limits_G f(x,y)\mathrm{d}x\mathrm{d}y$

其中 G 由 $y+x=1$，$x=0$ 和 $x=y$ 所围成.

所以 $P(X+Y\leqslant 1)=\int_0^{\frac{1}{2}}\mathrm{d}x\int_x^{1-x}6x\mathrm{d}y=\int_0^{\frac{1}{2}}6x(1-2x)\mathrm{d}x=\dfrac{1}{4}$

例 7 设随机变量 X,Y 相互独立，且均服从参数为 λ 的指数分布，$P(X>1)=\mathrm{e}^{-2}$，求 $P\{\min(X,Y)\leqslant 1\}$.

解 $P(X>1)=1-P(X\leqslant 1)=\mathrm{e}^{-\lambda}=\mathrm{e}^{-2}$，故 $\lambda=2$.

$$P\{\min(X,Y)\leqslant 1\}=1-P\{\min(X,Y)>1\}=1-P(X>1)P(Y>1)=1-\mathrm{e}^{-4}.$$

(四) 证明题

例 1 设随机变量 X,Y,Z 相互独立且服从同一伯努利分布 $B(1,p)$，试证明随机变量 $X+Y$ 与 Z 相互独立.

证明 由题设知

X	0	1
P	q	p

$X+Y$	0	1	2
P	q^2	$2pq$	p^2

$$P(X+Y=0,Z=0)=q^3=P(X+Y=0)P(Z=0)$$

$$P(X+Y=0,Z=1)=pq^2=P(X+Y=0)P(Z=1)$$

$$P(X+Y=1,Z=0)=2pq^2=P(X+Y=1)P(Z=0)$$

$$P(X+Y=1,Z=1)=2pq^2=P(X+Y=1)P(Z=1)$$

$$P(X+Y=2,Z=0)=pq^2=P(X+Y=2)P(Z=0)$$

$$P(X+Y=2,Z=1)=p^3=P(X+Y=2)P(Z=1)$$

所以 $X+Y$ 与 Z 相互独立.

例 2 设 X,Y 相互独立，$X\sim N(\mu_1,\sigma_1^2)$，$Y\sim N(\mu_2,\sigma_2^2)$，则 $Z=X+Y$ 仍然服从正态分布，且 $Z\sim N(\mu_1+\mu_2,\sigma_1^2+\sigma_2^2)$.

证明 因为 $X\sim N(\mu_1,\sigma_1^2)$，所以 $f_X(x)=\dfrac{1}{\sqrt{2\pi}\sigma_1}\mathrm{e}^{-\frac{(x-\mu_1)^2}{2\sigma_1^2}}$，$Y\sim N(\mu_2,\sigma_2^2)$，所以 $f_Y(y)=\dfrac{1}{\sqrt{2\pi}\sigma_2}\mathrm{e}^{-\frac{(x-\mu_2)^2}{2\sigma_2^2}}$，又因为 X,Y 相互独立，因此由卷积公式

$$f_Z(z)=\int_{-\infty}^{+\infty}f_X(x)f_Y(z-x)\mathrm{d}x=\int_{-\infty}^{+\infty}\frac{1}{\sqrt{2\pi}\sigma_1}\mathrm{e}^{-\frac{(x-\mu_1)^2}{2\sigma_1^2}}\frac{1}{\sqrt{2\pi}\sigma_2}\mathrm{e}^{-\frac{(z-x-\mu_2)^2}{2\sigma_2^2}}\mathrm{d}x$$

$$=\frac{1}{2\pi\sigma_1\sigma_2}\int_{-\infty}^{+\infty}\mathrm{e}^{-\frac{1}{2}\left[\frac{(x-\mu_1)^2}{\sigma_1^2}+\frac{(z-x-\mu_2)^2}{\sigma_2^2}\right]}\mathrm{d}x=\frac{1}{\sqrt{2\pi}\sqrt{\sigma_1^2+\sigma_2^2}}\mathrm{e}^{-\frac{(z-\mu_1-\mu_2)^2}{2(\sigma_1^2+\sigma_2^2)}}$$

所以，$W=X+Y$ 服从正态分布且 $Z\sim N(\mu_1+\mu_2,\sigma_1^2+\sigma_2^2)$.

四、练习题

（一）选择题

1. 设二维随机变量(X,Y)的联合分布为（　　）.

X \ Y	0	5
0	$\frac{1}{4}$	$\frac{1}{6}$
2	$\frac{1}{3}$	$\frac{1}{4}$

则 $P\{XY=0\}=$（　　）.

(A) $\frac{1}{4}$　　(B) $\frac{5}{12}$　　(C) $\frac{3}{4}$　　(D) 1

2. 设随机变量(X,Y)的联合概率密度为

$$f(x,y)=\begin{cases}A\mathrm{e}^{-x}\mathrm{e}^{-2y}, & x>0,y>0;\\ 0, & \text{其他}\end{cases}$$

则 $A=$（　　）.

(A) $\frac{1}{2}$　　(B) 1　　(C) $\frac{3}{2}$　　(D) 2

3. 设 X,Y 相互独立，且 X,Y 的分布函数各为 $F_X(x),F_Y(y)$. 令 $Z=\min(X,Y)$，则 Z 的分布函数 $F_Z(z)=$（　　）.

(A) $F_X(z)F_Y(z)$　　(B) $1-F_X(z)F_Y(z)$

(C) $(1-F_X(z))(1-F_Y(z))$　　　　(D) $1-(1-F_X(z))(1-F_Y(z))$

4. X,Y 是 2 个随机变量，且 $P\{X\geqslant0\}=P\{Y\geqslant0\}=\frac{4}{7}$，$P\{X\geqslant0,Y\geqslant0\}=\frac{3}{7}$，则 $P\{\max(X,Y)\geqslant0\}=($　　$)$.

(A) $\frac{3}{7}$　　(B) $\frac{4}{7}$　　(C) $\frac{5}{7}$　　(D) $\frac{6}{7}$

5. 设随机变量 X 与 Y 相互独立，其联合分布律为

X \ Y	1	2	3
1	0.18	0.30	0.12
2	α	β	0.08

则(　　).

(A) $\alpha=0.10$，$\beta=0.22$　　(B) $\alpha=0.22$，$\beta=0.10$

(C) $\alpha=0.20$，$\beta=0.12$　　(D) $\alpha=0.12$，$\beta=0.20$

6. 设 $f(x,y)$ 是二维连续型随机变量的密度函数，则(　　).

(A) $0\leqslant f(x,y)\leqslant1$　　(B) $\lim\limits_{x\to+\infty,y\to+\infty}f(x,y)=1$

(C) $\int_{-\infty}^{+\infty}\int_{-\infty}^{+\infty}f(x,y)\mathrm{d}x\mathrm{d}y=1$　　(D) $f(x,y)$ 是连续函数

7. 设随机变量 $X_i\sim\begin{pmatrix}-1&0&1\\ \frac{1}{4}&\frac{1}{2}&\frac{1}{4}\end{pmatrix}$，$i=1,2$，且满足 $P\{X_1X_2=0\}=1$，则 $P\{X_1=X_2\}=($　　$)$.

(A)0　　(B) $\frac{1}{4}$　　(C) $\frac{1}{2}$；　　(D)1

8. 设随机变量 X 与 Y 相互独立，其概率分布律分别为

X	0 1
P	0.4 0.6

Y	0 1
P	0.4 0.6

则有(　　).

(A) $P(X=Y)=0$　　(B) $P(X=Y)=0.5$

(C) $P(X=Y)=0.52$　　(D) $P(X=Y)=1$

(二) 填空题

1. 若二维随机变量(X,Y)在区域$\{(x,y)\mid x^2+y^2\leqslant R^2\}$上服从均匀分布，$(X,Y)$的密度函数为________.

2. 设是二维随机变量(X,Y)的联合概率密度，$f_x(x)$与 $f_y(y)$分别是关于(X,Y)的边缘概率密度，且 X 与 Y 相互独立，则有 $f(x,y)=$________.

3. 设随机变量 X_i，$i=1,2$ 的分布为

X_i	0	1
P	0.5	0.5

且 $P\{X_1X_2=0\}=1$，则 $P\{X_1=X_2\}=$________.

4. 已知

$X\backslash Y$	-1	0	1	$p_{i\cdot}$
0	P_{11}	P_{12}	P_{13}	$\frac{1}{2}$
1	0	P_{22}	0	$\frac{1}{2}$
$p_{\cdot j}$	$\frac{1}{4}$	$\frac{1}{2}$	$\frac{1}{4}$	1

则 $P_{11}=$________；$P_{12}=$________；$P_{13}=$________；$P_{22}=$________.

5. 设二维随机变量(X,Y)的概率密度为

$$f(x,y)=\begin{cases}4.8y(2-x), & 0\leqslant x\leqslant 1, 0\leqslant y\leqslant 1\\ 0, & \text{其他}\end{cases}$$

则 $f_x(x)=$____________.

6. 二维连续型随机变量(X,Y)的密度函数为

$$f(x,y)=\begin{cases}kx^2y, & 0<x<y<1\\ 0, & \text{其他}\end{cases}$$

则 $k=$________；$P(X+Y\leqslant 1)=$________.

7. 用(X,Y)的分布函数$F(x,y)$表示概率 $p(0<X\leqslant a)=$________.

8. 若 $X\sim N(\mu_1,\sigma_1^2)$，$Y\sim N(\mu_2,\sigma_2^2)$，且 X,Y 相互独立，则 $2X-Y\sim$________.

9. 设二维随机变量(X,Y)在矩形 $G=\{(x,y)|0\leqslant x\leqslant 2, 0\leqslant y\leqslant 1\}$上服从均匀分布，记 $U=\begin{cases}0, & X\leqslant Y\\ 1, & X>Y;\end{cases}$ $V=\begin{cases}0, & X\leqslant 2Y\\ 1, & X>2Y.\end{cases}$ 则 $P\{U=V\}=$________.

10. 设 $(X,Y)\sim f(x,y)=\begin{cases}\frac{3}{2}xy^2, & 0\leqslant x\leqslant 2, 0\leqslant y\leqslant 1,\\ 0, & \text{其他},\end{cases}$ 则(X,Y)在以$(0,0)$，$(0,1)$，$(1,0)$为顶点的三角形内取值的概率为________.

11. 随机变量 X,Y 相互独立，且分别服从参数为 λ_1 和 λ_2 的指数分布，则 $P\{X\geqslant\lambda_1^{-1}, Y\geqslant\lambda_2^{-2}\}=$________.

12. 设 X,Y 是相互独立的两个随机变量，它们的分布函数分别为 $F_X(x)$，$F_Y(y)$，则 $Z=\max(X,Y)$的分布函数为________.

（三）计算题

1. 设二维离散型随机变量(X,Y)的联合分布列为

X \ Y	1	2	3
1	1/3	1/9	1/6
2	α	β	γ

求：(1)α,β,γ 的关系；

(2)若 X 与 Y 相互独立，则 α,β,γ 分别等于多少？

(3) X,Y 的边缘分布律.

2. 已知(X,Y)的分布律为

X \ Y	1	0
1	1/10	3/10
0	a	3/10

求：(1) a；(2)$X.Y$ 的边缘分布律；(3)$X+Y$ 的分布律.

3. 已知(X,Y)的分布及边缘分布为

X \ Y	−1	0	1	$P(X=x_i)$
0	p_{11}	p_{12}	p_{13}	$\frac{1}{2}$
1	0	p_{22}	0	$\frac{1}{2}$
$p(Y=y_j)$	$\frac{1}{4}$	$\frac{1}{2}$	$\frac{1}{4}$	1

(1) (X,Y)的联合分布表中 $P_{11},P_{12},P_{13},P_{22}$ 的值；(2)判断 X 与 Y 是否独立.

4. 二维随机变量(X, Y)的联合密度函数为

$$f(x,y)=\begin{cases} k\mathrm{e}^{-(3x+4y)}, & x>0,y>0 \\ 0, & \text{其他} \end{cases}$$

(1) 求 k；(2) 求 X,Y 的边缘密度函数；(3) X 与 Y 是否相互独立？

5. 已知二维随机变量(X,Y)的概率密度为

$$f(x,y)=\begin{cases} k(6-x-y), & 0<x<2,2<y<4 \\ 0, & \text{其他} \end{cases}$$

求：(1)常数 k；(2) $P(x<1,y<3)$；(3)X,Y 的边缘概率密度；(4)判断 X 与 Y 的独立性.

6. 设二维随机变量(X,Y)的联合分布函数为

$$F(x,y)=\begin{cases} (1-\mathrm{e}^{-4x})(1-\mathrm{e}^{-2y}), & x>0,y>0 \\ 0, & \text{其他} \end{cases}$$

(1) 求(X,Y)的联合概率密度函数；(2)求 X,Y 的边缘密度函数 $f_X(x),f_Y(y)$；

(3)X 与 Y是否相互独立?

7. 设二维随机变量(X,Y)在区域 $D=\{(x,y)\mid x\geqslant 0,y\geqslant 0,x+y\leqslant 1\}$ 上服从均匀分布.

(1) 求(X,Y)关于 X,Y 的边缘概率密度;(2)判断 X,Y 是否相互独立.

8. 设二维随机变量(X,Y)的联合密度函数为

$$f(x,y)=\begin{cases} cx^2y, & x^2<y<1 \\ 0, & \text{其他} \end{cases}$$

(1) 试求常数 c;(2) 求边缘密度函数;(3)判断 X 与 Y 是否相互独立.

9. 设随机变量(X,Y)的联合密度函数为

$$f(x,y)=\begin{cases} A, & 0<x<2,\ |y|<x \\ 0, & \text{其他} \end{cases}$$

求:(1) 常数 A ;(2) 条件密度函数 $f_{Y|X}(y|x)$; (3) 讨论 X 与 Y 的独立性.

10. 已知 $F(x,y)=A(B+\arctan x)(C+\arctan y)$,$(x,y\in R)$,为二维随机变量(X,Y)的联合分布函数.

(1) 求常数A,B,C;(2)求(X,Y)的联合密度函数 $f(x,y)$;(3)判断 X 与 Y 是否相互独立;(4)求 $P(X>1)$.

11. 设某种型号的电子管的寿命(以小时计)近似服从 $N(160,20^2)$分布,随机地选取 4 只,求其中没有一只寿命小于 180 的概率.

12. 设(X, Y)在区域 $D=\{(x,y)\mid 0<x<1,0<y<2\}$ 上服从均匀分布.(1)求 X 和 Y 的联合概率密度;(2)设含有 a 的二次方程为 $a^2+2Xa+YX=0$,试求 a 有实根的概率.

13. 已知 $P\{X=k\}=\dfrac{a}{k}$,$P\{Y=-k\}=\dfrac{b}{k^2}(k=1,2,3)$, X 与 Y 独立. 求:(1)a,b 的值 ;(2)X 与 Y 的联合概率分布律;(3) $Z=X+Y$ 的概率分布律.

(四) 证明题

1. 设随机变量 X 与 Y 相互独立,且都服从参数为 3 的泊松分布,证明 $X+Y$ 仍服从泊松分布,且参数为 6.

2. 设 X, Y 是相互独立的两个随机变量, 其分布函数分别为 $F_X(x),F_Y(y)$, 证明: $Z=\min(X,Y)$的分布函数为 $1-[1-F_X(z)][1-F_Y(z)]$.

五、练习题答案

(一) 选择题:1. (C). 2. (D). 3. (D). 4. (C). 5. (D). 6. (C). 7. (A). 8. (C).

(二) 填空题:1. $f(x,y)=\begin{cases} \dfrac{1}{\pi R^2}, & x^2+y^2\leqslant R^2 \\ 0, & \text{其他} \end{cases}$ 2. $f_X(x)f_Y(y)$. 3. 0.

4. $P_{11}=0.25$; $P_{12}=0$; $P_{13}=0.25$;$P_{22}=0.5$.

5. $f(x)=\begin{cases} 2.4(2-x), & 0\leqslant x\leqslant 1 \\ 0, & \text{其他} \end{cases}$ 6. 15,$\dfrac{5}{64}$. 7. $F(\alpha,+\infty)-F(0+\infty)$.

8. $N(2\mu_1-\mu_2, 4\sigma_1^2+\sigma_2^2)$.　9. 0.75.　10. $\frac{1}{40}$. 11. e^{-2}. 12. $F_X(x)F_Y(y)$.

（三）计算题

1.（1）$\alpha+\beta+\gamma=\frac{7}{18}$；　　（2）$\alpha=\frac{7}{33}, \beta=\frac{7}{99}, \gamma=\frac{7}{66}$；

（3）X 的边缘分布律

X	1	2
P	11/18	7/18

Y 的边缘分布律

Y	1	2	3
P	6/11	2/11	3/11

2.（1）$a=\frac{3}{10}$；

（2）$X.Y$ 的边缘分布律相同

X(或 Y)	1	0
P	2/5	3/5

（3）$X+Y$ 的分布律

$X+Y$	2	1	0
P	1/10	3/5	3/10

3.（1）$P_{11}=\frac{1}{4}, P_{12}=0, P_{13}=\frac{1}{4}, P_{22}=\frac{1}{2}$；(2)$X$ 与 Y 不是相互独立的.

4.（1）$k=12$；

（2）$f_X(x)=\begin{cases} 4e^{-3x}, & 0<x<+\infty \\ 0, & 其他 \end{cases}$，$f_Y(y)=\begin{cases} 3e^{-4y}, & 0<y<+\infty \\ 0, & 其他 \end{cases}$；

（3）X,Y 是相互独立的.

5.（1）$k=\frac{1}{8}$；（2）$P(x<1, y<3)=\frac{3}{8}$；

（3）$f_X(x)=\begin{cases} \frac{1}{4}(3-x), & 0<x<2 \\ 0, & 其他 \end{cases}$，$f_Y(y)=\begin{cases} \frac{1}{4}(5-y), & 2<y<4 \\ 0, & 其他 \end{cases}$；

（4）X 与 Y 不是相互独立的.

6.（1）(X,Y)的联合概率密度函数为 $f(x,y)=\begin{cases} 8e^{-(4x+2y)} & x>0, y>0 \\ 0, & 其他 \end{cases}$；

（2）$f_X(x)=\begin{cases} 2e^{-4x}, & 0<x<+\infty \\ 0, & 其他 \end{cases}$，$f_Y(y)=\begin{cases} 4e^{-2y}, & 0<y<+\infty \\ 0, & 其他 \end{cases}$；

(3) X,Y 是相互独立的.

7. (1) $f_X(x)=\begin{cases}2x, & 0<x<1\\ 0, & \text{其他}\end{cases}$, $f_Y(y)=\begin{cases}2y, & 0<y<1\\ 0, & \text{其他}\end{cases}$;

(2) X 与 Y 不是相互独立的.

8. (1) 试求常数 $c=\dfrac{21}{4}$;

(2) $f_X(x)=\begin{cases}\dfrac{21}{8}x^2(1-x^4), & -1<x<1\\ 0, & \text{其他}\end{cases}$, $f_Y(y)=\begin{cases}\dfrac{7}{2}y^5, & 0<y<1\\ 0 & \text{其他}\end{cases}$;

(3) X 与 Y 不是相互独立的.

9. (1) $A=\dfrac{1}{4}$; (2) $f_{Y|X}(y|x)=\dfrac{f(x,y)}{f_X(x)}=\begin{cases}\dfrac{1}{2x}, & 0<x<1\\ 0, & \text{其他}\end{cases}$;

(3) X 与 Y 不是相互独立的.

10. (1) $A=\dfrac{1}{\pi^2}, B=\dfrac{\pi}{2}, C=\dfrac{\pi}{2}$; (2) $f(x,y)=\dfrac{1}{\pi^2(1+x^2)(1+y^2)}$;

(3) X 与 Y 相互独立; (4) $P(X>1)=\dfrac{1}{4}$.

11. $F_{\min}(z\geqslant 180)\approx 0.00063$.

12. (1) X 和 Y 的联合概率密度为 $f(x,y)=\begin{cases}\dfrac{1}{2}, & 0<x<1, 0<y<2\\ 0, & \text{其他}\end{cases}$;

(2) a 有实根的概率为 $\dfrac{1}{4}$.

13. (1) $a=\dfrac{6}{11}, b=\dfrac{36}{49}$;

(2) 为了方便起见,设 $c=ab$, 则 $c=\dfrac{216}{539}$, (X, Y) 的联合分布为

X \ Y	−1	−2	−3
1	c	$\frac{c}{4}$	$\frac{c}{9}$
2	$\frac{c}{2}$	$\frac{c}{8}$	$\frac{c}{18}$
3	$\frac{c}{3}$	$\frac{c}{12}$	$\frac{c}{27}$

(3) $Z = X + Y$ 的概率分布律为

$Z=X+Y$	−2	−1	0	1	2
P	$\frac{c}{9}$	$\frac{11c}{36}$	$\frac{251c}{216}$	$\frac{7c}{12}$	$\frac{c}{3}$

（四）证明题

1. **证明** 由题设 $P(X=m)=\frac{3^m}{m!}e^{-3},P(Y=n)=\frac{3^n}{n!}e^{-3},n,m=0,1,2,\cdots$

$$P(X+Y=i)=\sum_{k=0}^{i}P(X=k,Y=i-k)=\sum_{k=0}^{i}P(X=k)P(Y=i-k)$$

$$=\sum_{k=0}^{i}\frac{3^k}{k!}e^{-3}\cdot\frac{3^{i-k}}{(i-k)!}e^{-3}=e^{-6}\frac{1}{i!}\sum_{k=0}^{i}\frac{i!}{k!(i-k)!}3^k\cdot 3^{i-k}$$

$$=e^{-6}\frac{1}{i!}(3+3)^i=\frac{6^i}{i!}e^{-6},\ i=0,1,2,\cdots$$

所以 $X+Y$ 仍服从泊松分布，参数为 6.

2. $F_Z(z)=P(Z\leqslant z)=1-P(Z>z)=1-P\{\min(X,Y)>z\}=1-P\{X>z$ 且 $Y>z\}$

$\underline{\underline{\text{因为独立}}}1-[1-P(X\leqslant z)][1-P(Y\leqslant z)]=1-[1-F_X(z)][1-F_Y(z)]$.

第四章　随机变量的数字特征

一、内容提要

（一）数学期望

1. 数学期望的概念

（1）设 X 为一离散型随机变量，其分布律为 $P\{X=x_k\}=p_k, i=1,2,\cdots$，若级数 $\sum_{i=1}^{\infty}x_ip_i$ 绝对收敛（即 $\sum_{i=1}^{\infty}|x_i|p_i<+\infty$），则称这级数 $E(X)=\sum_{i=1}^{\infty}x_ip_i$ 为 X 的数学期望，简称期望或均值. 或用 EX 表示.

否则，称 X 的数学期望不存在.

（2）设 X 为一连续型随机变量，其密度函数是 $f(x)$，若

$\int_{-\infty}^{+\infty}|x|f(x)<+\infty$ 时，则称

$$E(X)=\int_{-\infty}^{+\infty}xf(x)\mathrm{d}x$$

为 X 的数学期望.

否则称 X 的数学期望不存在.

（3）设 X 是一个随机变量，且 $Y=g(X)$（g 是连续函数）.

如果 X 是一离散型随机变量，其概率分布律为 $P\{X=x_k\}=p_k,(i=1,2,\cdots)$，那么当 $\sum_{i=1}^{\infty}|g(x_i)|p_i<+\infty$ 时，随机变量 $Y=g(X)$ 的数学期望 $E(g(X))$ 存在，且

$$E(Y)=E(g(X))=\sum_{i=1}^{\infty}g(x_i)p_i$$

（4）如果 X 是连续型随机变量，其密度函数为 $f(x)$，那么当

$\int_{-\infty}^{+\infty}|g(x)|f(x)<+\infty$ 时，则随机变量 $Y=g(X)$ 的数学期望 $E(g(X))$ 存在，且

$$E(Y)=E(g(X))=\int_{-\infty}^{+\infty}g(x)f(x)\mathrm{d}x$$

上面两个公式的重要意义在于：当求 $E(Y)$ 时，不必知道 Y 的分布，只要知道 X 的分布就可以了.

（5）设 (X,Y) 为二维离散型随机变量，联合概率分布为

$P\{(X,Y)=(x_i,y_j)\}=P\{X=x_i,Y=y_j\}=p_{ij}, i,j=1,2,\cdots$

又 $z=g(x,y)$ 为二元连续函数，若 $\sum_{i=1}^{\infty}\sum_{j=1}^{\infty}|g(x_i,y_j)|p_{ij}<+\infty$，则 $Z=g(X,Y)$ 的数学期望存在，且

$$E(g(X,Y)) = \sum_{i=1}^{\infty}\sum_{j=1}^{\infty} g(x_i,y_j)p_{ij}$$

(6) 设(X,Y)为二维连续型随机变量,联合概率密度为 $f(x,y)$,又 $z=g(x,y)$为二元连续函数,那么当$\int_{-\infty}^{+\infty}\int_{-\infty}^{+\infty} |g(x,y)| f(x,y) < +\infty$ 时,$Z=g(X,Y)$的数学期望存在,且

$$E(Z) = E(g(X,Y)) = \int_{-\infty}^{+\infty}\int_{-\infty}^{+\infty} g(x,y)f(x,y)\mathrm{d}x$$

2. 数学期望的性质

(1) $E(c)=c$ (c 为常数);

(2) $E(cX)=cE(X)$;

(3) $E(X+Y)=E(X)+E(Y)$;

(4) 设 X,Y 相互独立,则 $E(X\cdot Y)=E(X)\cdot E(Y)$.

3. 常见分布的数学期望

(1) 二点分布 $X\sim B(1,p)$:

$$E(X) = p$$

(2) 二项分布 $X\sim B(n,p)$:

$$E(X) = np$$

(3) 泊松分布 $X\sim P(\lambda),\lambda>0$:

$$E(X) = \lambda$$

(4) 均匀分布 $X\sim U(a,b)$:

$$E(X) = \frac{a+b}{2}$$

(5) 指数分布 $X\sim e(\lambda),\lambda>0$:

$$E(X) = \frac{1}{\lambda}$$

(6) 正态分布 $X\sim N(\mu,\sigma^2)$:

$$E(X) = \mu$$

(二) 方差

1. 方差的概念

设 X 为一随机变量,若$E\{[X-E(X)]^2\}$存在,则称$E\{[X-E(X)]^2\}$为 X 的方差,记为 $D(X)$,即

$$D(X) = E\{[X-E(X)]^2\}$$

而称$\sqrt{D(X)}$为 X 的标准差(或均方差).

方差的计算公式为

$$D(X)= E(X^2)-[E(X)]^2$$

若 X 是离散型随机变量,其分布列为 $P\{X=x_k\}=p_k,i=1,2,\cdots$,则

$$D(X) = \sum_{i=1}^{\infty}[(x_i - \mathrm{E}(X))^2 p_i]$$

若 X 是连续型随机变量,其密度函数为 $f(x)$,则

$$D(X) = \int_{-\infty}^{+\infty}(x - E(X))^2 f(x)\mathrm{d}x$$

2. 方差的性质

(1) $D(c)=0$(c 为常数);

(2) $D(cX)=c^2 D(X)$(c 为常数);

(3) 若 X,Y 相互独立,则 $D(X+Y)=D(X)+D(Y)$;

(4)(切比雪夫不等式)若 X 的方差 $D(X)$存在,则对任何 $\varepsilon>0$,成立

$$P\{|X - \mathrm{E}(X) \geqslant \varepsilon|\} \leqslant \frac{D(X)}{\varepsilon^2}$$

(5) 若 $D(X)=0$,则 $P\{X-\mathrm{E}(X)\}=1$.

3. 常见分布的方差

(1) 二点分布 $X\sim B(1,p)$:

$$D(X) = pq$$

(2) 二项分布 $X\sim B(n,p)$:

$$D(X) = npq$$

(3) 泊松分布 $X\sim P(\lambda),\lambda>0$:

$$D(X) = \lambda$$

(4) 均匀分布 $X\sim U(a,b)$:

$$D(X) = \frac{(b-a)^2}{12}$$

(5) 指数分布 $X\sim \mathrm{e}(\lambda),\lambda>0$:

$$D(X) = \frac{1}{\lambda^2}$$

(6) 正态分布 $X\sim N(\mu,\sigma^2)$:

$$D(X) = \sigma^2$$

(三) 协方差和相关系数

1. 协方差

(1) 设(X,Y)为二维随机变量,若 $E[(X-E(X))(Y-E(Y))]$ 存在,则称它为 X 与 Y 的协方差,记为 $\mathrm{Cov}(X,Y)$,即

$$\mathrm{Cov}(X,Y) = \mathrm{E}[(X - \mathrm{E}(X))(Y - \mathrm{E}(Y))]$$

(2) 协方差的计算公式为

$$\mathrm{Cov}(X,Y) = \mathrm{E}(XY) - \mathrm{E}(X)\mathrm{E}(Y)$$

(3) 协方差的性质：

① $\mathrm{Cov}(X,X)=D(X)$ ；

② $\mathrm{Cov}(aX,bY)=ab\mathrm{Cov}(X,Y)$；

③ $\mathrm{Cov}(X+a,Y+b)=\mathrm{Cov}(X,Y)$ ；

④ 设 $X_1,X_2,\cdots,X_n$ 与 Y 均为随机变量，则

$$\mathrm{Cov}(\sum_{i=1}^{n}X_i,Y)=\sum_{i=1}^{n}\mathrm{Cov}(X_i,Y)$$

⑤ $D(aX+bY)=a^2D(X)+b^2D(Y)+2ab\mathrm{Cov}(X,Y)$

2. 相关系数

(1) 对于二维随机变量(X,Y)，若 $D(X)\neq0,D(Y)\neq0$，则称

$$\rho_{XY}=\frac{\mathrm{Cov}(X,Y)}{\sqrt{D(X)}\cdot\sqrt{D(Y)}}$$

为 X 与 Y 的相关系数.

(2) 相关系数的性质：

① $|\rho_{XY}|\leqslant1$ ；

② $|\rho_{XY}|=1$ 的充要条件是 X 与 Y 以概率 1 线性相关，即存在常数 $a\neq0$ 和 b，有 $P\{Y=aX+b\}=1$.

二、习题全解

1. 设随机变量 X 的分布律为

X	-1	0	4
P	1/4	1/2	1/4

求 $E(X)$.

解 $E(X)=(-1)\times\frac{1}{4}+0\times\frac{1}{2}+4\times\frac{1}{4}=\frac{3}{4}$

2. 一袋中有 5 个球，编号为 1,2,3,4,5；在袋中同时取出 3 个球，以 X 表示取出 3 个球中的最大号码，求 $E(X)$.

解 X 的分布律为

X	3	4	5
P	$\frac{1}{10}$	$\frac{3}{10}$	$\frac{6}{10}$

$$E(X)=3\times\frac{1}{10}+4\times\frac{3}{10}+5\times\frac{6}{10}=\frac{9}{2}$$

3. 设 X 的密度函数为

$$f(x)=\begin{cases}\frac{x^2}{a^2}\mathrm{e}^{-\frac{x^2}{2a^2}}, & x>0\\ 0, & x\leqslant0\end{cases}\quad(a\text{ 为正常数})$$

记 $Y=\dfrac{1}{X}$，求 Y 的数学期望 $E(Y)$

解
$$E(Y)=E\left(\frac{1}{X}\right)=\int_{-\infty}^{+\infty}\frac{1}{x}f(x)\mathrm{d}x$$
$$=\int_0^{+\infty}\frac{1}{x}\frac{x^2}{a^2}\mathrm{e}^{-\frac{x^2}{2a^2}}\mathrm{d}x=\frac{1}{a^2}\int_0^{+\infty}x\,\mathrm{e}^{-\frac{x^2}{2a^2}}\mathrm{d}x=1$$

4. 设随机变量 X 与 Y 相互独立，且 $E(X)=1$，$E(Y)=5$，试求 $E(5X-Y+2)$，$E(3XY)$.

解
$$E(5X-Y+2)=5E(X)-E(Y)+2=2$$
$$E(3XY)=3E(X)E(Y)=15$$

5. 设 $X_1\sim U(-1,3)$，$X_2\sim N(2,3^2)$，$Y=3X_1-2X_2$，试求 $E(Y)$.

解 由于 $X_1\sim U(-1,3)$，$E(X_1)=\dfrac{3+1}{2}=2$，$X_2\sim N(2,3^2)$，$E(X_2)=2$

所以 $$E(Y)=E(3X_1-2X_2)=3E(X_1)-2E(X_2)=2$$

6. 设随机变量 $X\sim N(1,4)$，求 $E(2X-3)$.

解 $E(2X-3)=2E(X)-3=4-3=1$

7. 如果 (X,Y) 的联合分布律为

X \ Y	1	2
1	1/3	1/6
2	1/9	1/18
3	1/6	1/6

求 $E(X)$，$E(Y)$，$E(XY)$.

解 X，Y 边缘概率分布律为

X \ Y	0	1	$p_{i\cdot}$
1	1/3	1/6	9/18
2	1/9	1/18	3/18
3	1/6	3/18	6/18
$p_{\cdot j}$	11/18	7/18	1

XY	0	1	2	3
P	$\frac{11}{18}$	$\frac{3}{18}$	$\frac{1}{18}$	$\frac{3}{18}$

$$E(X)=1\times\frac{9}{18}+2\times\frac{3}{18}+3\times\frac{6}{18}=1\frac{5}{6}$$

$$E(Y)=0\times\frac{11}{18}+1\times\frac{7}{18}=\frac{7}{18}$$

$$E(XY)=0\times\frac{11}{18}+1\times\frac{3}{18}+2\times\frac{1}{18}+3\times\frac{3}{18}=\frac{7}{9}$$

8. 设随机变量 X 的分布律为

X	0	1	2
P	1/4	1/4	1/2

求 $D(X)$.

解

$$E(X)=0\times\frac{1}{4}+1\times\frac{1}{4}+2\times\frac{1}{2}=1\frac{1}{4}$$

$$E(X^2)=0^2\times\frac{1}{4}+1^2\times\frac{1}{4}+2^2\times\frac{1}{2}=2\frac{1}{4}$$

$$D(X)=E(X^2)-[E(X)]^2=2\frac{1}{4}-(\frac{5}{4})^2=\frac{11}{16}$$

9. 盒中有 7 个球,其中 4 个白球,3 个黑球,从中任抽 3 个球,求抽到白球数 X 的数学期望$E(X)$和方差 $D(X)$.

解 X 的分布律为

X	0	1	2	3
P	$\frac{1}{35}$	$\frac{12}{35}$	$\frac{18}{35}$	$\frac{4}{35}$

$$E(X)=0\times\frac{1}{35}+1\times\frac{12}{35}+2\times\frac{18}{35}+3\times\frac{4}{35}=\frac{12}{7}$$

$$E(X^2)=0^2\times\frac{1}{35}+1^2\times\frac{12}{35}+2^2\times\frac{18}{35}+3^2\times\frac{4}{35}=\frac{120}{35}$$

$$D(X)=E(X^2)-[E(X)]^2=\frac{120}{35}-(\frac{12}{7})^2=\frac{24}{49}$$

10. 设 X_1,X_2,X_3 相互独立同服从参数 $\lambda=3$ 的泊松分布,令 $Y=\frac{1}{3}(X_1+X_2+X_3)$,求数学期望 $E(Y)$和方差 $D(Y)$.

解 由于 X_1,X_2,X_3 相互独立同服从参数 $\lambda=3$ 的泊松分布,即 $X_i\sim P(3)$,$i=1,2,3$.

$$E(X_i)=3,D(X_i)=3,i=1,2,3.$$

$$E(Y)=\frac{1}{3}\sum_{i=1}^{3}E(X_i)=3$$

$$D(Y)=\frac{1}{9}\sum_{i=1}^{3}D(X_i)=1$$

11. 一袋中有 n 张卡片,分别记为 $1,2,\cdots,n$,从中有放回地抽取出 k 张来,以 X 表示所得号码之和,求 $E(X),D(X)$.

解 设 X_i 是第 i 次摸得的卡片号码,因为抽样是有放回的,所以 $X_1,X_2,\cdots,X_k$ 是相互独立的,按数学期望和方差的性质,有 $E(Z)=E(Z_1+\cdots+Z_K)=\sum\limits_{i=1}^{k}E(Z_i)=k\times\dfrac{n+1}{2}=\dfrac{k(n+1)}{2}$

$$D(X_1+X_2+\cdots+X_k)=\sum_{i=1}^{k}D(X_i)$$

易知 X_i 的分布律均是 $P(X_i=j)=\dfrac{1}{n},j=1,2,\cdots,n$,从而

$$D(X_i)=\frac{n^2-1}{12}$$

所以

$$D(X_1+X_2+\cdots+X_k)=\sum_{i=1}^{k}D(X_i)=\frac{k(n^2-1)}{12}$$

12. 已知 $X\sim N(-2,0.4^2)$,求 $E(X+3)^2$.

解 由于 $X\sim N(-2,0.4^2)$,则 $E(X)=-2$, $D(X)=0.4^2$.

由于 $D(X)=E(X^2)-[E(X)]^2$,所以

$$E(X^2)=[E(X)]^2+D(X)=4+0.4^2=4.16$$
$$E(X+3)^2=E(X^2)+6E(X)+9=1.16$$

13. 已知连续型随机变量 X 的概率密度函数为

$$f(x)=\begin{cases}\dfrac{1}{4}x, & 0\leqslant x\leqslant 2\\ k-\dfrac{1}{4}x, & 2<x\leqslant 4\\ 0, & \text{其他}\end{cases}$$

求:(1) 常数 k 的值;(2)$E(X),D(X)$.

解 (1) 由于

$$\int_{-\infty}^{+\infty}f(x)\,\mathrm{d}x=\int_0^2\frac{1}{4}x\mathrm{d}x+\int_2^4\left(k-\frac{1}{4}x\right)\mathrm{d}x=\frac{1}{2}+2k-\frac{3}{2}=1$$

则 $k=1$

(2)

$$E(X)=\int_{-\infty}^{+\infty}xf(x)\,\mathrm{d}x=\int_0^2\frac{1}{4}x^2\mathrm{d}x+\int_2^4\left(1-\frac{1}{4}x\right)x\mathrm{d}x=\frac{2}{3}+6-\frac{14}{3}=2$$

$$E(X^2)=\int_{-\infty}^{+\infty}x^2f(x)\,\mathrm{d}x=\int_0^2\frac{1}{4}x^3\mathrm{d}x+\int_2^4\left(1-\frac{1}{4}x\right)x^2\mathrm{d}x=1+\frac{56}{3}-15=\frac{14}{3}$$

$$D(X)=E(X^2)-[E(X)]^2=\frac{14}{3}-2^2=\frac{2}{3}$$

14. 某商店经销商品的利润率 X 的密度函数为

$$f(x)=\begin{cases}2(1-x), & 0<x<1\\ 0, & \text{其他}\end{cases}$$

求 $E(X)$,$D(X)$.

解

$$E(X)=\int_{-\infty}^{+\infty}xf(x)\,\mathrm{d}x=2\int_0^1 x(1-x)\mathrm{d}x=\left[x^2-\frac{2}{3}x^3\right]_0^1=\frac{1}{3}$$

$$E(X^2)=\int_{-\infty}^{+\infty}x^2f(x)\,\mathrm{d}x=2\int_0^1 x^2(1-x)\mathrm{d}x=\left[\frac{2}{3}x^3-\frac{2}{4}x^4\right]_0^1=\frac{1}{6}$$

$$D(X)=E(X^2)-[E(X)]^2=\frac{1}{6}-\left(\frac{1}{3}\right)^2=\frac{1}{18}$$

15. 设连续型随机变量 X 的概率密度为

$$f(x)=\begin{cases}1+x, & -1\leqslant x<0\\ 1-x, & 0\leqslant x\leqslant 1\\ 0, & \text{其他}\end{cases}$$

求 $E(X)$,$D(X)$.

解

$$\begin{aligned}E(X)&=\int_{-\infty}^{+\infty}xf(x)\,\mathrm{d}x=\int_{-1}^0 x(1+x)\mathrm{d}x+\int_0^1 x(1-x)\mathrm{d}x\\&=\left[\frac{1}{2}x^2+\frac{1}{3}x^3\right]_{-1}^0+\left[\frac{1}{2}x^2-\frac{1}{3}x^3\right]_0^1=0\end{aligned}$$

$$\begin{aligned}E(X^2)&=\int_{-\infty}^{+\infty}x^2f(x)\,\mathrm{d}x=\int_{-1}^0 x^2(1+x)\mathrm{d}x+\int_0^1 x^2(1-x)\mathrm{d}x\\&=\left[\frac{1}{3}x^3+\frac{1}{4}x^4\right]_{-1}^0+\left[\frac{1}{3}x^3-\frac{1}{4}x^4\right]_0^1=\frac{1}{6}\end{aligned}$$

$$D(X)=E(X^2)-[E(X)]^2=\frac{1}{6}$$

16. 设连续型随即变量 X 的概率密度为

$$f(x)=\begin{cases}x, & 0\leqslant x\leqslant 1\\ 2-x, & 1<x\leqslant 2\\ 0, & \text{其他}\end{cases}$$

求 $E(X)$,$D(X)$.

解

$$E(X)=\int_{-\infty}^{+\infty}xf(x)\,\mathrm{d}x=\int_0^1 x^2\mathrm{d}x+\int_1^2 x(2-x)\mathrm{d}x$$

$$=\left[\frac{1}{3}x^3\right]_0^1+\left[x^2-\frac{1}{3}x^3\right]_1^2=1$$

$$E(X^2)=\int_{-\infty}^{+\infty}x^2f(x)\,\mathrm{d}x=\int_0^1x^3\mathrm{d}x+\int_1^2x^2(2-x)\mathrm{d}x$$

$$=\left[\frac{1}{4}x^4\right]_0^1+\left[\frac{2}{3}x^3-\frac{1}{4}x^4\right]_1^2=\frac{7}{6}$$

$$D(X)=E(X^2)-[E(X)]^2=\frac{7}{6}-1=\frac{1}{6}$$

17. 设 $X\sim N(10,0.6)$,$Y\sim N(1,2)$,且 X 与 Y 相互独立,求 $D(3X-Y)$.

解 由于 $X\sim N(10,0.6)$,$Y\sim N(1,2)$,则 $D(X)=0.6$,$D(Y)=2$.

又 X 与 Y 相互独立,则

$$D(3X-Y)=9D(X)+D(Y)=7.4$$

18. 设 X 的概率密度为 $f(x)=\frac{1}{\sqrt{\pi}}\mathrm{e}^{-x^2}$,求 $D(X)$.

解 $$E(X)=\int_{-\infty}^{+\infty}xf(x)\,\mathrm{d}x=\frac{1}{\sqrt{\pi}}\int_{-\infty}^{+\infty}x\mathrm{e}^{-x^2}\,\mathrm{d}x=\left[-\frac{1}{2\sqrt{\pi}}\mathrm{e}^{-x^2}\right]_{-\infty}^{+\infty}=0$$

$$E(X^2)=\int_{-\infty}^{+\infty}x^2f(x)\,\mathrm{d}x=\frac{1}{\sqrt{\pi}}\int_{-\infty}^{+\infty}x^2\mathrm{e}^{-x^2}\,\mathrm{d}x=-\frac{1}{2\sqrt{\pi}}\int_{-\infty}^{+\infty}x\mathrm{d}\mathrm{e}^{-x^2}$$

$$=\left[-\frac{x}{2\sqrt{\pi}}\mathrm{e}^{-x^2}\right]_{-\infty}^{+\infty}+\frac{1}{2}\int_{-\infty}^{+\infty}\frac{1}{\sqrt{\pi}}\mathrm{e}^{-x^2}\,\mathrm{d}x=\frac{1}{2}$$

$$D(X)=E(X^2)-[E(X)]^2=\frac{1}{2}$$

19. 设随机变量 X_1,X_2,X_3 相互独立,其中 X_1 在[0,6]上服从均匀分布,X_2 服从正态分布 $N(0,2^2)$,X_3 服从参数为 $\lambda=3$ 的泊松分布,记 $Y=X_1-2X_2+3X_3$,求 $D(Y)$.

解 由于 $X_1\sim U(0,6)$, $D(X_1)=\frac{(6-0)^2}{12}=3$,

$$X_2\sim N(0,2^2),\ D(X_2)=2^2=4$$

$X_3\sim P(3)$, $D(X_3)=3$,又随机变量 X_1,X_2,X_3 相互独立,则

$$D(Y)=D(X_1-2X_2+3X_3)=D(X_1)+4D(X_2)+9D(X_3)$$
$$=3+4\times4+9\times3=46$$

20. 设随机变量 $X\sim B(n,p)$,已知均值 $E(X)=6$,方差 $D(X)=3.6$,求 n.

解 由于 $X\sim B(n,p)$,则有

$$E(X)=np=6$$

又 $D(X)=npq=np(1-p)=3.6$,

所以 $n=15$,$p=0.4$.

21. 设 $X\sim B(3,0.5)$, Y 在区间[0,6]上服从均匀分布,已知 X 与 Y 相互独立,求

$D(2X+Y)$.

解 $X \sim B(3,0.5)$，有

$$D(X) = 3 \times 0.5 \times 0.5 = 0.75$$

又 $Y \sim U(0,6)$，有

$$D(Y) = \frac{(6-0)^2}{12} = 3$$

则

$$D(2X+Y) = 4D(X) + D(Y) = 4 \times 0.75 + 3 = 6$$

22. 设二维连续型随机变量(X,Y)的联合概率密度为

$$f(x,y) = \begin{cases} k, & 0 < x < 1, 0 < y < x \\ 0, & \text{其他} \end{cases}$$

求：(1)常数 k；(2)$E(XY)$及 $D(XY)$.

解 (1) 由$\int_{-\infty}^{+\infty}\int_{-\infty}^{+\infty} f(x,y)\,\mathrm{d}x\mathrm{d}y = F(+\infty,+\infty) = 1$

得
$$k\int_0^1 \mathrm{d}x\int_0^x \mathrm{d}y = k\left[\frac{x^2}{2}\right]_0^1 = \frac{k}{2} = 1$$

则
$$k = 2$$

(2)

$$E(XY) = \int_{-\infty}^{+\infty}\int_{-\infty}^{+\infty} xyf(x,y)\,\mathrm{d}x\mathrm{d}y = 2\int_0^1 x\mathrm{d}x\int_0^x y\mathrm{d}y = \frac{1}{4}$$

$$E((XY)^2) = \int_{-\infty}^{+\infty}\int_{-\infty}^{+\infty} x^2y^2f(x,y)\,\mathrm{d}x\mathrm{d}y = 2\int_0^1 x^2\mathrm{d}x\int_0^x y^2\mathrm{d}y = \frac{1}{9}$$

$$D(XY) = E((XY)^2) - (E(XY))^2 = \frac{1}{9} - \frac{1}{16} = \frac{7}{144}$$

23. 设随机变量，Y 服从正态分布：$X \sim N(1,9)$，$Y \sim N(0,4)$，且 X 与 Y 独立，X，Y 相关系数 $\rho_{XY}=0.5$. 设 $Z=X/3-Y/4$，

(1) 求 $E(Z)$，$D(Z)$；(2)求 $\mathrm{Cov}(Y,Z)$.

解 (1) 由于 $X \sim N(1,9)$，$Y \sim N(0,4)$，则

$$E(X) = 1, E(Y) = 0, D(X) = 9, D(Y) = 4$$

$$E(Z) = E\left(\frac{X}{3} - \frac{Y}{4}\right) = \frac{1}{3}E(X) - \frac{1}{4}E(Y) = \frac{1}{3}$$

$$D(Z) = D\left(\frac{X}{3} - \frac{Y}{4}\right) = \frac{1}{3^2}D(X) + \frac{1}{4^2}D(Y) = \frac{5}{4}$$

(2)
$$\mathrm{Cov}(Y,Z) = \rho_{YZ}\sqrt{D(Y)}\sqrt{D(Z)} = 0.5 \times \sqrt{4}\sqrt{\frac{5}{4}} = \frac{\sqrt{5}}{2}$$

24. 设随机变量 X 的概率密度为 $f(x)=\frac{1}{2}\mathrm{e}^{-|x|}$，$-\infty<x<+\infty$. 试求 $E(X)$，$D(X)$.

证明 $E(X) = \int_{-\infty}^{+\infty} xf(x)\,\mathrm{d}x = \frac{1}{2}\int_{-\infty}^{0} x\mathrm{e}^{x}\,\mathrm{d}x + \frac{1}{2}\int_0^{+\infty} x\mathrm{e}^{-x}\mathrm{d}x = 0$

$$E(X^2) = \int_{-\infty}^{+\infty} x^2 f(x)\, dx = \int_0^{+\infty} x^2 e^{-x} dx = -\int_0^{+\infty} x^2 de^{-x}$$

$$= [-x^2 e^{-x}]_0^{+\infty} + 2\int_0^{+\infty} x e^{-x} dx = 2$$

$$D(X) = E(X^2) - (E(X))^2 = 2 - 0 = 2$$

25. 已知随机变量 X 的数学期望 $E(X)$ 与方差 $D(X)$ 都存在，且 $D(X) \neq 0$，随机变量 $Y = X - EX / \sqrt{DX}$，证明：$E(Y)=0, D(Y)=1$.

证明 $E(Y) = E(\dfrac{X - E(X)}{\sqrt{D(X)}}) = \dfrac{1}{\sqrt{D(X)}}(E(X) - E(E(X))) = 0$

$$E(Y^2) = E(\frac{X - E(X)}{\sqrt{D(X)}})^2 = \frac{1}{D(X)} E(X^2 - 2XE(X) + (E(X))^2)$$

$$= \frac{1}{D(X)}(E(X^2) - 2E(X)E(X) + (E(X)^2))$$

$$= \frac{1}{D(X)}(E(X^2) - (E(X))^2) = \frac{D(X)}{D(X)} = 1$$

$$D(Y) = E(Y^2) - (E(Y))^2 = 1$$

26. 设 X 的概率密度 $f(x)$ 满足 $f(x+c) = f(c-x), x \in (-\infty, +\infty)$，其中 c 为常数，又 $\int_{-\infty}^{+\infty} |x| f(x) dx$ 收敛，证明：$EX = c$.

证明 令 $x = t + c$，

$$E(X) = \int_{-\infty}^{+\infty} x f(x)\, dx = \int_{-\infty}^{+\infty} (t+c) f(t+c) dt = \int_{-\infty}^{+\infty} (t+c) f(c-t) dt$$

再令 $x = c - t$，上式为

$$\int_{-\infty}^{+\infty} x f(x)\, dx = -\int_{+\infty}^{-\infty} (2c - x) f(x)\, dx = 2c\int_{-\infty}^{+\infty} f(x)\, dx - \int_{-\infty}^{+\infty} x f(x)\, dx$$

则

$$E(X) = \int_{-\infty}^{+\infty} x f(x)\, dx = c\int_{-\infty}^{+\infty} f(x)\, dx = c$$

27. 设 $D(X)=25, D(Y)=36, \rho_{XY}=0.4$，求 $D(X+Y)$.

解 由于 $\mathrm{Cov}(X,Y) = \rho_{XY} \cdot \sqrt{D(X)}\sqrt{D(Y)} = 0.4 \times 5 \times 6 = 12$，所以

$$D(X+Y) = D(X) + D(Y) + 2\mathrm{Cov}(X,Y) = 25 + 36 + 2 \times 12 = 85$$

28. 设 Z 是服从$[-\pi, \pi]$上的均匀分布，又 $X = \sin Z, Y = \cos Z$，证明相关系数 $\rho_{XY} = 0$，且 X 与 Y 不独立.

证明 $E(X) = \dfrac{1}{2\pi}\displaystyle\int_{-\pi}^{\pi} \sin z dz = 0, E(Y) = \dfrac{1}{2\pi}\int_{-\pi}^{\pi} \cos z dz = 0,$

$$E(X^2) = \frac{1}{2\pi}\int_{-\pi}^{\pi} \sin^2 z dz = \frac{1}{2}, E(Y^2) = \frac{1}{2\pi}\int_{-\pi}^{\pi} \cos^2 z dz = \frac{1}{2}$$

$$E(XY) = \frac{1}{2\pi}\int_{-\pi}^{\pi} \sin z \cos z dz = 0$$

因而 $\mathrm{Cov}(X,Y) = 0, \rho_{XY} = 0.$

相关系数 $\rho_{XY}=0$,随机变量 X 与 Y 不相关,但是有 $X^2+Y^2=1$,从而 X 与 Y 不独立.

29. 设随机变量 X 和 Y 的联合分布在点(0,1),(1,0),(1,1)为顶点的三角形区域上服从均匀分布,试求随机变量 $U=X+Y$ 的方差.

解 由于(X,Y)的密度函数为

$$f(x,y)=\begin{cases}2, 0\leqslant x\leqslant 1, & 1-x\leqslant y\leqslant 1\\ 0, & \text{其他}\end{cases}$$

(1) 由于 $$f_X(x)=\int_{-\infty}^{+\infty}f(x,y)\,\mathrm{d}y=\begin{cases}\int_{1-x}^{1}2\mathrm{d}y=2x, & 0\leqslant x\leqslant 1\\ 0, & \text{其他}\end{cases}$$

$$f_Y(y)=\int_{-\infty}^{+\infty}f(x,y)\,\mathrm{d}x=\begin{cases}\int_{1-y}^{1}2\mathrm{d}x=2y, & 0\leqslant y\leqslant 1\\ 0, & \text{其他}\end{cases}$$

所以

$$E(X)=\int_{-\infty}^{+\infty}xf_X(x)\mathrm{d}x=\int_0^1 2x^2\mathrm{d}x=\frac{2}{3}$$

$$E(X^2)=\int_{-\infty}^{+\infty}x^2f_X(x)\mathrm{d}x=\int_0^1 2x^3\mathrm{d}x=\frac{1}{2}$$

$$D(X)=E(X^2)-(E(X))^2=\frac{1}{2}-\frac{4}{9}=\frac{1}{18}$$

$$E(Y)=\int_{-\infty}^{+\infty}yf_Y(y)\mathrm{d}x=\int_0^1 2y^2\,\mathrm{d}y=\frac{2}{3}$$

$$E(Y^2)=\int_{-\infty}^{+\infty}y^2f_Y(y)\mathrm{d}x=\int_0^1 2y^3\,\mathrm{d}y=\frac{1}{2}$$

$$D(Y)=E(Y^2)-(E(Y))^2=\frac{1}{2}-\frac{4}{9}=\frac{1}{18}$$

(2) $$E(XY)=\int_{-\infty}^{+\infty}\int_{-\infty}^{+\infty}xyf(x,y)\,\mathrm{d}x\mathrm{d}y=2\int_0^1 x\mathrm{d}x\int_{1-x}^{1}y\mathrm{d}y=\frac{5}{12}$$

$$\mathrm{Cov}(X,Y)=E(XY)-E(X)E(Y)=\frac{5}{12}-\frac{2}{3}\times\frac{1}{3}=\frac{7}{36}$$

$$D(X+Y)=D(X)+D(Y)+2\mathrm{Cov}(X,Y)=\frac{1}{18}+\frac{1}{18}+\frac{14}{36}=\frac{1}{2}$$

30. 设二维随机变量(X,Y)在 $D:0\leqslant y\leqslant x\leqslant 1$ 上均匀分布,求:(1)$\mathrm{Cov}(X,Y)$;(2)ρ_{XY};(3)X 与 Y 是否相互独立?

解 由于(X,Y)在 $D:0\leqslant y\leqslant x\leqslant 1$ 上均匀分布,所以

$$f(x,y)=\begin{cases}2, & 0\leqslant y\leqslant 1, \quad y\leqslant x\leqslant 1\\ 0, & \text{其他}\end{cases}$$

(1) 由于 $$f_X(x)=\int_{-\infty}^{+\infty}f(x,y)\,\mathrm{d}y=\begin{cases}\int_0^x 2\mathrm{d}y=2x, & 0\leqslant x\leqslant 1\\ 0, & \text{其他}\end{cases}$$

$$f_Y(y) = \int_{-\infty}^{+\infty} f(x,y)\,\mathrm{d}x = \begin{cases} \int_y^1 2\mathrm{d}x = 2(1-y), & 0 \leqslant y \leqslant 1 \\ 0, & \text{其他} \end{cases}$$

所以

$$E(X) = \int_{-\infty}^{+\infty} x f_X(x)\mathrm{d}x = \int_0^1 2x^2\,\mathrm{d}x = \frac{2}{3}$$

$$E(X^2) = \int_{-\infty}^{+\infty} x^2 f_X(x)\mathrm{d}x = \int_0^1 2x^3\,\mathrm{d}x = \frac{1}{2}$$

$$D(X) = E(X^2) - (E(X))^2 = \frac{1}{2} - \frac{4}{9} = \frac{1}{18}$$

$$E(Y) = \int_{-\infty}^{+\infty} y f_Y(y)\mathrm{d}x = \int_0^1 2y(1-y)\,\mathrm{d}y = \frac{1}{3}$$

$$E(Y^2) = \int_{-\infty}^{+\infty} y^2 f_Y(y)\mathrm{d}x = \int_0^1 2y^2(1-y)\mathrm{d}y = \frac{1}{6}$$

$$D(Y) = E(Y^2) - (E(Y))^2 = \frac{1}{6} - \frac{1}{9} = \frac{1}{18}$$

(2) $$E(XY) = \int_{-\infty}^{+\infty}\int_{-\infty}^{+\infty} xyf(x,y)\,\mathrm{d}x\mathrm{d}y = 2\int_0^1 x\mathrm{d}x\int_0^x y\mathrm{d}y = \frac{1}{4}$$

$$\mathrm{Cov}(X,Y) = E(XY) - E(X)E(Y) = \frac{1}{4} - \frac{2}{3}\times\frac{1}{3} = \frac{1}{36}$$

$$\rho_{XY} = \frac{\mathrm{Cov}(X,Y)}{\sqrt{D(X)}\,\sqrt{D(Y)}} = \frac{\frac{1}{36}}{\sqrt{\frac{1}{18}}\sqrt{\frac{1}{18}}} = \frac{1}{2}$$

(3) 由于 $f(x,y) \neq f_X(x)f_Y(y)$,所以 X 与 Y 不相互独立.

31. 设二维随机变量(X,Y)的联合密度函数为

$$f(x,y) = \begin{cases} \frac{1}{2}, 0 \leqslant x \leqslant 2, & 0 \leqslant y \leqslant x \\ 0, & \text{其他} \end{cases}$$

求:(1)$E(X)$,$D(X)$;(2)ρ_{XY};(3)X 与 Y 是否相互独立?

解 方法同上

(1) 由于 $$f_X(x) = \int_{-\infty}^{+\infty} f(x,y)\,\mathrm{d}y = \begin{cases} \int_0^x \frac{1}{2}\mathrm{d}y = \frac{x}{2}, & 0 \leqslant x \leqslant 2 \\ 0, & \text{其他} \end{cases}$$

$$f_Y(y) = \int_{-\infty}^{+\infty} f(x,y)\,\mathrm{d}x = \begin{cases} \int_y^2 \frac{1}{2}\mathrm{d}x = \frac{2-y}{2}, & 0 \leqslant y \leqslant 2 \\ 0, & \text{其他} \end{cases}$$

所以

$$E(X) = \int_{-\infty}^{+\infty} x f_X(x)\mathrm{d}x = \int_0^2 \frac{x^2}{2}\mathrm{d}x = \frac{4}{3}$$

$$E(X^2)=\int_{-\infty}^{+\infty}x^2 f_X(x)\mathrm{d}x=\int_0^2\frac{x^3}{2}\mathrm{d}x=2$$

$$D(X)=E(X^2)-(E(X))^2=2-\frac{16}{9}=\frac{2}{9}$$

$$E(Y)=\int_{-\infty}^{+\infty}yf_Y(y)\mathrm{d}x=\int_0^2\frac{y}{2}(2-y)\mathrm{d}y=\frac{2}{3}$$

$$E(Y^2)=\int_{-\infty}^{+\infty}y^2 f_Y(y)\mathrm{d}x=\int_0^2\frac{y^2}{2}(2-y)\mathrm{d}y=\frac{2}{3}$$

$$D(Y)=E(Y^2)-(E(Y))^2=\frac{2}{3}-\frac{4}{9}=\frac{2}{9}$$

(2)
$$E(XY)=\int_{-\infty}^{+\infty}\int_{-\infty}^{+\infty}xyf(x,y)\ \mathrm{d}x\mathrm{d}y=\frac{1}{2}\int_0^2 x\mathrm{d}x\int_0^x y\mathrm{d}y=1$$

$$\mathrm{Cov}(X,Y)=E(XY)-E(X)E(Y)=1-\frac{4}{3}\times\frac{2}{3}=\frac{1}{9}$$

$$\rho_{XY}=\frac{\mathrm{Cov}(X,Y)}{\sqrt{D(X)}\ \sqrt{D(Y)}}=\frac{1}{2}$$

(3) 由于 $f(x,y)\neq f_X(x)f_Y(y)$,所以 X 与 Y 不相互独立.

三、典型例题

(一) 选择题

例 1 设 $X\sim B\left(10,\frac{1}{3}\right)$,则 $E(X)=($ $)$.

(A) $\frac{1}{3}$ (B) 1 (C) $\frac{10}{3}$ (D) 10

解 选(C). 由于 $X\sim B(n,p)$,$E(X)=np$.

所以
$$E(X)=\frac{10}{3}$$

例 2 设随机变量 X 服从参数为 3 的泊松分布,$Y\sim B\left(8,\frac{1}{3}\right)$,且 X,Y 相互独立,则 $D(X-3Y-4)=($ $)$.

(A) -13 (B) 15 (C) 19 (D) 23

解 选(C). 由于 $X\sim P(3)$,$D(X)=3$;$Y\sim B(8,\frac{1}{3})$,$D(Y)=\frac{16}{9}$

所以
$$D(X-3Y-4)=D(X)+9D(Y)=19$$

例 3 已知 $D(X)=1$,$D(Y)=25$,$\rho_{XY}=0.4$,则 $D(X-Y)=($ $)$.

(A)6 (B) 22 (C) 30 (D) 46

解 选(B).

$$D(X-Y)=D(X)+D(Y)-2\mathrm{Cov}(X,Y)=1+25-2\times\sqrt{1}\times\sqrt{25}\times0.4=1$$

例 4 已知 $X\sim B(n,p)$ 且 $E(X)=2.4$,$D(X)=1.44$ 则 n,p 的取值为( ).

(A) $n=4,p=0.6$ (B) $n=6,p=0.4$

(C) $n=8,p=0.3$　　　　　　　　(D) $n=24,p=0.1$

解　选(B).

因为　$X\sim B(n,p)$,

$$E(X)=np=2.4, D(X)=np(1-p)=1.44$$

所以　　　$n=6,p=0.4$

例5　设 X_1,X_2,X_3 相互独立,且均服从参数为 λ 的泊松分布,令 $Y=\frac{1}{3}(X_1+X_2+X_3)$,则 Y^2 的数学期望为(　　).

(A) $\frac{1}{3}\lambda$　　(B) λ^2　　(C) $\frac{1}{3}\lambda+\lambda^2$　　(D) $\frac{1}{3}\lambda^2+\lambda$

解　选(C).

由于 $X_i\sim P(\lambda),E(X_i)=\lambda,D(X_i)=\lambda,i=1,2,3$

$$E(Y)=E(\frac{1}{3}(X_1+X_2+X_3))=\frac{1}{3}(\lambda+\lambda+\lambda)=\lambda$$

$$D(Y)=D(\frac{1}{3}(X_1+X_2+X_3))=\frac{1}{9}(\lambda+\lambda+\lambda)=\frac{1}{3}\lambda$$

$$E(Y^2)=D(Y)+(E(Y))^2=\frac{1}{3}\lambda+\lambda^2$$

例6　设随机变量 X 的方差存在,则(　　).

(A) $(EX)^2=EX^2$　　　　(B) $(EX)^2\geqslant EX^2$

(C) $(EX)^2>EX^2$　　　　(D) $(EX)^2\leqslant EX^2$

解　选(D). 由于 $D(X)=E(X^2)-(E(X))^2\geqslant 0$

例7　设 X 是一随机变量,$EX=\mu,DX=\sigma^2$($\mu,\sigma^2>0$ 为常数),则对任意常数 C 必有(　　).

(A) $E(X-C)^2=EX^2-C^2$　　　　(B) $E(X-C)^2=E(X-\mu)^2$

(C) $E(X-C)^2<E(X-\mu)^2$　　　　(D) $E(X-C)^2\geqslant E(X-\mu)^2$

解　选(D).

$$E(X-\mu)^2=E(X^2)-2\mu E(X)+\mu^2=\mu^2+\sigma^2-2\mu^2+\mu^2=\sigma^2$$

$$E(X-C)^2=E(X^2)-2CE(X)+C^2=\mu^2+\sigma^2-2C\mu+C^2$$

$$=\sigma^2+(\mu-C)^2\geqslant\sigma^2$$

例8　已知随机变量 $X\sim N(\mu,\sigma^2)$,则 $E(X^2)=$(　　).

(A) $\mu+\sigma^2$　　(B) $\mu^2+\sigma^4$　　(C) $\mu^2+\sigma^2$　　(D) $\mu+\sigma^4$

解　选(C).　　由于 $X\sim N(\mu,\sigma^2)$,$E(X)=\mu,D(X)=\sigma^2$.

$$E(X^2)=D(X)+(E(X))^2=\mu^2+\sigma^2.$$

例9　离散型随机变量 X 仅取两个可能值 x_1 和 x_2,而且 $x_1<x_2$,$P(X=x_1)=0.6$,又已知 $E(X)=1.4,D(X)=0.24$,则 X 的可能取值为(　　).

(A) $x_1=0,x_2=1$　　　　(B) $x_1=1,x_2=2$

(C) $x_1=n,x_2=n+1$,n 为整数　　　　(D) $x_1=a,x_2=b$,a,b 为任意实数且 $a<b$

解　选(B).

由于　$P(X=x_1)=0.6$，有$P(X=x_2)=0.4$.

又有　$E(X)=1.4, D(X)=0.24$

$$E(X)=x_1\times 0.6+x_2\times 0.4=1.4$$

$$D(X)=E(X^2)-(E(X))^2=x_1^2\times 0.6+x_2^2\times 0.4-1.4^2=0.24,$$

所以　$x_1=1, x_2=2$

（二）填空题

例 1　袋中有 4 个球，分别编号为 1，2，3，4，从中任取 2 球，X 表示取出球的最小号码，则 $E(X)=$________，$D(X)=$________.

解　X 的分布律为

X	1	2	3
P	3/6	2/6	1/6

$$E(X)=1\times\frac{3}{6}+2\times\frac{2}{6}+3\times\frac{1}{6}=\frac{5}{3}$$

$$E(X^2)=1^2\times\frac{3}{6}+2^2\times\frac{2}{6}+3^2\times\frac{1}{6}=\frac{10}{3}$$

$$D(X)=E(X^2)-(E(X))^2=\frac{5}{9}$$

例 2　若 X 和 Y 是两个相互独立的随机变量，则 $E(2XY)=$________
$D(3X-4Y+5)=$________

解　$E(2XY)=2E(X)E(Y), D(3X-4Y+5)=9D(X)+16D(Y)$

例 3　设随机变量 X 与 Y 相互独立，
$E(X)=2, D(X)=1, E(Y)=4, D(Y)=0.5$，则
$E(X-Y+1)=$________，$D(2X+Y-3)=$________.

解
$$E(X-Y+1)=E(X)-E(Y)+1=7,$$
$$D(2X+Y-3)=4D(X)+D(Y)=4.5.$$

例 4　X 为随机变量，$EX=-1, DX=3$，则 $E[3X^2+20]=$________.

解
$$E(3X^2+20)=3E(X^2)+20=3[(E(X)^2+D(X))]+20$$
$$=3(1+3)+20=32$$

例 5　设 X 服从参数为 1 的指数分布，则 $E(X+\mathrm{e}^{-2})=$________.

解
$$E(X+\mathrm{e}^{-2})=E(X)+\mathrm{e}^{-2}=1+\mathrm{e}^{-2}.$$

例 6　设 X 服从区间$[-1,2]$上的均匀分布，$Y=\begin{cases}-1, & X<0,\\ 0, & X=0,\\ 1, & X>0,\end{cases}$ 则 $D(Y)=$________.

解
$$D(Y)=\frac{8}{9}$$

由于 $X\sim U(-1,2)$，

Y	-1	0	1
P_k	$\frac{1}{3}$	0	$\frac{2}{3}$

则
$$D(Y)=E(Y^2)-(E(Y))^2=\frac{8}{9}$$

例 7 设 $X\sim f(x)=\begin{cases}2x, & 0<x<1,\\ 0, & \text{其他},\end{cases}$ 以 Y 表示对 X 的三次独立重复观察中“$X\leqslant\frac{1}{2}$”出现的次数，则 $D(Y)=$ ________.

解
$$D(Y)=\frac{9}{16}$$

$$P=P\left(Z\leqslant\frac{1}{2}\right)=\int_{\frac{1}{2}}^{1}2x\mathrm{d}x=\frac{3}{4},$$

$$Y\sim B\left(3,\frac{3}{4}\right)$$

则 $D(Y)=\frac{9}{16}$

例 8 设随机变量 X_1,X_2,X_3 相互独立，其中 X_1 在$[0,6]$上服从均匀分布，X_2 服从正态分布 $N(0,2^2)$，X_3 服从参数为 $\lambda=3$ 的指数分布，记 $Y=X_1-2X_2+3X_3$，则 $D(Y)=$ ________.

解 20.

由于 $X_1\sim U(0,6)$，$D(X_1)=\frac{6^2}{12}=3$；$X_2\sim N(0,2^2)$，$D(X_2)=4$

$$X_3\sim P(3),D(X_3)=\frac{1}{9},$$

$$D(Y)=D(X_1-2X_2+3X_3)=D(X_1)+4D(X_2)+9D(X_3)=20$$

（三）计算题

例 1 设随机变量 X 的分布律为

X	-1	0	1	2
P	1/3	1/3	0	1/3

求 $E(X),E(X^2),D(X),E(X^2+2)$.

解 $E(X)=-1\times\frac{1}{3}+0\times\frac{1}{3}+1\times0+2\times\frac{1}{3}=\frac{1}{3}$

$$E(X^2)=(-1)^2\times\frac{1}{3}+0^2\times\frac{1}{3}+1^2\times0+2^2\times\frac{1}{3}=\frac{5}{3}$$

$$D(X)=E(X^2)-[E(X)]^2=\frac{5}{3}-(\frac{1}{3})^2=\frac{14}{9}$$

$$E(X^2+2)=E(X^2)+2=\frac{11}{3}$$

例 2 已知(X,Y)的分布律为

Y \ X	1	0
1	$\frac{1}{10}$	$\frac{3}{10}$
0	a	$\frac{3}{10}$

试求:(1)a;(2) $E(X+Y)$;(3) $D(X+Y)$;

解 (1) $a=1-\frac{1}{10}-\frac{3}{10}-\frac{3}{10}=\frac{3}{10}$

(2) $\mathrm{E}(X+Y)=0\times\frac{3}{10}+1\times\frac{6}{10}+2\times\frac{1}{10}=\frac{4}{5}$

$$\mathrm{E}(X+Y)^2=0^2\times\frac{3}{10}+1^2\times\frac{6}{10}+2^2\times\frac{1}{10}=1$$

(3) $D(X+Y)=\mathrm{E}((X+Y)^2)-[\mathrm{E}(X+Y)]^2=1-(\frac{4}{5})^2=\frac{9}{25}$

例 3 设 X 和 Y 是两个相互独立的随机变量,其概率密度分别为

$$\varphi(x)=\begin{cases}2x, & 0\leqslant x\leqslant 1\\ 0, & \text{其他}\end{cases}$$

$$\varphi(y)=\begin{cases}\mathrm{e}^{-(y-5)}, & y>5\\ 0, & \text{其他}\end{cases}$$

求 $E(XY)$.

解 $E(X)=\int_{-\infty}^{+\infty}x\varphi(x)\mathrm{d}x=\int_0^1 x\cdot 2x\mathrm{d}x=\frac{2}{3}$

$$E(Y)=\int_{-\infty}^{+\infty}y\varphi(y)\mathrm{d}y=\int_5^{+\infty}y\cdot\mathrm{e}^{-(y-5)}\mathrm{d}y=6$$

因为 X 和 Y 是两个相互独立的随机变量,所以 $E(XY)=E(X)E(Y)=4$.

例 4 设离散型随机变量 X 可能取值为 $x_1=1$,$x_2=2$,$x_3=3$,且 $E(X)=2.3$,$E(X^2)=5.9$,求 x_1,x_2,x_3 所对应的概率 p_1,p_2,p_3.

解

$$E(X)=x_1p_1+x_2p_2+x_3p_3=p_1+2p_2+3(1-p_1-p_2)$$
$$=3-2p_1-p_2=2.3,$$

即
$$2p_1+p_2=0.7$$
$$E(X^2)=x_1^2p_1+x_2^2p_2+x_3^2p_3=p_1+4p_2+9(1-p_1-p_2)$$
$$=5.9,$$

即
$$8p_1+5p_2=3.1$$

解得
$$p_1=0.2,\ p_2=0.3,\ p_3=0.5$$

例 5 设 X 的分布律为 $P(X=k)=\dfrac{a^k}{(1+a)^{k+1}}$，$k=0,1,2,\cdots$，$a>0$，试求 $E(X)$.

解 $E(X)=\sum\limits_{k=0}^{\infty}kP(X=k)=\sum\limits_{k=1}^{\infty}\dfrac{ka^k}{(1+a)^{k+1}}=\dfrac{1}{a}\sum\limits_{k=1}^{\infty}k(\dfrac{a}{1+a})^{k+1}$

令

$$f(x)=\sum_{k=0}^{\infty}kx^{k+1}=x^2\sum_{k=1}^{\infty}kx^{k-1}=x^2(\sum_{k=1}^{\infty}x^k)'=x^2(\frac{x}{1-x})'=\frac{x^2}{(1-x)^2}$$

$$f\left(\frac{a}{1+a}\right)=\frac{\dfrac{a^2}{(1+a)^2}}{\left(1-\dfrac{a}{1+a}\right)^2}=a^2$$

所以

$$E(X)=\frac{1}{a}\cdot a^2=a$$

例 6 设随机变量 X 具有概率密度为 $\varphi(x)=\begin{cases}\dfrac{2}{\pi}\cos^2 x, & |x|\leqslant\dfrac{\pi}{2}\\ 0, & \text{其他.}\end{cases}$，求 $E(X)$，$D(X)$.

解 $$E(X)=\int_{-\infty}^{+\infty}x\varphi(x)\mathrm{d}x=\int_{-\frac{\pi}{2}}^{\frac{\pi}{2}}x\,\frac{2}{\pi}\cos^2 x\mathrm{d}x=0$$

$$D(X)=E(X^2)-[E(X)]^2=\int_{-\frac{\pi}{2}}^{\frac{\pi}{2}}x^2\,\frac{2}{\pi}\cos^2 x\mathrm{d}x$$

$$=2\int_0^{\frac{\pi}{2}}x^2\,\frac{2}{\pi}\,\frac{1+\cos2x}{2}\mathrm{d}x=\frac{\pi^2}{12}-\frac{1}{2}$$

例 7 设随机变量 X 的分布密度为 $\varphi(x)=\dfrac{1}{2}\mathrm{e}^{-|x-\mu|}$，$-\infty<x<+\infty$，求 $E(X)$，$D(X)$.

解

$$E(X)=\int_{-\infty}^{+\infty}x\varphi(x)\mathrm{d}x=\int_{-\infty}^{+\infty}x\,\frac{1}{2}\mathrm{e}^{-|x-\mu|}\mathrm{d}x\,\underline{\underline{t=x-\mu}}\,\frac{1}{2}\int_{-\infty}^{+\infty}(t+\mu)\mathrm{e}^{-|t|}\mathrm{d}t$$

$$=\frac{1}{2}\int_{-\infty}^{+\infty}t\mathrm{e}^{-|t|}\mathrm{d}t+\frac{1}{2}\int_{-\infty}^{+\infty}\mu\mathrm{e}^{-|t|}\mathrm{d}t=\mu\int_0^{+\infty}\mathrm{e}^{-t}\mathrm{d}t=\mu$$

$$E(X^2)=\int_{-\infty}^{+\infty}x^2\varphi(x)\mathrm{d}x=\int_{-\infty}^{+\infty}x^2\,\frac{1}{2}\mathrm{e}^{-|x-\mu|}\mathrm{d}x\,\underline{\underline{t=x-\mu}}\,\frac{1}{2}\int_{-\infty}^{+\infty}(t+\mu)^2\mathrm{e}^{-|t|}\mathrm{d}t$$

$$=\int_0^{+\infty}t^2\mathrm{e}^{-t}\mathrm{d}t+\int_0^{+\infty}\mu^2\mathrm{e}^{-t}\mathrm{d}t=\mu\int_0^{+\infty}\mathrm{e}^{-t}\mathrm{d}t=2+\mu^2$$

所以 $D(X)=\mathrm{E}(X^2)-[\mathrm{E}(X)]^2=2+\mu^2-\mu^2=2$

例 8 设(X,Y)的概率密度函数为

$$f(x,y)=\begin{cases}(x+y)/3, & 0\leqslant x\leqslant 2,0\leqslant y\leqslant 1\\ 0, & \text{其他}\end{cases}$$

求 $E(X)$，$E(Y)$，$E(X+Y)$，$E(X^2+Y^2)$.

解 D：$0\leqslant x\leqslant 2,0\leqslant y\leqslant 1$

$$E(X)-\iint_D xf(x,y)\mathrm{d}x\mathrm{d}y=\int_0^2 x\mathrm{d}x\int_0^1 \frac{x+y}{3}\mathrm{d}y=\frac{1}{6}\int_0^2 x(2x+1)\mathrm{d}x=\frac{11}{9}$$

$$E(Y)\iint_D yf(x,y)\mathrm{d}x\mathrm{d}y=\int_0^2 \mathrm{d}x\int_0^1 \frac{xy+y^2}{3}\mathrm{d}y=\frac{1}{18}\int_0^2 (3x+2)\mathrm{d}x=\frac{5}{9}$$

$$E(X+Y)=\iint_D (x+y)f(x,y)\mathrm{d}x\mathrm{d}y=\int_0^2 x\mathrm{d}x=\frac{11}{9}+\frac{5}{9}=\frac{16}{9}$$

$$E(X^2+Y^2)=\int_0^2 x^2\mathrm{d}x\int_0^1 \frac{x+y}{3}\mathrm{d}y+\int_0^2 \mathrm{d}x\int_0^1 \frac{xy^2+y^3}{3}\mathrm{d}y=\frac{13}{6}$$

（四）证明题

例 设二维随机变量 (X,Y) 的概率密度函数为

$$f(x,y)=\begin{cases}1/\pi, & x^2+y^2\leqslant 1\\ 0, & x^2+y^2>1\end{cases}$$

证明 随机变量 X 与 Y 不相关，也不相互独立.

证明 由于 D 关于 x 轴、y 轴对称，有

$$E(X)=\iint_D x\mathrm{d}x\mathrm{d}y=0,E(Y)=\iint_D y\mathrm{d}x\mathrm{d}y=0,E(XY)=\iint_D xy\mathrm{d}x\mathrm{d}y=0$$

因而

$$\mathrm{Cov}(X,Y)=0,\rho_{XY}=0$$

即是 X 与 Y 不相关.

又由于

$$f_X(x)=\begin{cases}\frac{2}{\pi}\sqrt{1-x^2}, & |x|\leqslant 1\\ 0, & |x|\geqslant 1\end{cases}$$

$$f_Y(x)=\begin{cases}\frac{2}{\pi}\sqrt{1-y^2}, & |y|\leqslant 1\\ 0, & |y|\geqslant 1\end{cases}$$

显然在 $\{(x,y)\,|\,|x|\leqslant 1,|y|\leqslant 1,x^2+y^2>1\}$ 上，

$$f(x,y)\equiv 0\neq f_X(x)f_Y(y)$$

所以 X 与 Y 不相互独立.

四、练习题

（一）选择题

1. 设 X 为随机变量，则 $E(3X-5)=($　　$)$.

(A) $3E(X)+5$　　(B) $9E(X)-5$

(C) $3E(X)-5$　　(D) $3E(X)$

2. 设 X 与 Y 是两个随机变量，则下列各式正确的是(　　).

(A) $E(XY)=E(X)E(Y)$　　(B) $D(XY)=D(X)D(Y)$

(C) $E(X+Y)=E(X)+E(Y)$　　(D) $D(X+Y)=D(X)+D(Y)$

3. 设随机变量 X 满足 $D(-3X)=18$,则 $D(X)=($　　).

(A) -6　　(B) 6

(C) -2　　(D) 2

4. 已知随机变量 X 和 Y 相互独立，且它们分别在区间$[-1,3]$和$[2,4]$上服从均匀分布，则 $E(XY)=($　　)

(A) 3　　(B) 6

(C) 10　　(D) 12

5. 设连续型随机变量 X 的分布函数为 $F(x)=\begin{cases}1-\dfrac{1}{x^4}, & X\geqslant 1,\\ 0, & X<1,\end{cases}$ 则 X 的数学期望为(　　).

(A) 2　　(B) 0　　(C) $\dfrac{4}{3}$　　(D) $\dfrac{8}{3}$

6. 设随机变量 X 和 Y 独立且都在$(0,\theta)$上有均匀分布，则 $D(Z-Y)=($　　).

(A) $\dfrac{\theta^2}{2}$　　(B) θ^2　　(C) $\dfrac{\theta^2}{3}$　　(D) $\dfrac{\theta^2}{6}$

7. 设 X,Y 的方差存在，且 $E(XY)=EXEY$,则(　　).

(A) $D(XY)=DXDY$　　(B) $D(X+Y)=DX+DY$

(C)X 与 Y 独立　　(D) 不相关

8. 设随机变量 X,Y 满足 $D(X+Y)=D(X-Y)$,则必有(　　).

(A) X,Y 独立　　(B)X,Y 不相关　　(C)$DY=0$　　(D) $D(XY)=0$

9. 设 X,Y 的方差存在，且不等于 0,则 $D(X+Y)=DX+DY$ 是 X,Y(　　).

(A) 不相关的充分条件，但不是必要条件

(B) 独立的必要条件，但不是充分条件

(C) 不相关的必要条件，但不是充分条件

(D) 独立的充分条件必要条件

10. 设随机变量 Z 的数学期望存在，则 $D(E(Z))=($　　).

(A) $E(Z)$ (B) 1 (C) 0 (D) $D(Z)$

11. 已知离散型随机变量 X 的可能取值为 $x_1=-1,x_2=0,x_3=1$,且 $E(X)=0.1$, $D(X)=0.9$,则对应于 x_1,x_2,x_3 的概率 p_1,p_2,p_3 为(　　).

(A) $p_1=0.405,p_2=0.09,p_3=0.505$　　(B) $p_1=0.09,p_2=0.405,p_3=0.505$

(C) $p_1=0.505,p_2=0.09,p_3=0.405$　　(D) $p_1=0.405,p_2=0.505,p_3=0.09$

12. 设随机变量 X 的数学期望存在，则 $E(E(E(X)))=($　　).

(A) 0　　(B) $D(X)$　　(C) $E(X)$　　(D) $[E(X)]^2$

（二）填空题

1. 设 X 和 Y 是两个相互独立的随机变量，则 $E(X+Y)=$ ________ ，$D(X-Y)=$ ________.

2. 设随机变量 X_1,X_2 相互独立，且 $X_1\sim U(0,6)$，$X_2\sim N(1,3)$，$Y=3X_1-X_2$，则 $E(Y)=$ ________；$D(Y)=$ ________.

3. 设随机变量 X 和 Y 相互独立，且 $E(X)=5$，$E(Y)=12$；$D(X)=4$，$D(Y)=1$，则 $E(2XY-3)=$ ________，$D(2X-3Y)=$ ________.

4. 随机变量 $X\sim N(2,4)$，$Y\sim N(0,1)$，X 与 Y 相互独立，则 $Z=2X+Y\sim$ ________，$D(Z)=$ ________.

5. $X\sim b(n,p)$，则 $\dfrac{D(X)}{E(X)}=$ ________.

6. 随机变量 X 的概率分布律为 $P\{X=k\}=\dfrac{1}{n}$，$k=1,2,\cdots,n$，则 $E(X)=$ ________.

7. 随机变量 $X\sim f(x)=\begin{cases}\dfrac{1}{10}e^{-\frac{x}{10}}, & x>0,\\ 0, & x\leqslant 0,\end{cases}$ 则 $E(2X+1)=$ ________.

8. 若 $Y=X_1+X_2$. $X_i\sim N(0,1)$，$i=1,2$，则 $E(Y)=$ ________.

9. 已知 X 服从参数为 λ 的泊松分布，且 $E[(X-1)(X-2)]=1$，则 λ 为 ________.

（三）计算题

1. 设随机变量 X 在区间 $[-1,1]$ 上服从均匀分布，随机变量

$$Y=\begin{cases}-1, & X>0\\ 0, & X=0\\ +1, & X<0\end{cases}$$

求 $E(Y)$.

2. 设 X 服从泊松分布，若 $EX^2=6$，求 $P(X>1)$.

3. 投掷 n 枚骰子，求出现点数之和的数学期望.

4. 设随机变量 X 和 Y 的联合概率分布为

X \ Y	0	1
0	0.10	0.15
1	0.25	0.20
2	0.15	0.15

求 $E\left[\sin\dfrac{\pi(X+Y)}{2}\right]$.

5. 设(X, Y)的分布密度

$$\phi(x,y)=\begin{cases}4xy\mathrm{e}^{-(x^2+y^2)}, & x>0,y>0\\ 0, & \text{其他}\end{cases}$$

求$E(\sqrt{X^2+Y^2})$.

6. 设随机变量(X,Y)的联合密度为

$$f(x,y)=\begin{cases}12y^2, & 0<y<x<1\\ 0, & \text{其他}\end{cases}$$

求$E(X),E(Y),E(XY),E(X^2+Y^2)$.

7. 设(X,Y)的概率密度函数为

$$f(x,y)=\begin{cases}1, & |y|\leqslant x,0\leqslant x\leqslant 1\\ 0, & \text{其他}\end{cases}$$

求$D(X)$及$D(Y)$.

（四）证明题

设随机变量$X_1,X_2,\cdots,X_n$相互独立，且$E(X_i)=\mu,D(X_i)=\sigma^2(i=1,2,\cdots,n)$，令

$$\overline{X}=\frac{1}{n}\sum_{i=1}^{n}X_i,\quad S^2=\frac{1}{n-1}\sum_{i=1}^{n}(X_i-\overline{X})^2$$

证明

(1) $E(\overline{X})=\mu,D(\overline{X})=\frac{1}{n}\sigma^2$；

(2) $S^2=\frac{1}{n-1}(\sum_{i=1}^{n}X_i^2-n\overline{X})$；

(3) $E(S^2)=\sigma^2$.

五、练习题答案

（一）1.（C）. 2.（C）. 3.（D）. 4.（A）. 5.（C）. 6.（D）. 7.（D）. 8.（B）. 9.（B）. 10.（C）. 11.（A）. 12.（C）.

（二）1. $E(X)-E(Y)$，$D(X)+D(Y)$. 2. 5，21 . 3. 117，25 . 4 $N(4,17)$，17. 5. $1-p$. 6. $\frac{n+1}{2}$ 7. 21. 8. 0. 9. 1.

（三）1. 0. 2. $1-3\mathrm{e}^{-2}$. 3. $\frac{21}{6}n$. 4. 0.25. 5. $\frac{3\sqrt{\pi}}{4}$. 6. $\frac{4}{5},\frac{3}{5},\frac{1}{2},\frac{16}{15}$. 7. $\frac{1}{18},\frac{1}{6}$.

（四）证明略

第五章　大数定律和中心极限定理

一、内容提要

1. 大数定律

辛钦大数定律　设 $X_1,X_2,\cdots,X_n,\cdots$ 是相互独立，服从同一分布的随机变量序列，且具有数学期望 $E(X_k)=\mu(k=1,2,\cdots)$，则对任何 $\varepsilon>0$，有

$$\lim_{n\to\infty}P\left\{\left|\frac{1}{n}\sum_{i=1}^{n}X_i-\mu\right|<\varepsilon\right\}=1$$

伯努利大数定律　设 n_A 为 n 重相互独立重复试验（即伯努利试验）中事件 A 发生的次数，p 是事件 A 在每次试验中发生的概率，则对任何正数 $\varepsilon>0$，有

$$\lim_{n\to\infty}P\left\{\left|\frac{n_A}{n}-p\right|\leqslant\varepsilon\right\}=1$$

或 $\left\{\dfrac{n_A}{n}\right\}_{n=1}^{\infty}$ 依概率收敛到 p.

切比雪夫大数定律　设 $X_1,X_2,\cdots,X_n,\cdots$ 是相互独立的随机变量，如果存在常数 $M>0$，使得 $D(X_k)\leqslant M$，$k=1,2,\cdots$，则对任何 $\varepsilon>0$，有

$$\lim_{n\to\infty}P\left\{\left|\frac{1}{n}\sum_{i=1}^{n}X_i-\frac{1}{n}\sum_{I-1}^{N}E(X_I)\right|>\varepsilon\right\}=0$$

2. 中心极限定理

独立同分布的中心极限定理　设 $X_1,X_2,\cdots,X_n,\cdots$ 是相互独立，服从同一分布的随机变量序列，且 $E(X_k)=\mu$，$D(X_k)=\sigma^2<+\infty$，$k=1,2,\cdots$，则对任何 $\varepsilon>0$，有

$$\lim_{n\to\infty}P\left\{\left|\frac{\sum\limits_{i=1}^{n}X_i-n\mu}{\sigma\sqrt{n}}\leqslant x\right|\right\}=\varphi(x)=\frac{1}{\sqrt{2\pi}}\int_{-\infty}^{x}\mathrm{e}^{-\frac{t^2}{2}}\mathrm{d}t$$

由于 $E(\sum\limits_{k=1}^{n}X_k)=n\mu$，$D(\sum\limits_{k=1}^{n}X_k)=n\sigma^2$，中心极限定理实质上为：随机变量 $\dfrac{\sum\limits_{i-1}^{n}X_I-E(\sum\limits_{i=1}^{n}X_i)}{\sqrt{D(\sum\limits_{i=1}^{n}X_i)}}$ 近似服从标准正态分布 $N(0,1)$.

二、习题全解

1. 设随机变量 $X_1,X_2,\cdots,X_n,\cdots$ 相互独立同分布，且 $E(X_k)=0$，$k=1,2,\cdots$，求

$\lim\limits_{n\to\infty}P(\sum\limits_{i=1}^{n}X_i < n)$.

解 因为 $E(X_k)=0, k=1,2,\cdots$,所以 $E(\sum\limits_{i=1}^{n}X_k)=0$. 由辛钦大数定律

$$\lim_{n\to\infty}P\left\{\left|\frac{1}{n}\sum_{i=1}^{n}X_i-\mu\right|<\varepsilon\right\}=1$$

得

$$\lim_{n\to\infty}P\left\{\left|\frac{1}{n}\sum_{i=1}^{n}X_i-0\right|<\varepsilon\right\}=1$$

故

$$\lim_{n\to\infty}P\left\{\frac{1}{n}\sum_{i=1}^{n}X_i<1\right\}\geqslant\lim_{n\to\infty}P\left\{\left|\frac{1}{n}\sum_{i=1}^{n}X_i\right|<\varepsilon\right\}=1$$

即

$$\lim_{n\to\infty}P\left\{\sum_{i=1}^{n}X_i<n\right\}\geqslant 1,\text{所以}\lim_{n\to\infty}P\left\{\sum_{i=1}^{n}X_i<n\right\}=1$$

2. 设随机变量 $X_1,X_2,\cdots,X_n,\cdots$ 相互独立同分布,且共同密度函数为

$$p(x)=\begin{cases}\dfrac{1+\delta}{x^2+\sigma}, & x>1\\ 0, & x\leqslant 1\end{cases},\quad 0<\delta\leqslant 1$$

问 $X_k, k=1,2,\cdots$ 的数学期望及方差是否存在?

解 (1) $E(X_k)=\int_1^{+\infty}x\dfrac{1+\delta}{x^{2+\delta}}\mathrm{d}x=\int_1^{+\infty}\dfrac{1+\delta}{x^{1+\delta}}\mathrm{d}x=-\dfrac{1+\delta}{\delta}x^{-\delta}\Big|_1^{\infty}=\dfrac{1+\delta}{\delta}$

$E(X_k^2)=\int_1^{+\infty}x^2\dfrac{1+\delta}{x^{2+\delta}}\mathrm{d}x=\int_1^{+\infty}\dfrac{1+\delta}{x^{\delta}}\mathrm{d}x=\dfrac{1+\delta}{1-\delta}x^{1-\delta}\Big|_1^{\infty}$ 不存在

故方差不存在.

3. 某单位内部有 260 架电话分机,每个分机有 4% 的时间要用外线通话. 可以认为各个电话分机用不同外线是相互独立的. 问:总机需备多少条外线才能以 95% 的把握保证各个分机在使用外线时不必等候?

解 记 $X_i, i=1,2,\cdots 260$ 为第 i 架电话分机状态,且

$$X_i=\begin{cases}1, & \text{占用外线通话}\\ 0, & \text{不占用外线}\end{cases},\ i=1,2\cdots 260$$

以 Y 表示 260 架电话分机占用外线的数量,则 $Y=\sum\limits_{i=1}^{260}X_i$. 按题意, $E(X_i)=0.04$, $D(X_i)=0.0384$,由中心极限定理知: $\dfrac{Y-260\times0.04}{\sqrt{260}\sqrt{0.0384}}$ 近似地服从 $N(0,1)$ 分布. 设总机需备 x 条外线,则有

$$P(Y\leqslant x)=P\left(\frac{Y-260\times0.04}{\sqrt{260}\sqrt{0.0384}}\leqslant\frac{x-260\times0.04}{\sqrt{260}\sqrt{0.0384}}\right)\approx\Phi\left(\frac{x-260\times0.04}{\sqrt{260}\sqrt{0.0384}}\right)\geqslant 95\%$$

查表得: $\Phi(1.65)=0.95$,所以 $\dfrac{x-260\times0.04}{\sqrt{260}\sqrt{0.0384}}=1.65, x=15.61$.

故总机需备 16 条外线才能以 95%的把握保证各个分机在使用外线时不必等候.

4. 用一机床制造大小相同的零件,标准质量为 1kg,由于随机误差,每个零件质量在 (0.95,1.05)kg 上均匀分布,设每个零件质量相互独立.

(1) 制造 1200 个零件,问总质量大于 1202kg 的概率是多少?

(2) 最多可以制造多少个零件,可使零件质量误差的绝对值小于 2kg 的概率不小于 0.9?

解 记 X 为每个零件的质量,则 $X \sim U(0.95,1.05)$,$E(X)=1$,$D(X)=\frac{1}{1200}$.

(1) 制造 1200 个零件,设总质量为 $Y=\sum_{i=1}^{1200} X_i$,则由中心极限定理得 $\frac{Y-1200}{\sqrt{1200\times\frac{1}{1200}}}$ 近似地服从 $N(0,1)$ 分布.

故
$$P(Y>1202)=P\left(\frac{Y-1200}{1}>\frac{1202-1200}{1}\right)\approx\Phi(2)=0.97725$$

(2) 设最多可以制造 x 个零件,可使零件质量误差的绝对值小于 2kg 的概率不小于 0.9,则

$$P(|\sum_{i=1}^{x} X_i - x|<2)\geqslant 0.9$$

即

$$P(-2<\sum_{i=1}^{x} X_i - x<2)=P(-2+x<\sum_{i=1}^{x} X_i<2+x)$$

$$=P(\frac{-2+x-x}{\sqrt{\frac{x}{1200}}}<\frac{\sum_{i=1}^{x} X_i - x}{\sqrt{\frac{x}{1200}}}<\frac{2+x-x}{\sqrt{\frac{x}{1200}}})$$

$$\approx\Phi\left(\frac{2}{\sqrt{\frac{x}{1200}}}\right)-\Phi\left(\frac{-2}{\sqrt{\frac{x}{1200}}}\right)=2\Phi\left(\frac{2}{\sqrt{\frac{x}{1200}}}\right)-1\geqslant 0.9$$

所以 $\Phi\left(\frac{2}{\sqrt{\frac{x}{1200}}}\right)\geqslant 0.95$,$\frac{2}{\sqrt{\frac{x}{1200}}}\geqslant 1.65$,$x\leqslant 1763.1$.

故最多可以制造 1763 个零件,可使零件质量误差的绝对值小于 2kg 的概率不小于 0.9.

5. 设 ξ_i,$i=1,2,\cdots,50$ 是相互独立的随机变量,且它们都服从参数为 $\lambda=0.03$ 的泊松分布. 记 $\xi=\xi_1+\xi_2+\cdots+\xi_{50}$,试用中心极限定理计算 $P(\xi\geqslant 3)$.

解 由题意,$E(\xi_i)=0.03$,$D(\xi_i)=0.03$,故 $\frac{\xi-50\times 0.03}{\sqrt{50}\sqrt{0.03}}$ 近似地服从 $N(0,1)$ 分布,故所求概率为

$$P(\xi \geqslant 3) = 1 - P(\xi < 3) = 1 - P\left(\frac{\xi - 1.5}{\sqrt{1.5}} < \frac{3 - 1.5}{\sqrt{1.5}}\right) \approx 1 - \Phi(\sqrt{1.5}) = 0.1335$$

6. 一个加法器同时收到 20 个噪声电压 $V_k(k=1,2,\cdots,20)$. 设它们是相互独立的随机变量，且都在区间 $[0,10]$ 上服从均匀分布. V 为加法器上受到的总噪声电压，求 $P(V>105)$.

解 由题意，$V_k \sim U[0,10]$，则 $E(V_k)=5, D(V_k)=\frac{25}{3}$. 故 $\frac{V-20\times5}{\sqrt{20\times\frac{25}{3}}}$ 近似地服从 $N(0,1)$ 分布，故所求概率为

$$P(V > 105) = 1 - P(V \leqslant 105) = 1 - P\left(\frac{V-100}{\sqrt{500/3}} \leqslant \frac{105-100}{\sqrt{500/3}}\right)$$

$$\approx 1 - \Phi\left(\frac{105-100}{\sqrt{500/3}}\right) = 0.3483$$

7. 某车间有 200 台车床，在生产时间内由于需要检修、调换刀具、变换位置、调换工作等常需停工，设开工率为 0.6，并设每台车床的工作是独立的且在开工时需电力 1kW. 问该车间应供多少千瓦电力才能以 99.9% 的概率保证该车间不会因供电不足而影响生产.

解 按题意，设 $X_i, i=1,2,\cdots,200$ 表示第 i 台车床是否开工，则

$$\eta_i = \begin{cases} 1, & \text{开工} \\ 0, & \text{停工} \end{cases}, i = 1,2,\cdots,200$$

记 $X = \sum_{i=1}^{200} X_i$，则 X 表示一个 200 重伯努利试验中恰好有 X 台车床工作，故 $X \sim B(200, 0.6)$，$E(X_i) = 0.6, D(X) = 0.24$，所以有中心极限定理得 $\frac{X - 0.6\times200}{\sqrt{200\times0.24}}$ 近似服从 $N(0,1)$.

设 x 应供电力，则想要该车间正常生产，需要 $X\leqslant x$，故

$$P(X \leqslant x) = P\left(\frac{X - 0.6\times200}{\sqrt{200\times0.24}} \leqslant \frac{x - 0.6\times200}{\sqrt{200\times0.24}}\right) \approx \Phi\left(\frac{x - 0.6\times200}{\sqrt{200\times0.24}}\right) \geqslant 0.999$$

查表得 $\Phi(3.09)=0.999$，因此 $\frac{x-0.6\times200}{\sqrt{200\times0.24}}=3.09$，即 $x=141.4$.

故应供 141.4kW 电力才能以 99.9% 的概率保证该车间不会因供电不足而影响生产.

三、典型例题

例 1 有一批建筑房屋用的木柱，其中 80% 的长度不小于 3m，现从这批木柱中随机地取 100 根，求其中至少有 30 根短于 3m 的概率.

解 按题意，可认为 100 根木柱是从为数甚多的木柱中抽取得到的，因而可当做放回抽样来看待. 将检查一根木柱看它是否短于 3m 看成一次试验，检查 100 根木柱相当于做

100 重伯努利试验,则

$$\eta_i = \begin{cases} 1, & 第\ i\ 木柱短于\ 3\mathrm{m} \\ 0, & 第\ i\ 木柱不短于\ 3\mathrm{m} \end{cases}, i = 1,2,\cdots,100$$

于是

$$E(\eta_i) = p = 0.2, D(\eta_i) = p(1-p) = 0.2 \times 0.8$$

X 为被抽取的 100 根木柱长度短于 3m 的根数,则 $X = \sum_i \eta_i \sim B(100, 0.2)$,于是由独立同分布的中心极限定理,得

$$\frac{X - nE(\eta_i)}{\sqrt{nD(\eta_i)}} = \frac{X - np}{\sqrt{np(1-p)}} \text{ 近似服从 } N(0,1)$$

所以有

$$\begin{aligned} P(X \geqslant 30) &= P(30 \leqslant X < +\infty) \\ &= P\left(\frac{30 - 100 \times 0.2}{\sqrt{100 \times 0.2 \times 0.8}} \leqslant \frac{X - 100 \times 0.2}{\sqrt{100 \times 0.2 \times 0.8}} < \frac{+\infty - 100 \times 0.2}{\sqrt{100 \times 0.2 \times 0.8}}\right) \\ &= \Phi(+\infty) - \Phi\left(\frac{30 - 20}{\sqrt{16}}\right) = 1 - \Phi(2.5) = 0.0062 \end{aligned}$$

例 2 某医院一个月接受破伤风患者的人数是一个随机变量,它服从参数 $\lambda = 5$ 的泊松分布,各月接受破伤风患者的人数相互独立. 求一年中前 9 个月内接受的患者在 40 人~50 人的概率.

解 记 $X_i, i = 1,2,\cdots,9$ 是第 i 个月医院接受破伤风患者的人数,按题意 $X_i \sim \pi(5)$,则由定理有

$$P(40 \leqslant \sum_i X_i \leqslant 50) = P\left(\frac{40 - 9 \times 5}{\sqrt{9 \times 5}} \leqslant \frac{\sum_i X_i - 9 \times 5}{\sqrt{9 \times 5}} \leqslant \frac{50 - 9 \times 5}{\sqrt{9 \times 5}}\right)$$

$$= \Phi(0.745) - \Phi(-0.745) = 0.5436$$

例 3 一个螺丝钉质量是一个随机变量,期望值是 1 两(1 两=50g),标准差是 0.1 两. 求一盒(100 个)同型号螺丝钉的质量超过 10.2 斤(1 斤=0.5kg)的概率.

解 设一盒质量为 X,盒中第 i 个螺丝钉质量为 $X_i, i = 1,2,\cdots,100, X_1, X_2, \cdots, X_{100}$ 相互独立,$E(X_i) = 1, \sqrt{D(X_i)} = 0.1$,则 $X = \sum_{i=1}^{100} X_i$,且 $E(X) = 100$(两),$\sqrt{D(X)} = 1$(两). 根据独立同分布的中心极限定理得

$$\begin{aligned} P(X > 102) &= P\left(\frac{X - 100}{1} > \frac{102 - 100}{1}\right) = 1 - P(X - 100 \leqslant 2) \\ &\approx 1 - \Phi(2) = 0.022750 \end{aligned}$$

例 4 对敌人的防御地进行 100 次轰炸,每次轰炸命中目标的炸弹数目是一个随机变量,其期望值是 2,方差是 1.69. 求在 100 次轰炸中有 180 颗~220 颗炸弹命中目标的概率.

解 令第 i 次轰炸命中目标的炸弹数为 $X_i, i = 1,2,\cdots,100$,则 100 次命中目标的炸

弹数 $X=\sum_{i=1}^{100}X_i$，应用独立同分布的中心极限定理，$X=\sum_{i=1}^{100}X_i$ 渐进服从正态分布，期望值为 200，方差为 169，标准差为 13. 所以

$$P(180\leqslant X\leqslant 220)=P(|X-200|\leqslant 20)=P\left(\frac{|X-200|}{13}\leqslant\frac{20}{13}\right)$$
$$\approx 2\Phi(1.54)-1=0.87644$$

例 5 根据以往经验，某种电器元件的寿命服从均值为 100h 的指数分布，先随机地取 16 只，设它们的寿命是相互独立的. 求这 16 只元件的寿命的总和大于 1920h 的概率.

解 记 $X_i,i=1,2,\cdots,16$ 为第 i 只元件的寿命，以 Y 表示 16 只元件的寿命之和，则 $Y=\sum_{i=1}^{16}X_i$，按题意，$E(X_i)=100,D(X_i)=100^2$，由中心极限定理知 $\frac{Y-16\times 100}{\sqrt{16}\sqrt{100^2}}$ 近似地服从 $N(0,1)$ 分布，故所求概率为

$$P(Y>1920)=1-P(Y\leqslant 1920)=1-P\left(\frac{Y-1600}{4\times 100}\leqslant\frac{1920-1600}{4\times 100}\right)$$
$$\approx 1-\Phi\left(\frac{1920-1600}{4\times 100}\right)=1-\Phi(0.8)=0.2119$$

四、练习题

1. 设

$$X_i=\begin{cases}0, & 事件 A 不发生\\ 1, & 事件 A 发生\end{cases}\quad i=1,2,\cdots,10000$$

且 $P(A)=0.8,X_1,X_2,\cdots,X_{10000}$ 相互独立，令 $Y=\sum_{i=1}^{10000}X_i$，则由中心极限定理知 Y 近似服从的分布是（　　）.

(A) $N(0,1)$　　(B) $N(8000,40)$

(C) $N(1600,8000)$　　(D) $N(8000,1600)$

2. 设 $X_1,X_2,\cdots,X_n,\cdots$ 为独立同分布的随机变量序列，且均服从参数为 $\lambda(\lambda>1)$ 的指数分布，记 $\Phi(x)$ 为标准正态分布函数，则有（　　）.

(A) $\lim\limits_{n\to\infty}P\left\{\frac{\lambda\sum_{i=1}^{n}X_i-n}{\sqrt{n}}\leqslant x\right\}=\Phi(x)$　　(B) $\lim\limits_{n\to\infty}P\left\{\frac{\sum_{i=1}^{n}X_i-n\lambda}{\sqrt{n\lambda}}\leqslant x\right\}=\Phi(x)$

(C) $\lim\limits_{n\to\infty}P\left\{\frac{\sum_{i=1}^{n}X_i-n\lambda}{\lambda\sqrt{n}}\leqslant x\right\}=\Phi(x)$　　(D) $\lim\limits_{n\to\infty}P\left\{\frac{\sum_{i=1}^{n}X_i-\lambda}{\sqrt{n\lambda}}\leqslant x\right\}=\Phi(x)$

3. 从数集{1,2,3,4}中随机地、有放回地取 100 个数，求这 100 个数的和至少是 240 的概率.

4. 经验表明，沿某高速公路特定的 10km 的路段上，一周内发生的事故数服从参数为 2 的泊松分布，求一年(52 周)内发生事故数不多于 100 的概率.

5. 某一工人修理一台机器需两个阶段,第一阶段所需时间(h)服从均值为 0.2 的指数分布,第二阶段服从均值为 0.3 的指数分布,且与第一阶段独立.现有 20 台机器需要修理,求他在 8h 内完成的概率.

6. 一食品店有三种蛋糕出售,由于售出哪一种蛋糕是随机的,因而售出一只蛋糕的价格是一个随机变量,它取 1 元、1.2 元、1.5 元各个值得概率分别为 0.3,0.2,0.5.若售出 300 只蛋糕.

(1) 求收入至少 400 元的概率;(2)求售出价格为 1.2 元的蛋糕多于 60 只的概率.

7. 一个复杂的系统由 100 个相互独立起作用的部件所组成,在整个运行期间每个部件损坏的概率为 0.1.为了使整个系统起作用,至少必须有 85 个部件正常工作,求整个系统起作用的概率.

五、练习题答案

1.(D). 2.(A). 3.0.7486(提示:利用中心极限定理). 4.0.3483(提示:利用中心极限定理).

5. 0.1075.提示:修好一台机器的总耗时是两阶段时间之和,修好全部 20 台机器总耗时服从中心极限定理.

6. (1)0.0003(提示:利用中心极限定理).(2) 0.5(提示:售出价格为1.2元的蛋糕数目服从二项分布,同样利用中心极限定理求解概率).

7.0.9525(提示:直接利用中心极限定理求解).

第六章　样本及抽样分布

一、内容提要

1. 总体和样本

在数理统计中,往往研究有关对象的某一项数量指标.对这一个数量指标进行试验或观察,将试验的全部可能的观察值称为总体,每个可能的观察值称为个体.总体中的每一个个体是随机试验的一个观察值,因此它是某一随机变量 X 的值.这样,一个总体对应一个随机变量.一般不区分总体与相应的随机变量,笼统地称为总体 X. X 的分布函数和数字特征就称为总体的分布函数和数字特征.

在相同的条件下,对总体 X 进行 n 次重复的、独立的观察,得到 n 个结果 $X_1,X_2,\cdots,X_n$,称随机变量 $X_1,X_2,\cdots,X_n$ 为来自总体 X 的容量为 n 的简单随机样本,简称样本.它具有两条性质:

(1) $X_1,X_2,\cdots,X_n$ 都与总体 X 具有相同的分布;

(2) $X_1,X_2,\cdots,X_n$ 相互独立.

设 $x_1,x_2,\cdots,x_n$ 分别是 $X_1,X_2,\cdots,X_n$ 的观察值,称 $x_1,x_2,\cdots,x_n$ 为样本值,也称为 X 的 n 个独立的观察值.

2. 统计量

设 $X_1,X_2,\cdots,X_n$ 是来自总体 X 的一个样本,$g(X_1,X_2,\cdots,X_n)$是样本的函数,若 g 中不含任何未知参数,则称 $g(X_1,X_2,\cdots,X_n)$是一个统计量.设$(x_1,x_2,\cdots,x_n)$是对应于样本$(X_1,X_2,\cdots,X_n)$的样本值,则称 $g(x_1,x_2,\cdots,x_n)$是 $g(X_1,X_2,\cdots,X_n)$的观察值.

常用统计量如下.

(1) 样本均值与样本方差:设 $X_1,X_2,\cdots,X_n$ 为一组样本,则称 $\overline{X}=\sum_{i=1}^{n}X_i/n$ 为样本均值,称 $S^2=\frac{1}{n-1}\sum_{i=1}^{n}(X_i-\overline{X})^2$ 为样 本方差.

(2) 样本矩:设$(X_1,X_2,\cdots,X_n)$是来自总体 X 的一个样本,则称

$$A_k=\frac{1}{n}\sum_{i=1}^{n}X_i^k,\ k=1,2,3\cdots$$

为样本的 k 阶原点矩

$$M_k=\frac{1}{n}\sum_{i=1}^{n}(X_i-\overline{X})^k,\ k=1,2,3\cdots$$

为样本值的 k 阶中心矩.

统计量是我们对总体的分布函数或数字特征进行统计推断的最重要的基本概念,所以寻求统计量的分布成为数理统计的基本问题之一.我们把统计量的分布称为抽样分布.

3. 分位数

设随机变量 X 的分布函数 $F(x)$ 为，对给定的实数 $\alpha(0<\alpha<1)$，如果实数 F_α 满足

$$P\{X > F_\alpha\} = \alpha \quad 或(F(F_\alpha) = 1-\alpha)$$

则称 F_α 为随机变量 X 的分布的水平 α 的上侧分位数，或直接称为分布函数 $F(x)$ 的水平 α 的上侧分位数.

4. 几种常用的抽样分布

(1) χ^2 分布：设 $X_1, X_2, \cdots; X_n$ 是 n 个相互独立、同分布的随机变量，其共同分布为标准正态分布 $N(0,1)$，则随机变量为

$$Y = X_1^2 + X_2^2 + \cdots + X_n^2$$

服从自由度为 n 的 χ^2 分布，记为 $Y \sim \chi^2(n)$

χ^2 分布具有下面的重要性质.

① 可加性：设 $Y_1 \sim \chi^2(m), Y_2 \sim \chi^2(n)$，且两者相互独立，则 $Y_1 + Y_2 \sim \chi^2(m+n)$.

② $E(\chi^2(n)) = n, D(\chi^2(n)) = 2n$，即 χ^2 分布的均值等于它的自由度，而方差等于它的自由度的 2 倍.

(2) t 分布：设随机变量 $X \sim N(0,1), Y \sim \chi^2(n)$ 且 X 与 Y 相互独立，则随机变量

$$T = \frac{X}{\sqrt{Y/n}}$$

的分布称为自由度为 n 的 t 分布，记为 $T \sim t(n)$.

(3) F 分布：设随机变量 $X \sim \chi^2(m), Y \sim \chi^2(n)$，且 X 与 Y 相互独立，则称随机变量

$$F = \frac{X/m}{Y/n}$$

为服从自由度为 m 和 n 的 F 分布，记为 $F \sim F(m,n)$.

F 分布具有下列重要性质.

(1) 设 $X \sim F(m,n)$. 记 $Y = \frac{1}{X}$，则 $Y \sim F(m,n)$；

(2) 设 $X \sim t(n), X^2 \sim F(1,n)$.

5. 正态总体的抽样分布

设总体 $X \sim N(\mu, \sigma^2), X_1, X_2, \cdots, X_n$ 为总体 X 的简单随机样本，$\overline{X} = \sum_{i=1}^{n} X_i / n, S^2 = \frac{1}{n-1}\sum_{i=1}^{n}(X_i - \overline{X})^2$，则有

(1) $\frac{\overline{X}-\mu}{\sigma/\sqrt{n}} \sim N(0,1)$.

(2) $\frac{n-1}{\sigma^2}S^2 \sim \chi^2(n-1)$，且 $\overline{X}$ 与 S^2 相互独立.

(3) $\frac{\overline{X}-\mu}{S/\sqrt{n}} \sim t(n-1)$.

二、习题全解

1. 设总体

$$X \sim f(x)=\begin{cases} |x|, & |x|<1 \\ 0, & |x| \geqslant 1 \end{cases}$$

$X_1, X_2, \cdots, X_{50}$ 为取自该总体的样本，求：(1)样本均值的数学期望和方差；(2)样本方差的数学期望；(3)样本均值的绝对值大于 0.02 的概率.

解 首先计算总体 X 的期望和方差.

$$E(X)=\int_{-\infty}^{+\infty} x f(x) \mathrm{d} x=\int_{-1}^{0}-x^{2} \mathrm{d} x+\int_{0}^{1} x^{2} \mathrm{d} x=0$$

$$E(X^{2})=\int_{-\infty}^{+\infty} x^{2} f(x) \mathrm{d} x=\int_{-1}^{0}-x^{3} \mathrm{d} x+\int_{0}^{1} x^{3} \mathrm{d} x=\frac{1}{2}$$

$$D(X)=E(X^{2})-[E(X)]^{2}=\frac{1}{2}$$

(1)

$$E(\overline{X})=E\left(\frac{1}{50} \sum_{i=1}^{50} X_{i}\right)=\frac{1}{50} \sum_{i=1}^{50} E(X_{i})=0$$

$$D(\overline{X})=D\left(\frac{1}{50} \sum_{i=1}^{50} X_{i}\right)=\frac{1}{50^{2}} \sum_{i=1}^{50} E(X_{i})=\frac{1}{100}$$

(2)

$$E(S^{2})=E\left(\frac{1}{50} \sum_{i=1}^{50}(X_{i}-\overline{X})^{2}\right)=\frac{1}{2}$$

(3)

$$\begin{aligned} P(|\overline{X}|>0.02) &=1-P(|\overline{X}| \leqslant 0.02) \\ &=1-P\left(\frac{-0.02}{10} \leqslant \frac{\overline{X}-0}{\sqrt{2 \times 50}} 0.02 \leqslant \frac{0.02}{10}\right) \\ &=1-(\Phi(0.002)-\Phi(-0.002)) \\ &=2-2 \Phi(0.002) \approx 1 \end{aligned}$$

2. 设总体 $X \sim N(\mu, \sigma^{2})$，假如要以 0.9606 的概率保证偏差 $|\overline{X}-\mu|<0.1$，问当 $\sigma^{2}=0.25$ 时，样本容量应取多大?

解 此题利用定理 $\frac{\overline{X}-\mu}{\sigma / \sqrt{n}} \sim N(0,1)$ 求解. 设样本容量取 n，

由题意，$P(|\overline{X}-\mu|<0.1)=0.9606$，则

$$\begin{aligned} P(|\overline{X}-\mu|<0.1) &=P(1<\overline{X}-\mu<0.1) \\ &=P\left(\frac{-0.1}{0.5 / \sqrt{n}}<\frac{\overline{X}-\mu}{0.5 / \sqrt{n}}<\frac{0.1}{0.5 / \sqrt{n}}\right) \\ &=\Phi(0.2 \sqrt{n})-\Phi(-0.2 \sqrt{n}) \\ &=2 \Phi(0.2 \sqrt{n})-1=0.9606 \end{aligned}$$

所以 $\Phi(0.2\sqrt{n})=0.9803$，查表得 $\Phi(2.06)=0.9803$，即 $0.2\sqrt{n}=2.06$，故样本容量 n 应取 107.

3. 从一个正态总体 $X \sim N(\mu,\sigma^2)$ 中抽取容量为 10 的样本，且 $P(|\overline{X}-\mu|>4)=0.02$，求 σ.

解 此题利用定理$\dfrac{\overline{X}-\mu}{\sigma/\sqrt{n}} \sim N(0,1)$求解. 由题意，$P(|\overline{X}-\mu|>4)=0.02$，则

$$\begin{aligned}P(|\overline{X}-\mu|>4) &= 1-P(|\overline{X}-\mu|\leqslant 4)=1-P(-4\leqslant \overline{X}-\mu\leqslant 4)\\&=1-P\left(\frac{-4}{\sigma/\sqrt{10}}\leqslant\frac{\overline{X}-\mu}{\sigma/\sqrt{10}}\leqslant\frac{4}{\sigma/\sqrt{10}}\right)\\&=1-\Phi\left(\frac{4}{\sigma/\sqrt{10}}\right)+\Phi\frac{-4}{\sigma/\sqrt{10}})\\&=2-2\Phi\left(\frac{4}{\sigma/\sqrt{10}}\right)=0.02\end{aligned}$$

所以 $\Phi\left(\dfrac{4}{\sigma/\sqrt{10}}\right)=0.99$，查表得 $\Phi(2.33)=0.9901$，即$\dfrac{4}{\sigma/\sqrt{10}}=2.33$，故 $\sigma=5.43$.

4. 设在总体 $X\sim N(\mu,\sigma^2)$抽取一个容量为 16 的样本，这里 μ,σ^2 均未知，求 $P(\dfrac{S^2}{\sigma^2}\leqslant 1.664)$.

解 由抽样分布定理$\dfrac{(n-1)S^2}{\sigma^2}\sim\chi^2(n-1)$，得

$$\begin{aligned}P(\frac{S^2}{\sigma^2}\leqslant 1.664) &= P(\frac{15S^2}{\sigma^2}\leqslant 15\times 1.664)\\&=1-P(\frac{15S^2}{\sigma^2}>15\times 1.664)\\&=1-P(\frac{15S^2}{\sigma^2}>24.96)\end{aligned}$$

查表，得 $\chi^2_{0.05}(15)=24.996\approx 24.96$，故$\left(P\dfrac{S^2}{\sigma^2}\leqslant 1.664\right)=1-0.05=0.95$.

5. 设总体 $X\sim N(\mu,16)$，$X_1,X_2,\cdots,X_{10}$为取自该总体的样本，已知 $P(S^2>a)=0.1$，求常数 a.

解 由抽样分布定理$\dfrac{(n-1)S^2}{\sigma^2}\sim\chi^2(n-1)$得，$P(S^2>a)=P\left(\dfrac{9S^2}{16}>\dfrac{9a}{16}\right)=0.1$，

查表，得 $\chi^2_{0.1}(9)=14.684$，故$\dfrac{9a}{16}=14.684$，即 $a=26.105$.

6. 设总体 $X\sim N(\mu,\sigma^2)$，$X_1,X_2,\cdots,X_n$ 为取自该总体的样本，求：(1)$P\left((\overline{X}-\mu)^2\leqslant\dfrac{\sigma^2}{n}\right)$；(2)当样本容量很大时，$P\left((\overline{X}-\mu)^2\leqslant\dfrac{2S^2}{n}\right)$；(3)当样本容量等于 6 时，$P\left((\overline{X}-\mu)^2\leqslant\dfrac{2S^2}{3}\right)$.

解 (1)
$$\begin{aligned}P((\overline{X}-\mu)^2\leqslant\frac{\sigma^2}{n}) &= P\left(|\overline{X}-\mu|\leqslant\frac{\sigma}{\sqrt{n}}\right)=P\left(\frac{|\overline{X}-\mu|}{\sigma/\sqrt{n}}\leqslant 1\right)\\&=\Phi(1)-\Phi(-1)=2\Phi(1)-1=0.6826.\end{aligned}$$

(2) 当样本容量很大时，t 分布可近似看做标准正态分布.

$$P((\overline{X}-\mu)^2\leqslant\frac{2S^2}{n})=P(\frac{|\overline{X}-\mu|}{S/\sqrt{n}}\leqslant\sqrt{2})$$

$$\approx \Phi(\sqrt{2}) - \Phi(-\sqrt{2}) = 2\Phi(\sqrt{2}) - 1 = 0.8414.$$

(3) 当样本容量等于 6 时，有

$$\begin{aligned} P((\overline{X}-\mu)^2 \leqslant \frac{2S^2}{3}) &= P(\frac{|\overline{X}-\mu|}{S/\sqrt{6}} \leqslant 2) \\ &= P(-2 \leqslant \frac{\overline{X}-\mu}{S/\sqrt{6}} \leqslant 2) \\ &= P(\frac{\overline{X}-\mu}{S/\sqrt{6}} \leqslant 2) - P\left(\frac{\overline{X}-\mu}{S/\sqrt{6}} \leqslant -2\right) \\ &= P(t(5) \leqslant 2) - P(t(5) \leqslant -2), \end{aligned}$$

查表，得 $t_{0.05}(5)=2.015\approx 2$，故 $P((\overline{X}-\mu)^2 \leqslant \frac{2S^2}{3})=0.9$.

7. 设 $X_1, X_2, \cdots, X_{10}$ 为取自总体 $X\sim N(0,0.09)$ 的样本，求 $P\left(\sum_{i=1}^{10} X_i^2 > 1.44\right)$.

解 因为 $X\sim N(0,0.09)$，故

$$X_i \sim N(0,0.09)$$

$$\frac{X_i}{0.3} \sim N(0,1)$$

$$\sum_{i=1}^{10} (\frac{X_i}{0.3})^2 \sim \chi^2(10)$$

$$P(\sum_{i=1}^{10} X_i^2 > 1.44) = P(\sum_{i=1}^{10} \frac{X_i^2}{0.09} > \frac{1.44}{0.09}) = P(\sum_{i=1}^{10} \frac{X_i^2}{0.09} > 16)$$

查表，得 $\chi_{0.1}^2(10)=15.987\approx 16$，故 $P\left(\sum_{i=1}^{10} X_i^2 > 1.44\right)=0.1$.

8. 设 $X_1, X_2, \cdots, X_9$ 为取自总体 $X\sim N(0,4)$ 的样本，求常数 a, b, c 使得 $Q=a(X_1+X_2)^2+b(X_3+X_4+X_5)^2+c(X_6+X_7+X_8+X_9)^2$ 服从 χ^2 分布，并求其自由度.

解 由已知 $X\sim N(0,4)$，故

$$X_1+X_2 \sim N(0,8)$$

$$X_3+X_4+X_5 \sim N(0,12)$$

$$X_6+X_7+X_8+X_9 \sim N(0,16)$$

$$\frac{X_1+X_2}{\sqrt{8}} \sim N(0,1), \frac{X_3+X_4+X_5}{\sqrt{12}} \sim N(0,1), \frac{X_6+X_7+X_8+X_9}{\sqrt{16}} \sim N(0,1)$$

$$(\frac{X_1+X_2}{\sqrt{8}})^2 + (\frac{X_3+X_4+X_5}{\sqrt{12}})^2 + (\frac{X_6+X_7+X_8+X_9}{\sqrt{16}})^2 \sim \chi^2(3)$$

故 $a=\frac{1}{8}, b=\frac{1}{12}, c=\frac{1}{16}$，且自由度为 3.

9. 设随机变量 X, Y 相互独立且都服从标准正态分布，而 $X_1, X_2, \cdots, X_9$ 和 Y_1，

$Y_2,\cdots,Y_9$ 分别是取自总体 X,Y 的相互独立的简单随机样本，求统计量 $Z=\dfrac{X_1+X_2+\cdots+X_9}{\sqrt{Y_1^2+Y_2^2+\cdots+Y_9^2}}$的分布，并指明参数.

解 由已知：$X\sim N(0,1)$，$Y\sim N(0,1)$，则

$$X_1+X_2+\cdots+X_9\sim N(0,9)$$

$$\frac{X_1+X_2+\cdots+X_9}{\sqrt{9}}\sim N(0,1)$$

$$Y_1^2+Y_2^2+\cdots+Y_9^2\sim\chi^2(9)$$

故
$$Z=\frac{X_1+X_2+\cdots+X_9}{\sqrt{Y_1^2+Y_2^2+\cdots+Y_9^2}}=\frac{(X_1+X_2+\cdots+X_9)/\sqrt{9}}{\sqrt{(Y_1^2+Y_2^2+\cdots+Y_9^2)/\sqrt{9}}}\sim t(9)$$

10. 设总体 $X\sim N(0,4)$，而 $X_1,X_2,\cdots,X_{15}$ 为取自该总体的样本，求随机变量 $Y=\dfrac{X_1^2+X_2^2+\cdots+X_{10}^2}{2(X_{11}^2+X_{12}^2+\cdots+X_{15}^2)}$的分布，并指明参数.

解 $X\sim N(0,4)$，则

$$\frac{X_i}{\sqrt{4}}=\frac{X_i}{2}\sim N(0,1),i=1,2,\cdots,15$$

$$\left(\frac{X_1}{2}\right)^2+\left(\frac{X_2}{2}\right)^2+\cdots+\left(\frac{X_{10}}{2}\right)^2=\frac{1}{4}(X_1^2+X_2^2+\cdots X_{10}^2)\sim\chi^2(10)$$

$$\left(\frac{X_{11}}{2}\right)^2+\left(\frac{X_{12}}{2}\right)^2+\cdots+\left(\frac{X_{15}}{2}\right)^2=\frac{1}{4}(X_{11}^2+X_{12}^2+\cdots X_{15}^2)\sim\chi^2(5)$$

所以
$$\frac{\frac{1}{4}(X_1^2+X_2^2+\cdots X_{10}^2)/10}{\frac{1}{4}(X_{11}^2+X_{12}^2+\cdots X_{15}^2)/5}=\frac{X_1^2+X_2^2+\cdots X_{10}^2}{2(X_{11}^2+X_{12}^2+\cdots X_{15}^2)}\sim F(10,5)$$

11. 设总体 $X\sim N(0,1)$，$X_1,X_2,\cdots,X_n$ 为取自该总体的样本，求：

$$V=(\frac{n}{5}-1)\frac{\sum\limits_{i=1}^{5}X_i^2}{\sum\limits_{i=6}^{n}X_i^2}(n>5)$$

的分布.

解 $X\sim N(0,1)$，则

$$\sum_{i=1}^{5}X_i^2\sim\chi^2(5),\sum_{i=6}^{n}X_i^2\sim\chi^2(n-5)$$

所以
$$V=(\frac{n}{5}-1)\frac{\sum\limits_{i=1}^{5}X_i^2}{\sum\limits_{i=6}^{n}X_i^2}=\frac{\sum\limits_{i=1}^{5}X_i^2/5}{\sum\limits_{i=6}^{n}X_i^2/(n-5)}\sim F(5,n-5)$$

三、典型例题

例 1 设 $X_1, X_2, \cdots, X_6$ 是来自正态总体 $N(0,1)$ 的样本，则统计量 $X_1^2+X_2^2+\cdots+X_6^2$ 服从(　　)分布.

(A) 正态分布　　(B) t 分布

(C) F 分布　　(D) χ^2 分布

解 选择(D)本题考查 χ^2 分布的定义.

例 2 设总体 $X\sim N(\mu,\sigma^2)$，$X_1, X_2, \cdots X_n$ 是来自总体 X 的样本，$\overline{X}=\frac{1}{n}\sum_{i=1}^{n}X_i$ 则(　　).

(A) $\overline{X}\sim N(0,1)$　　(B) $\overline{X}\sim N\left(\frac{\mu}{n},\frac{\sigma^2}{n}\right)$

(C) $\overline{X}\sim N(\mu,\sigma^2)$　　(D) $\overline{X}\sim N\left(\mu,\frac{\sigma^2}{n}\right)$

解 选择(D)由重要的抽样分布定理 $\frac{\overline{X}-\mu}{\sigma/\sqrt{n}}\sim N(0,1)$ 可得.

例 3 设总体 X 服从正态分布 $N(\mu,\sigma^2)$，其中 μ 已知，σ^2 未知，X_1, X_2, X_3 是取自总体 X 的一个样本，则非统计量是(　　).

(A) $\frac{1}{3}(X_1+X_2+X_3)$　　(B) $X_1+X_2+2\mu$

(C) $\max(X_1, X_2, X_3)$　　(D) $\frac{1}{\sigma^2}(X_1+X_2+X_3)$

解 选择(D)本题考查统计量的基本概念. 统计量要求在表达式中不能含有任何未知参数.

例 4 设随机变量 $X\sim\chi^2(5)$，则 $D(X)=$____________.

解 $D(X)=10$. 本题考查 χ^2 分布的性质.

例 5 设 $X_1, \cdots, X_6$ 为总体 $X\sim N(0,1)$ 的一个样本，且 cY 服从 χ^2 分布，这里，

$Y=(X_1+X_2+X_3)^2+(X_4+X_5+X_6)^2$，则 $c=$____________.

解 $c=\frac{1}{3}$. 由 $X\sim N(0,1)$ 得 $X_1+X_2+X_3\sim N(0,3)$，$X_4+X_5+X_6\sim N(0,3)$，

$$\left(\frac{X_1+X_2+X_3}{\sqrt{3}}\right)^2+\left(\frac{X_4+X_5+X_6}{\sqrt{3}}\right)^2=\frac{1}{3}\left[(X_1+X_2+X_3)^2+(X_4+X_5+X_6)^2\right]\sim\chi^2(2).$$

例 6 设总体 X 服从正态分布 $N(62,100)$，为使样本均值大于 60 的概率不小于 0.95，问样本容量 n 至少应取多大？

解 设需要样本容量为 n，则

$$\frac{\overline{X}-\mu}{\sigma/\sqrt{n}}=\frac{\overline{X}-\mu}{\sigma}\sqrt{n}\sim N(0,1)$$

$$P(\overline{X} > 60) = P(\frac{\overline{X} - 62}{10}\sqrt{n} > \frac{60 - 62}{10}\sqrt{n})$$

查标准正态分布表，得 $\Phi(1.64) \approx 0.95$. 所以

$$0.2\sqrt{n} \geqslant 1.64, n \geqslant 67.24$$

故样本容量至少应取 68.

例 7 设 $X_1, X_2, \cdots, X_n$ 相互独立，并且具有相同的期望 μ 与方差 σ^2，$\overline{X} = \frac{1}{n}\sum_{i=1}^{n} X_i$，证明 $E(\overline{X}) = \mu, D(\overline{X}) = \frac{\sigma^2}{n}$.

证明

$$E(\overline{X}) = E\left(\frac{1}{n}\sum_{i=1}^{n} X_i\right) = \frac{1}{n}\sum_{i=1}^{n} E(X_i) = \frac{1}{n}\sum_{i=1}^{n}\mu = \mu,$$

$$D(\overline{X}) = D\left(\frac{1}{n}\sum_{i=1}^{n} X_i\right) = \frac{1}{n^2}\sum_{i=1}^{n} D(X_i) = \frac{1}{n}\sum_{i=1}^{n}\sigma^2 = \frac{\sigma^2}{n}.$$

四、练习题

1. 设 $X_1, \cdots, X_n$ 为正态总体 $N(\mu, \sigma^2)$ 的样本，记 $S^2 = \frac{1}{n-1}\sum_{i=1}^{n}(x_i - \overline{x})^2$，则下列选项中正确的是(　　).

(A) $\frac{(n-1)S^2}{\sigma^2} \sim \chi^2(n-1)$　　(B) $\frac{(n-1)S^2}{\sigma^2} \sim \chi^2(n)$

(C) $(n-1)S^2 \sim \chi^2(n-1)$　　(D) $\frac{S^2}{\sigma^2} \sim \chi^2(n-1)$

2. 设 $X \sim N(1, 2^2)$，$X_1, X_2, \cdots, X_n$ 为 X 的样本，则(　　).

(A) $\frac{\overline{X}-1}{2} \sim N(0,1)$　　(B) $\frac{\overline{X}-1}{4} \sim N(0,1)$

(C) $\frac{\overline{X}-1}{2/\sqrt{n}} \sim N(0,1)$　　(D) $\frac{\overline{X}-1}{\sqrt{2}} \sim N(0,1)$

3. 设 $X_1, X_2, \cdots, X_n$ 为总体 $X \sim N(0,1)$ 的样本，$\overline{X}, S$ 分别为样本的均值和样本标准差，则有(　　).

(A) $n\overline{X} \sim N(0,1)$　　(B) $\overline{X} \sim N(0,1)$

(C) $\sum_{i=1}^{n} X_i^2 \sim \chi^2(n)$　　(D) $\overline{X}/S \sim t(n-1)$

4. 设 $X_1, X_2, \cdots, X_n$ 为正态总体 $N(\mu, \sigma^2)$ 的样本，记 $S^2 = \frac{1}{n-1}\sum_{i=1}^{n}(x_i - \overline{x})^2$，则下列选项中正确的是(　　).

(A) $\frac{(n-1)S^2}{\sigma^2} \sim \chi^2(n-1)$　　(B) $\frac{(n-1)S^2}{\sigma^2} \sim \chi^2(n)$

(C) $(n-1)S^2 \sim \chi^2(n-1)$　　(D) $\frac{S^2}{\sigma^2} \sim \chi^2(n-1)$

5. $F_{0.05}(7,9) = ($　　$)$.

(A) $F_{0.95}(9,7)$ (B) $\frac{1}{F_{0.95}(9,7)}$

(C) $\frac{1}{F_{0.05}(7,9)}$ (D) $\frac{1}{F_{0.05}(9,7)}$

6. 设 $X_1,X_2,\cdots,X_n$ 是来自总体 $\chi^2(n)$ 分布的样本,则 $E(\overline{X})=$______,$D(\overline{X})=$______.

7. 设 $X_1,X_2,\cdots,X_{12}$ 是来自正态总体 $N(0,1)$ 的样本,

$Y=\sum_{i=1}^{4}X_i^2+\sum_{i=5}^{8}X_i^2+\sum_{i=9}^{12}X_i^2\sim$______________.

8. 设 X_1,X_2,X_3,X_4 是来自正态总体 $N(0,4)$ 的样本,则随机变量

$Y=\frac{1}{20}(X_1-2X_2)^2+\frac{1}{100}(3X_3-4X_4)^2\sim$______________.

9. 设总体服从参数为 λ 的指数分布,分布密度为 $p(x;\lambda)=\begin{cases}\lambda e^{-\lambda x}, & x\geqslant 0,\\ 0, & x<0.\end{cases}$

求 $E(\overline{X})$,$D(\overline{X})$ 和 $E(S^2)$.

五、练习题答案

1. (A) 2. (C) 3. (C) 4. (A) 5. (D).

6. $E(\overline{X})=n$,$D(\overline{X})=2$.

7. $\chi^2(12)$.

8. $\chi^2(2)$.

9. $E(\overline{X})=\frac{1}{\lambda}$,$D(\overline{X})=\frac{1}{n\lambda^2}$ 和 $E(S^2)=\frac{1}{\lambda^2}$. 分析:利用已知指数分布的期望、方差和它们的性质进行计算.

第七章　参数估计

一、内容提要

（一）点估计

1. 矩估计法

设总体 X 中含有 k 个未知参数 $\theta_1,\theta_2\cdots,\theta_k$，$X_1,X_2,\cdots,X_n$ 是来自总体 X 的样本，假定总体的 k 阶原点矩 μ_k 存在，即对所有的 j，$0<j\leqslant k$，得方程组 θ_j，即

$$\begin{cases}\mu_1=E(X)=g_1(\theta_1,\theta_2,\cdots,\theta_k)\\ \mu_2=E(X^2)=g_2(\theta_1,\theta_2,\cdots,\theta_k)\\ \qquad\vdots\\ \mu_k=E(X^k)=g_k(\theta_1,\theta_2,\cdots,\theta_k)\end{cases}$$

解这个方程组，得

$$\begin{cases}\theta_1=f_1(\mu_1,\mu_2,\cdots,\mu_k)\\ \theta_2=f_2(\mu_1,\mu_2,\cdots,\mu_k)\\ \qquad\vdots\\ \theta_k=f_k(\mu_1,\mu_2,\cdots,\mu_k)\end{cases}$$

令 $\mu_j=A_j$，代入方程解得 $\hat{\theta}_j=f_j(A_1,A_2,\cdots,A_k)$，则 $\hat{\theta}_j$ 即为 θ_j 的矩估计量 $(j=1,2,\cdots k)$.

2. 最大似然估计

若总体 X 为离散型，其分布律为 $P(X=x)=p(x;\theta)$，θ 为待估计参数，$P(X_1=x_1,X_2=x_2,\cdots,X_n=x_n)=\prod\limits_{i=1}^{n}P(X_i=x_i)=\prod\limits_{i=1}^{n}p(x_i;\theta)$，是 θ 的函数，$L(\theta)=L(x_1,x_2,\cdots,x_n;\theta)=\prod\limits_{i=1}^{n}p(x_i;\theta)$ 称为样本的似然函数. $L(\hat{\theta})=\max L(\theta)$，这样得到的 $\hat{\theta}$ 是 $x_1,x_2,\cdots,x_n$ 的函数，记为 $\hat{\theta}(x_1,x_2,\cdots,x_n)$，$\hat{\theta}(x_1,x_2,\cdots,x_n)$ 称为参数 θ 的最大似然估计值，相应的统计量 $\hat{\theta}(X_1,X_2,\cdots,X_n)$ 称为 θ 的最大似然估计量.

若总体 X 为连续型，其概率密度为 $f(x;\theta)$，θ 为待估计参数，样本的似然函数 $L(\theta)=L(x_1,x_2,\cdots,x_n;\theta)=\prod\limits_{i=1}^{n}f(x_i;\theta)$，$\theta$ 的最大似然估计值就是使得 $L(\theta)$ 取得最大值

的$\hat{\theta}(x_1,x_2,\cdots,x_n)$，最大似然估计量就是相应的统计量$\hat{\theta}(X_1,X_2,\cdots,X_n)$.

（二）正态总体参数的区间估计

1.单正态总体参数的区间估计

设总体 $X\sim N(\mu,\sigma^2)$，记$\overline{X}=\frac{1}{n}\sum_{i=1}^{n}X_i$，$S^2=\frac{1}{n-1}\sum_{i=1}^{n}(X_i-\overline{X})^2$. 置信水平为$1-\alpha$.

(1) 当 σ^2 已知时，均值 μ 的区间估计取 $\frac{\overline{X}-\mu}{\sigma/\sqrt{n}}\sim N(0,1)$，对于给定的 α，查标准正态分布表 $z_{\frac{\alpha}{2}}$，使

$$P\left\{\left|\frac{\overline{X}-\mu}{\sigma/\sqrt{n}}\right|\leqslant z_{\frac{\alpha}{2}}\right\}=1-\alpha$$

即
$$P\left(-z_{\frac{\alpha}{2}}\leqslant\frac{\overline{X}-\mu}{\frac{\sigma}{\sqrt{n}}}\leqslant t_{\frac{\alpha}{2}}\right)=1-\alpha$$

得 μ 的置信水平为 $1-\alpha$ 的置信区间为

$$\left[\overline{X}-\frac{\sigma}{\sqrt{n}}z_{\frac{\alpha}{2}},\overline{X}+\frac{\sigma}{\sqrt{n}}z_{\frac{\alpha}{2}}\right]$$

(2) σ^2 未知时，均值 μ 的区间估计取$\frac{\overline{X}-\mu}{S/\sqrt{n}}\sim t(n-1)$，对于给定的 α，查 t 分布表确定临界值 $t_{\frac{\alpha}{2}}(n-1)$，使 $P\left\{\left|\frac{\overline{X}-\mu}{s/\sqrt{n}}\right|\leqslant t_{\frac{\alpha}{2}}\right\}=1-\alpha$

即

$$P\left(-t_{\frac{\alpha}{2}}(n-1)\leqslant\frac{\overline{X}-\mu}{S\sqrt{n}}\leqslant t_{\frac{\alpha}{2}}(n-1)\right)=1-\alpha$$

由此得到 μ 的置信水平为 $1-\alpha$ 的置信区间为

$$\left[\overline{X}-\frac{S}{\sqrt{n}}t_{\frac{\alpha}{2}}(n-1),\overline{X}+\frac{S}{\sqrt{n}}t_{\frac{\alpha}{2}}(n-1)\right]$$

(3)方差 σ^2 的区间估计（置信水平 $1-\alpha$）取

$$\frac{(n-1)S^2}{\sigma^2}\sim\chi^2(n-1)$$

对于给定的 α，查 χ^2 分布表确定临界值 $\chi^2_{1-\frac{\alpha}{2}}(n-1)$ ，$\chi^2_{\frac{\alpha}{2}}(n-1)$)，使

$$P(\chi^2_{1-\frac{\alpha}{2}}(n-1)\leqslant\frac{(n-1)S^2}{\sigma^2}\leqslant\chi^2_{\frac{\alpha}{2}}(n-1))=1-\alpha$$

从而得到方差 σ^2 的置信水平为 $1-\alpha$ 的置信区间为

$$\left[\frac{(n-1)S^2}{\chi^2_{\frac{\alpha}{2}}(n-1)},\frac{(n-1)S^2}{\chi^2_{1-\frac{\alpha}{2}}(n-1)}\right]$$

标准差 σ 的置信水平为 $1-\alpha$ 的置信区间为

$$\left[\sqrt{\frac{(n-1)S^2}{\chi^2_{\frac{\alpha}{2}}(n-1)}},\sqrt{\frac{(n-1)S^2}{\chi^2_{1-\frac{\alpha}{2}}(n-1)}}\right]$$

2. 双正态总体参数的区间估计

1) $\mu_1-\mu_2$ 的区间估计

(1) σ_1^2,σ_2^2 已知,取

$$\frac{(\overline{X}-\overline{Y})-(\mu_1-\mu_2)}{\sqrt{\frac{\sigma_1^2}{n_1}+\frac{\sigma_2^2}{n_2}}}\sim N(0,1)$$

对于给定的 α,查标准正态分布表 $z_{\frac{\alpha}{2}}$,使

$$P\left(-z_{\frac{\alpha}{2}}\leqslant\frac{(\overline{X}-\overline{Y})-(\mu_1-\mu_2)}{\sqrt{\frac{\sigma_1^2}{n_1}+\frac{\sigma_2^2}{n_2}}}\leqslant z_{\frac{\alpha}{2}}\right)=1-\alpha$$

从而得到 $\mu_1-\mu_2$ 的置信水平为 $1-\alpha$ 的置信区间为

$$\left[\overline{X}-\overline{Y}-z_{\frac{\alpha}{2}}\sqrt{\frac{\sigma_1^2}{n_1}+\frac{\sigma_2^2}{n_2}},\overline{X}-\overline{Y}+z_{\frac{\alpha}{2}}\sqrt{\frac{\sigma_1^2}{n_1}+\frac{\sigma_2^2}{n_2}}\right]$$

(2) 当 $\sigma_1^2=\sigma_2^2=\sigma^2$ 且未知时,取

$$\frac{(\overline{X}-\overline{Y})-(\mu_1-\mu_2)}{S_\omega\sqrt{\frac{1}{n_1}+\frac{1}{n_2}}}\sim t(n_1+n_2-2)$$

其中
$$S_\omega^2=\frac{(n_1-1)S_1^2+(n_2-1)S_2^2}{n_1+n_2-2}$$

对于给定的 α,查 t 分布表确定临界值 $t_{\frac{\alpha}{2}}(n_1+n_2-2)$,使

$$P\left(-t_{\frac{\alpha}{2}}(n_1+n_2-2)\leqslant\frac{(\overline{X}-\overline{Y})-(\mu_1-\mu_2)}{S_\omega\sqrt{\frac{1}{n_1}+\frac{1}{n_2}}}\leqslant t_{\frac{\alpha}{2}}(n_1+n_2-2)\right)=1-\alpha$$

从而得到 $\mu_1-\mu_2$ 的置信水平为 $1-\alpha$ 的置信区间为

$$\left[\overline{X}-\overline{Y}-t_{\frac{\alpha}{2}}(n_1+n_2-2)S_\omega\sqrt{\frac{1}{n_1}+\frac{1}{n_2}},\overline{X}-\overline{Y}+t_{\frac{\alpha}{2}}(n_1+n_2-2)S_\omega\sqrt{\frac{1}{n_1}+\frac{1}{n_2}}\right]$$

2) $\frac{\sigma_1^2}{\sigma_2^2}$的区间估计

μ_1,μ_2 未知,取$\frac{S_1^2/\sigma_1^2}{S_2^2/\sigma_2^2}\sim F(n_1-1,n_2-1)$,对于给定的 α,查 F 分布表确定临界值 $F_{1-\frac{\alpha}{2}}(n_1-1,n_2-1)$, $F_{\frac{\alpha}{2}}(n_1-1,n_2-1)$,使

$$P\left(F_{1-\frac{\alpha}{2}}(n_1-1,n_2-1)\leqslant\frac{S_1^2/\sigma_1^2}{S_2^2/\sigma_2^2}\leqslant F_{\frac{\alpha}{2}}(n_1-1,n_2-1)\right)=1-\alpha$$

从而得$\frac{\sigma_1^2}{\sigma_2^2}$置信水平为$1-\alpha$的置信区间为

$$\left(\frac{S_1^2}{S_2^2}\frac{1}{F_{\frac{\alpha}{2}}(n_1-1,n_2-1)},\frac{S_1^2}{S_2^2}\frac{1}{F_{1-\frac{\alpha}{2}}(n_1-1,n_2-1)}\right)$$

（三）单侧置信区间

置信区间的定义：设$X_1,X_2\cdots,X_n$是总体的样本，θ是总体的一个未知参数，对给定的$\alpha,0<\alpha<1$，若由样本能确定统计量$\bar{\theta}=\bar{\theta}(X_1,X_2\cdots,X_n)$，使得对任意$\theta\in\Theta$有

$$P(\theta\geqslant\bar{\theta})\geqslant 1-\alpha$$

则称随机区间$[\bar{\theta},+\infty]$是θ的置信水平为$1-\alpha$的单侧置信区间，$\bar{\theta}$称为θ的置信水平为$1-\alpha$的单侧置信下限.

若由样本能确定统计量$\bar{\theta}=\bar{\theta}(X_1,X_2\cdots,X_n)$，使得对任意$\theta\in\Theta$有

$$P(\theta\leqslant\bar{\theta})\geqslant 1-\alpha$$

则称随机区间$[-\infty,\bar{\theta}]$是θ的置信水平为$1-\alpha$的单侧置信区间，$\bar{\theta}$称为θ的置信水平为$1-\alpha$的单侧置信上限.

设总体$X\sim N(\mu,\sigma^2)$，其中σ^2已知，$X_1,X_2,\cdots,X_n$是来自总体的样本，$\frac{\overline{X}-\mu}{\sigma/\sqrt{n}}\sim N(0,1)$，所以

$$P\left(\frac{\overline{X}-\mu}{\sigma/\sqrt{n}}\geqslant -z_\alpha\right)=1-\alpha$$

即

$$P\left(\mu\leqslant\overline{X}+\frac{\sigma}{\sqrt{n}}z_\alpha\right)=1-\alpha$$

得μ的置信水平为$1-\alpha$的单侧置信区间为$\left[-\infty,\overline{X}+\frac{\sigma}{\sqrt{n}}z_\alpha\right]$，$\mu$的置信水平为$1-\alpha$的单侧置信上限为$\overline{X}+\frac{\sigma}{\sqrt{n}}z_\alpha$.

二、习题全解

1. 随机地取8根钢管，测其长度（单位：cm）为

1050　1100　1040　1250　1080　1200　1130　1300

求总体均值μ及标准差σ的矩估计.

解　$\hat{\mu}=\frac{1}{8}(1050+1100+1040+1250+1080+1200+1130+1300)=1143.75$

$$\hat{\sigma}^2=\frac{1}{7}[(1050-1143.75)^2+(1100-1143.75)^2+(1040-1143.75)^2+$$

$$(1250-1143.75)^2+(1080-1143.75)^2+(1200-1143.75)^2+$$

$$(1130-1143.75)^2+(1300-1143.75)^2]$$

$$=9226.785714$$

$$\hat{\sigma}=96.06$$

2. 设总体密度函数如下，$X_1,X_2,\cdots,X_n$ 是取自总体 X 的样本. 求未知参数的矩估计.

(1) $f(x;\theta)=\begin{cases}\dfrac{6x(\theta-x)}{\theta^3}, & 0<x<\theta\\ 0, & 其他\end{cases}$

(2) $f(x;\theta)=\begin{cases}\sqrt{\theta}x^{\sqrt{\theta}-1}, & 0<x<1,\theta>0\\ 0, & 其他\end{cases}$

解 (1) $E(x)=\int_{-\infty}^{+\infty}xf(x;\theta)\mathrm{d}x=\int_0^\theta x\dfrac{6x(\theta-x)}{\theta^3}\mathrm{d}x=\dfrac{2}{\theta^2}x^3\Big|_0^\theta-\dfrac{6}{\theta^3}\dfrac{1}{4}x^4\Big|_0^\theta=\dfrac{\theta}{2}$

所以 $\theta=2\mathrm{E}(X),\hat{\theta}=2\overline{X}$.

(2) $E(X)=\int_{-\infty}^{+\infty}xf(x;\theta)\mathrm{d}x=\int_0^1 x\sqrt{\theta}x^{\sqrt{\theta}-1}\mathrm{d}x=\sqrt{\theta}\dfrac{1}{\sqrt{\theta}+1}x^{\sqrt{\theta}+1}\Big|_0^1=\dfrac{\sqrt{\theta}}{\sqrt{\theta}+1}$

所以 $\theta=\left(\dfrac{E(X)}{1-E(X)}\right)^2,\hat{\theta}=\left(\dfrac{\overline{X}}{1-\overline{X}}\right)^2$.

3. 设总体 $X\sim P(\lambda)$，$X_1,X_2,\cdots,X_n$ 是来自总体的一个样本，求参数 λ 的极大似然估计.

解 因为 $X\sim P(\lambda)$，所以

$$P(X=k)=\frac{\lambda^k}{k!}\mathrm{e}^{-\lambda},k=0,1,2,\cdots$$

$$P(X=x_i)=\frac{\lambda^{x_i}}{x_i!}\mathrm{e}^{-\lambda},x_i=0,1,2,\cdots$$

因此 λ 的似然函数为

$$L(\lambda)=\prod_{i=1}^n\frac{\lambda^{x_i}}{x_i!}\mathrm{e}^{-\lambda}$$

取对数，得

$$\ln L(\lambda)=\sum_{i=1}^n(x_i\ln\lambda-\ln x_i!-\lambda)$$

令
$$\frac{\mathrm{d}\ln L(\lambda)}{\mathrm{d}\lambda}=\sum_{i=1}^n\left(\frac{x_i}{\lambda}-1\right)=0$$

解得 $\lambda=\dfrac{1}{n}\sum_{i=1}^n x_i$，所以 λ 的极大似然估计量为 $\hat{\lambda}=\overline{X}$.

4. 设总体 X 的分布律为 $P(X=k)=(1-p)^{k-1}p, k=1,2,\cdots$，其中 p 为未知数，$X_1, X_2,\cdots,X_n$ 为取自总体 X 的样本，试求 p 的极大似然估计量

解 设样本的观测值为 $x_1,x_2,\cdots,x_n$，则 p 的似然函数为

$$L(x_1,x_2,\cdots,x_n;p)=\prod_{i=1}^{n}(1-p)^{x_i-1}p=p^n\prod_{i=1}^{n}(1-p)^{x_i-1}$$

$$\ln L(p)=n\ln p+\ln(1-p)\sum_{i=1}^{n}(x_i-1)$$

令

$$\frac{\mathrm{d}\ln L(p)}{\mathrm{d}p}=\frac{n}{p}-\frac{1}{1-p}\sum_{i=1}^{n}(x_i-1)=0$$

解得 p 的估计值为 $p=\dfrac{n}{\sum\limits_{i=1}^{n}x_i}$，估计量为 $\hat{p}=\dfrac{n}{\sum\limits_{i=1}^{n}X_i}=\dfrac{1}{\overline{X}}$.

5. 总体 $X\sim B(1,p)$，$X_1,X_2,\cdots,X_n$ 是来自总体的一个样本，求参数 p 的矩估计和极大似然估计.

解 因为

$$\mathrm{E}(X)=0\times(1-p)+1\times p=p$$

所以 $p=E(X)$，p 的矩估计量为 $\hat{P}=\overline{X}$.

设样本的观测值为 $x_1,x_2,\cdots,x_n$，则 p 的似然函数为

$$L(x_1,x_2,\cdots,x_n;p)=\prod_{i=1}^{n}p^{x_i}(1-p)^{1-x_i}=p^{\sum\limits_{i=1}^{n}x_i}(1-p)^{n-\sum\limits_{i=1}^{n}x_i}$$

$$\ln L(p)=(\ln p)\sum_{i=1}^{n}x_i+(n-\sum_{i=1}^{n}x_i)\ln(1-p)$$

令

$$\frac{\mathrm{d}\ln L(p)}{\mathrm{d}p}=\frac{1}{p}\sum_{i=1}^{n}x_i-\frac{1}{1-p}\left(n-\sum_{i=1}^{n}x_i\right)=0$$

方程两边同乘以 $p(1-p)$，整理，得 $\sum\limits_{i=1}^{n}x_i-np=0$.

解得 p 的极大似然估计值为 $p=\dfrac{1}{n}\sum\limits_{i=1}^{n}x_i=\bar{x}$，极大似然估计量为

$$\hat{p}=\frac{1}{n}\sum_{i=1}^{n}X_i=\overline{X}$$

6. 设总体 X 的密度函数

$$f(x;\theta)=\begin{cases}\theta x^{\theta-1}, & 0<x<1\\ 0, & \text{其他}\end{cases},\theta>0$$

$X_1,X_2,\cdots,X_n$ 为总体 X 的一个样本，分别求 θ 的矩估计和极大似然估计.

解

$$E(X)=\int_{-\infty}^{+\infty}xf(x,\theta)\mathrm{d}x=\int_0^1\theta x^{\theta}\mathrm{d}x=\frac{\theta}{\theta+1}x^{\theta+1}\bigg|_0^1=\frac{\theta}{\theta+1}$$

$$\theta=\frac{E(X)}{1-E(X)}$$

所以 θ 的矩估计量为$\hat{\theta}=\frac{\overline{X}}{1-\overline{X}}$.

θ 的似然函数为

$$L(x_1,x_2,\cdots,x_n;\theta)=\prod_{i=1}^{n}\frac{x_i}{\theta}\mathrm{e}^{-\frac{x_i}{\theta}}=\frac{1}{\theta^n}\prod_{i=1}^{n}x_i\mathrm{e}^{-\frac{x_i}{\theta}}$$

$$\ln L(\theta)=-n\ln\theta+\sum_{i=1}^{n}\left(\ln x_i-\frac{x_i}{\theta}\right)$$

$$=-n\ln\theta+\sum_{i=1}^{n}\ln x_i-\frac{1}{\theta}\sum_{i=1}^{n}x_i$$

矩估计量为$\hat{\theta}=\frac{\overline{X}}{1-\overline{X}}$;极大似然估计 $\hat{\theta}=-\frac{n}{\sum\limits_{i=1}^{n}\ln X_i}$.

7. 设总体 $X\sim N(\mu,\sigma^2)$,$X_1,X_2,\cdots,X_{10}$ 是 X 的一个样本,问:下列统计量是不是 μ 的无偏估计量?

(1) $\overline{X}=\frac{1}{10}\sum\limits_{i=1}^{n}X_i$;

(2) $\frac{1}{12}\sum\limits_{i=1}^{5}X_i+\frac{1}{20}\sum\limits_{i=6}^{10}X_i$;

(3) $\frac{1}{10}\sum\limits_{i=1}^{5}X_i+\frac{1}{5}\sum\limits_{i=6}^{10}X_i^2$.

解 因为 $E(\overline{X})=\frac{1}{10}\sum\limits_{i=1}^{10}E(X_i)=\frac{1}{10}\sum\limits_{i=1}^{10}\mu=\mu$

$$E\left(\frac{1}{12}\sum_{i=1}^{5}X_i+\frac{1}{20}\sum_{i=6}^{10}X_i\right)=\frac{1}{12}\sum_{i=1}^{5}E(X_i)+\frac{1}{20}\sum_{i=6}^{10}E(X_i)$$

$$=\frac{5}{12}\mu+\frac{5}{20}\mu=\frac{2}{3}\mu\neq\mu$$

$$E\left(\frac{1}{10}\sum_{i=1}^{5}X_i+\frac{1}{5}\sum_{i=6}^{10}X_i^2\right)=\frac{1}{10}\sum_{i=1}^{5}E(X_i)+\frac{1}{5}\sum_{i=6}^{10}E(X_i^2)$$

$$=\frac{5}{10}\mu+\frac{1}{5}\sum_{6}^{10}(D(X_i)+[E(X_i)]^2)$$

$$=\frac{5}{10}\mu+\frac{1}{5}\sum_{i=6}^{10}(\sigma^2+\mu^2)=\frac{5}{10}\mu+\sigma^2+\mu^2\neq\mu$$

所以(1)是无偏估计,(2),(3)不是.

8. 总体 $X\sim N(\mu,1)$,X_1,X_2 为其样本,记

$$\mu_1=\frac{1}{3}X_1+\frac{2}{3}X_2,\quad \mu_2=\frac{1}{4}X_1+\frac{3}{4}X_2$$

$$\mu_3=\frac{1}{2}X_1+\frac{1}{2}X_2,\quad \mu_4=\frac{2}{5}X_1+\frac{3}{5}X_2$$

证明:这四个估计量都是 μ 的无偏估计量,并确定哪一个最有效.

证明 因为

$$E(\mu_1)=E\left(\frac{1}{3}X_1+\frac{2}{3}X_2\right)=\frac{1}{3}E(X_1)+\frac{2}{3}E(X_2)=\frac{1}{3}\mu+\frac{2}{3}\mu=\mu$$

$$E(\mu_2)=E\left(\frac{1}{4}X_1+\frac{3}{4}X_2\right)=\frac{1}{4}E(X_1)+\frac{3}{4}E(X_2)=\frac{1}{4}\mu+\frac{3}{4}\mu=\mu$$

$$E(\mu_3)=E\left(\frac{1}{2}X_1+\frac{1}{2}X_2\right)=\frac{1}{2}E(X_1)+\frac{1}{2}E(X_2)=\frac{1}{2}\mu+\frac{1}{2}\mu=\mu$$

$$E(\mu_4)=E\left(\frac{2}{5}X_1+\frac{3}{5}X_2\right)=\frac{2}{5}E(X_1)+\frac{3}{5}E(X_2)=\frac{2}{5}\mu+\frac{3}{5}\mu=\mu$$

所以,μ_1,μ_2,μ_3,μ_4 都是 μ 的无偏估计量.

又因为

$$D(\mu_1)=D\left(\frac{1}{3}X_1+\frac{2}{3}X_2\right)=\frac{1}{9}D(X_1)+\frac{4}{9}D(X_2)=\frac{1}{9}+\frac{4}{9}=\frac{5}{9}$$

$$D(\mu_2)=D\left(\frac{1}{4}X_1+\frac{3}{4}X_2\right)=\frac{1}{16}D(X_1)+\frac{9}{16}D(X_2)=\frac{1}{16}+\frac{9}{16}=\frac{10}{16}$$

$$D(\mu_3)=D\left(\frac{1}{2}X_1+\frac{1}{2}X_2\right)=\frac{1}{4}D(X_1)+\frac{1}{4}D(X_2)=\frac{1}{4}+\frac{1}{4}=\frac{2}{4}$$

$$D(\mu_4)=D\left(\frac{2}{5}X_1+\frac{3}{5}X_2\right)=\frac{4}{25}D(X_1)+\frac{9}{25}D(X_2)=\frac{4}{25}+\frac{9}{25}=\frac{13}{25}$$

比较可知 μ_3 最有效.

9. 设总体 $X\sim B(n,p)$,其中 $0<p<1$,n 已知,而 p 为未知参数,又 $X_1,X_2,\cdots,X_m$ 为样本,证明:$\frac{1}{nm}\sum_{i=1}^{m}X_i$ 为 p 的 无偏估计.

证明 $$E\left(\frac{1}{nm}\sum_{i=1}^{m}X_i\right)=\frac{1}{nm}\sum_{i=1}^{m}E(X_i)=\frac{1}{nm}\sum_{i=1}^{m}np=\frac{1}{nm}npm=p$$

所以$\frac{1}{nm}\sum_{i=1}^{m}X_i$ 为 p 的无偏估计.

10. 设 X_1,X_2 为正态总体 $N(\mu,\sigma^2)$的一个样本,若 $CX_1+\frac{1}{1999}X_2$ 为 μ 的无偏估计,求 C.

解 因为 $CX_1+\frac{1}{1999}X_2$ 为 μ 的无偏估计,则

$$E\left(CX_1+\frac{1}{1999}X_2\right)=CE(X_1)+\frac{1}{1999}E(X_2)=C\mu+\frac{1}{1999}\mu=\mu$$

所以 $C=\frac{1998}{1999}$.

11. 设正态总体 $X\sim N(\mu_1,\sigma^2)$ 与 $Y\sim N(\mu_2,\sigma^2)$ 相互独立，$X_1,X_2,\cdots X_n$ 与 $Y_1,Y_2,\cdots Y_m$ 分别为总体 X 与 Y 的样本. 记 $\overline{X}=\frac{1}{n}\sum_{i=1}^{n}X_i,\overline{Y}=\frac{1}{m}\sum_{i=1}^{m}Y_i,S_1^2=\frac{1}{n-1}\sum_{i=1}^{n}(X_i-\overline{X})^2$, $S_2^2=\frac{1}{m-1}\sum_{i=1}^{m}(Y_i-\overline{Y})^2$.

试证：对任意常数 $a,b,(a+b=1)$，$Z=aS_1^2+bS_2^2$ 是 σ^2 的无偏估计，

并求常数 a,b，使 $D(Z)$ 达到最小.

证明 由于 $\frac{(n-1)S_1^2}{\sigma^2}\sim\chi^2(n-1)$，$\frac{(m-1)S_2^2}{\sigma^2}\sim\chi^2(m-1)$，所以

$$E(\frac{(n-1)S_1^2}{\sigma^2})=n-1,D(\frac{(n-1)S_1^2}{\sigma^2})=2(n-1)$$

$$E(\frac{(m-1)S_2^2}{\sigma^2})=m-1,D(\frac{(m-1)S_2^2}{\sigma^2})=2(m-1)$$

故 $E(S_1^2)=\sigma^2,D(S_1^2)=\frac{2\sigma^4}{n-1};E(S_2^2)=\sigma^2,D(S_2^2)=\frac{2\sigma^4}{m-1}$.

又 S_1^2 与 S_2^2 相互独立，所以对任意的 $a+b=1$，有

$E(Z)=aE(S_1^2)+bE(S_2^2)=(a+b)\sigma^2=\sigma^2$

即 Z 是 σ^2 的无偏估计

$$D(Z)=a^2D(S_1^2)+b^2D(S_2^2)=(\frac{a^2}{n-1}+\frac{b^2}{m-1})2\sigma^4=\left(\frac{a^2}{n-1}+\frac{(1-a)^2}{m-1}\right)2\sigma^4$$

令
$$\frac{\mathrm{d}D(Z)}{\mathrm{d}a}=\left(\frac{2a}{n-1}-\frac{2(1-a)}{m-1}\right)2\sigma^4=0$$

解得
$$a=\frac{n-1}{m+n-2},b=\frac{m-1}{m+n-2}$$

又
$$\frac{\mathrm{d}^2D(Z)}{\mathrm{d}a^2}=\left(\frac{2}{n-1}+\frac{2}{m-1}\right)2\sigma^4>0$$

所以当 $a=\frac{n-1}{m+n-2},b=\frac{m-1}{m+n-2}$ 时，$D(Z)$ 达到最小.

12. 随机地从一些钉子中抽取 16 枚，测得其长度(单位:cm)为

2.15 2.14 2.10 2.13 2.12 2.13 2.10 2.15

2.12 2.14 2.10 2.13 2.11 2.14 2.11 2.13

设钉子长度 X 服从正态分布，试求总体均值 μ 的置信水平为 90%的置信区间：(1)已知 $\sigma=0.01$；(2)σ^2 未知.

解 $\sigma=0.01,n=16,\alpha=0.1,\overline{X}=2.125,S=0.0171,Z_{0.05}=1.645,t_{0.05}(15)=1.7531$.

(1) 因已知 σ^2,μ 的置信区间为$\left[\overline{X}-\frac{\sigma}{\sqrt{n}}Z_{\frac{\alpha}{2}},\overline{X}+\frac{\sigma}{\sqrt{n}}Z_{\frac{\alpha}{2}}\right]$,所以当 $\sigma=0.01$ 时,总体均值 μ 的置信水平为 90%的置信区间为[2.121,2.129];

(2) 因 σ^2 未知时,μ 的置信区间为$\left[\overline{X}-\frac{S}{\sqrt{n}}t_{\frac{\alpha}{2}}(n-1),\overline{X}+\frac{S}{\sqrt{n}}t_{\frac{\alpha}{2}}(n-1)\right]$,所以 σ^2 未知时,μ 的置信区间为[2.118,2.132].

13. 在稳定生产的情况下,可认为某工厂生产的荧光灯管的使用时间为 $X\sim N(\mu,\sigma^2)$,观察 10 支灯管的使用时间,计算 $\bar{x}=502$(h),$S^2=38$,试对该种荧光灯管使用时数做如下估计.

(1) 已知 $\sigma=5$,求 μ 的置信水平为 95%的置信区间;

(2) σ 未知,求 μ 的置信水平为 95%的置信区间;

(3) μ 未知,求 σ^2 的置信水平为 95%的置信区间.

解 (1) 已知 σ^2,μ 的置信区间为

$$\left[\overline{X}-\frac{\sigma}{\sqrt{n}}Z_{\frac{\alpha}{2}},\overline{X}+\frac{\sigma}{\sqrt{n}}Z_{\frac{\alpha}{2}}\right]$$

由 $\sigma=5,n=10,\overline{X}=502,\alpha=0.05,Z_{0.025}=1.96$,得 μ 的置信水平为 95%的置信区间为[498.90,505.10].

(2) σ^2 未知时,μ 的置信区间为

$$\left[\overline{X}-\frac{S}{\sqrt{n}}t_{\frac{\alpha}{2}}(n-1),\overline{X}+\frac{S}{\sqrt{n}}t_{\frac{\alpha}{2}}(n-1)\right]$$

由 $S^2=38,n=10,\overline{X}=502,\alpha=0.05,t_{0.025}(9)=2.2622$,得 μ 的置信水平为 95% 的置信区间为[497.59,506.41].

(3) 此题属于单个正态总体方差 σ^2 的区间估计.置信区间公式为

$$\left[\frac{(n-1)S^2}{\chi^2_{\frac{\alpha}{2}}(n-1)},\frac{(n-1)S^2}{\chi^2_{1-\frac{\alpha}{2}}(n-1)}\right]$$

. 由 $\alpha=0.05,n=10,S^2=38,\chi^2_{0.025}(9)=19.023,\chi^2_{0.975}(9)=2.700$ 可得 σ^2 的置信水平为 95% 的置信区间为[17.98,126.67].

14. 在某区小学五年级的男生中随机抽选了 25 名,测得其平均身高为 150cm,标准差为 12cm.假设该区小学五年级男生的身高服从正态分布 $N(\mu,\sigma^2)$,μ 未知,求 σ 的置信水平为 0.95 的置信区间.

解 此题属于单个正态总体方差 σ^2 的区间估计.置信区间公式为

$$\left[\frac{(n-1)S^2}{\chi^2_{\frac{\alpha}{2}}(n-1)},\frac{(n-1)S^2}{\chi^2_{1-\frac{\alpha}{2}}(n-1)}\right]$$

由 $\alpha=0.05,n=25,\overline{X}=150,S=12,\chi^2_{0.025}(24)=39.364,\chi^2_{0.975}(24)=12.401$,可得 σ^2 的置信水平为 0.95 的置信区间为[87.80,278.69];σ 的置信水平为 0.95 的置信区间为[9.37,16.69].

15. 设总体 $X\sim N(\mu,\sigma^2)$,$X_1,X_2,\cdots,X_n$ 是来自总体的一个样本,μ 已知,求方差 σ^2

的置信水平为 $1-\alpha$ 区间估计.

解 因为 $X\sim N(\mu,\sigma^2)$，所以

$$\frac{X-\mu}{\sigma}\sim N(0,1)$$

$$\chi^2=\sum_{i=1}^{n}\frac{(X_i-\mu)^2}{\sigma^2}=\frac{1}{\sigma^2}\sum_{i=1}^{n}(X_i-\mu)^2\sim\chi^2(n)$$

$$P(\chi^2_{1-\frac{\alpha}{2}}(n)\leqslant\frac{1}{\sigma^2}\sum_{i=1}^{n}(X_i-\mu)^2\leqslant\chi^2_{\frac{\alpha}{2}}(n))=1-\alpha$$

得 σ^2 的置信水平是 $1-\alpha$ 的置信区间为

$$\left[\frac{\sum_{i=1}^{n}(X_i-\mu)^2}{\chi^2_{\frac{\alpha}{2}}(n)},\frac{\sum_{i=1}^{n}(X_i-\mu)^2}{\chi^2_{1-\frac{\alpha}{2}}(n)}\right]$$

16. 随机地从甲批导线中抽取 4 根，又从乙批导线中抽取 5 根，测得电阻(单位:Ω)如下：

甲批导线：0.143　0.142　0.137　0.143；

乙批导线：0.140　0.136　0.142　0.140　0.138.

设甲乙两批导线的电阻分别服从正态分布 $N(\mu_1,\sigma^2)$，$N(\mu_2,\sigma^2)$，两样本相互独立，又 σ 未知，求 $\mu_1-\mu_2$ 的置信水平为 0.95 的置信区间.

解 $\mu_1-\mu_2$ 的置信区间为

$$\left[\overline{X}-\overline{Y}-t_{\frac{\alpha}{2}}(n+m-2)s_w\sqrt{\frac{1}{n}+\frac{1}{m}},\overline{X}-\overline{Y}+t_{\frac{\alpha}{2}}(n+m-2)s_w\sqrt{\frac{1}{n}+\frac{1}{m}}\right]$$

$$\alpha=0.05,n=4,m=5,t_{0.025}(7)=2.3646$$

$$s_w^2=\frac{2.475\times10^{-5}+2.08\times10^{-5}}{7}=6.51\times10^{-6}$$

$$s_w=2.55\times10^{-3},\sqrt{\frac{1}{n}+\frac{1}{m}}=\sqrt{\frac{1}{4}+\frac{1}{5}}=0.67$$

故 $[-0.002,0.006]$为所求.

17. 某车间有两台自动车床加工一类套筒，假设套筒直径服从正态分布，现在从两个班次的产品中分别检查了 5 个和 6 个套筒，测其直径数据如下(单位:cm)：

A 班：5.06　5.08　5.03　5.07　5.00；

B 班：5.03　4.98　4.97　5.02　4.99　4.95.

求两班加工套筒直径的方差比是 $\frac{\sigma_A^2}{\sigma_B^2}$ 的置信水平为 0.95 的置信区间在 $[0.054,3.768]$.

解 此题属于两个正态总体方差比的区间估计，其置信区间为

$$\left[\frac{S_A^2}{S_B^2}\frac{1}{F_{\frac{\alpha}{2}}(n-1,m-1)},\frac{S_A^2}{S_B^2}\frac{1}{F_{1-\frac{\alpha}{2}}(n-1,m-1)}\right]$$

由

$$\alpha=0.05, n=5, m=6, S_A^2=0.0011, S_B^2=0.0009$$

$$F_{\frac{\alpha}{2}}(n-1,m-1)=F_{0.025}(4,5)=7.39$$

$$F_{1-\frac{\alpha}{2}}(n-1,m-1)=\frac{1}{F_{\frac{\alpha}{2}}(m-1,n-1)}=\frac{1}{F_{0.025}(5,4)}=\frac{1}{9.36}$$

得两班加工套筒直径的方差比是$\frac{\sigma_A^2}{\sigma_B^2}$的置信水平为 0.95 的置信区间为[0.164,11.440].

得单侧置信下限为

$$\frac{s_{甲}^2}{s_{乙}^2}\frac{1}{F_\alpha(n-1,m-1)}=\frac{0.5419}{0.6065\times 3.18}=0.2563$$

18. $X\sim N(\mu,3^2)$,如果要求置信水平为 $1-\alpha$ 的置信区间的长度不超过 2,$\alpha=0.1$ 和 $\alpha=0.01$ 两种情况下,需要抽取的样本容量分别是多少?

解 因为方差 σ^2 为已知,所以 μ 的 $1-\alpha$ 的置信区间为$\left[\overline{X}-Z_{\frac{\alpha}{2}}\frac{\sigma}{\sqrt{n}},\overline{X}+Z_{\frac{\alpha}{2}}\frac{\sigma}{\sqrt{n}}\right]$. 给定 α,要使

$$\overline{X}+Z_{\frac{\alpha}{2}}\frac{\sigma}{\sqrt{n}}-\overline{X}+Z_{\frac{\alpha}{2}}\frac{\sigma}{\sqrt{n}}=Z_{\frac{\alpha}{2}}\frac{2\sigma}{\sqrt{n}}\leqslant 2$$

只要 $n\geqslant Z_{\frac{\alpha}{2}}^2\times\sigma^2$

当 $\alpha=0.1$ 时,解得 $n\geqslant Z_{0.05}^2\times 3^2=1.645^2\times 9=25$;

当 $\alpha=0.01$ 时,解得 $n\geqslant Z_{0.005}^2\times 3^2=2.575^2\times 9=60$.

19. 某厂生产一批金属材料,其抗弯强度服从正态分布,今从这批金属材料中抽取 11 个测试件,测得其抗弯强度为(单位:kg):

42.5　42.7　43.0　42.3　43.4　44.5　44.0　43.8　44.1　43.0　43.7.

求:平均抗弯强度 μ 的置信水平为 0.95 的单侧置信下限.

解 此题属于单个正态总体 σ^2 未知时,均值 μ 的单侧置信下限的区间估计. 单侧置信下限公式为

$$\overline{X}-\frac{S}{\sqrt{n}}t_\alpha(n-1)$$

由 $\alpha=0.05, n=11, S^2=0.5125, t_\alpha(n-1)=t_{0.05}(10)=1.8125$,得单侧置信下限为

$$\overline{X}-\frac{S}{\sqrt{n}}t_\alpha(n-1)=43.364-\frac{0.7159}{\sqrt{11}}\times 1.8125=42.97$$

20. 设某种清漆的 9 个样品,其干燥时间(单位:h)为

6.0　5.7　5.8　6.5　7.0　6.3　5.6　6.1　5.0

设干燥时间总体服从正态分布 $N(\mu,\sigma^2)$,求 σ^2 的置信水平为 0.95 的单侧置信上限.

解 此题属于单个正态总体方差的单侧置信上限的区间估计. 单侧置信上限公式为

$$\frac{(n-1)S^2}{\chi^2_{1-\alpha}(n-1)}$$

由 $\alpha=0.05, n=9, S^2=0.3301, \chi^2_{1-\alpha}(n-1)=\chi^2_{0.95}(8)=2.733$，得单侧置信上限为

$$\frac{(n-1)S^2}{\chi^2_{1-\alpha}(n-1)}=\frac{8\times 0.3301}{2.733}=0.966$$

21. 为了比较甲、乙两种显像管的使用寿命 X 和 Y，随机地抽取两种显像管各 10 个，经计算，样本均值为 $\overline{X}=2.33, S_X^2=3.06, \overline{Y}=0.75, S_Y^2=2.13$，假设两种显像管的寿命服从正态分布，且由生产过程知，它们的方差相等，具体数值不知. 求两个总体均值之差 $\mu_1-\mu_2$ 的置信水平为 0.95 的单侧置信下限.

解 此题属于两个正态总体方差相等但未知的均值之差的单侧置信下限的区间估计. 单侧置信下限为

$$\overline{X}-\overline{Y}-t_\alpha(n+m-2)S_w\sqrt{\frac{1}{n}+\frac{1}{m}}$$

$$n=10, m=10, \overline{X}=2.33, S_X^2=3.06, \overline{Y}=0.75, S_Y^2=2.13$$

$$S_w=\sqrt{\frac{(n-1)S_X^2+(m-1)S_Y^2}{n+m-2}}=\sqrt{\frac{9\times 3.06+9\times 2.13}{18}}=1.61$$

$$t_\alpha(n+m-2)=t_{0.05}(18)=1.734$$

$$\sqrt{\frac{1}{n}+\frac{1}{m}}=\sqrt{\frac{1}{10}+\frac{1}{10}}=0.447$$

单侧置信下限为

$$\overline{X}-\overline{Y}-t_\alpha(n+m-2)S_w\sqrt{\frac{1}{n}+\frac{1}{m}}=2.33-0.75-$$

$$1.734\times 1.610\times 0.447=0.33$$

三、典型例题

例 1 设总体 X 的分布律为

X	1	2	3
P	θ^2	$2\theta(1-\theta)$	$(1-\theta)^2$

其中 θ 是未知参数. 已知取得了样本值

$$x_1=1, x_2=2, x_3=1, x_4=3, x_5=3$$

试求参数 θ 的：(1)矩估计量和矩估计值；(2)极大似然估计值.

解 (1)$E(X)=1\cdot\theta^2+2\cdot 2\theta(1-\theta)+3\cdot(1-\theta)^2=3-2\theta$

$$\theta=\frac{1}{2}(3-E(X))$$

θ的矩估计量为

$$\hat{\theta}=\frac{1}{2}(3-\overline{X})$$

由$\overline{x}=\frac{1}{5}(1+2+1+3+3)=2$得$\theta$的矩估计值为

$$\hat{\theta}=\frac{1}{2}(3-\overline{x})=\frac{1}{2}$$

(2) θ的似然函数为

$$\begin{aligned}L(\theta)&=P(X=1)\cdot P(X=2)\cdot P(X=1)\cdot P(X=3)\cdot P(X=3)\\&=\theta^2\cdot 2\theta(1-\theta)\cdot\theta^2\cdot(1-\theta)^2\cdot(1-\theta)^2\\&=2\theta^5(1-\theta)^5\end{aligned}$$

$$\ln L(\theta)=\ln 2+5\ln\theta+5\ln(1-\theta)$$

令
$$\frac{\mathrm{d}\ln L(\theta)}{\mathrm{d}\theta}=\frac{5}{\theta}-\frac{5}{1-\theta}=0,$$

解得θ的极大似然估计值为$\hat{\theta}=\frac{1}{2}$.

例 2 设总体X的密度函数

$$f(x;0)=\begin{cases}\dfrac{1}{2\theta}, & 0<x<\theta\\ \dfrac{1}{2(1-\theta)}, & \theta\leqslant x\leqslant 1\\ 0, & \text{其他}\end{cases},0<\theta<1$$

$X_1,X_2,\cdots,X_n$为总体X的一个样本,求θ矩估计量.

解 因为$E(\overline{X})=\int_{-\infty}^{+\infty}xf(x,\theta)\mathrm{d}x=\int_0^\theta\frac{x}{2\theta}\mathrm{d}x+\int_\theta^1\frac{x}{2(1-\theta)}\mathrm{d}x$

$$=\frac{\theta}{2}+\frac{1}{4}$$

所以
$$\theta=2E(X)-\frac{1}{2}$$

即
$$\hat{\theta}=2\overline{X}-\frac{1}{2}$$

例 3 设总体X的概率密度为

$$f(x)=\begin{cases}(\theta+1)x^\theta, & 0<x<1\\ 0, & \text{其他}\end{cases}$$

其中未知参数 $\theta>-1$，$(X_1,X_2,\cdots,X_n)$ 是取自总体 X 的简单随机样本. 求 θ 的矩估计量和最大似然估计量.

解 (1) $E(X)=\int_0^1(\theta+1)x^{\theta+1}\mathrm{d}x=\dfrac{\theta+1}{\theta+2}$，解得 $\theta=\dfrac{2E(X)-1}{1-E(X)}$，所以 θ 的矩估计量为

$$\hat{\theta}=\frac{2\overline{X}-1}{1-\overline{X}}$$

(2) θ 的似然函数为

$$L(\theta)=\prod_{i=1}^{n}(\theta+1)x_i^{\theta}=(\theta+1)^n\prod_{i=1}^{n}x_i^{\theta}$$

$$\ln L(\theta)=n\ln(\theta+1)+\theta\sum_{i=1}^{n}\ln x_i$$

令 $\dfrac{\mathrm{d}\ln L(\theta)}{\mathrm{d}\theta}=\dfrac{n}{1+\theta}+\sum\limits_{i=1}^{n}\ln x_i=0$，解得 θ 的最大似然估计值为

$$\hat{\theta}=-1-\frac{n}{\sum\limits_{i=1}^{n}\ln x_i}$$

所以 θ 的最大似然估计量为

$$\hat{\theta}=-1-\frac{n}{\sum\limits_{i=1}^{n}\ln X_i}$$

例 4 设总体 X 的概率密度为

$$f(x;\theta)=\begin{cases}\theta, & 0<x<1\\ 1-\theta, & 1\leqslant x<2\\ 0, & \text{其他}\end{cases}$$

其中，θ 是未知参数 $(0<\theta<1)$，$X_1,X_2,\cdots,X_n$ 为来自总体 X 的简单随机样本，记 N 为样本值 $x_1,x_2,\cdots,x_n$ 中小于 1 的个数. 求：

(1) θ 的矩估计；

(2) θ 的最大似然估计.

解 (1) 由于

$$E(X)=\int_{-\infty}^{+\infty}xf(x;\theta)\mathrm{d}x=\int_0^1\theta x\,\mathrm{d}x+\int(1-\theta)x\,\mathrm{d}x$$

$$=\frac{1}{2}\theta+\frac{3}{2}(1-\theta)=\frac{3}{2}-\theta$$

解得 $\theta=\dfrac{3}{2}-E(X)$，所以 θ 的矩估计量为 $\hat{\theta}=\dfrac{3}{2}-\overline{X}$，

(2) 若 $0<x_i<1$，则 $f(x_i;\theta)=\theta$，若 $x_i\geqslant1$，则 $f(x_i;\theta)=1-\theta$，由于样本值 $x_1,x_2,\cdots$，x_n 中小于 1 的个数为 N，所以似然函数为

$$L(\theta) = \prod_{i=1}^{n} f(x_i;\theta) = \theta^N (1-\theta)^{n-N}$$

$$\ln L(\theta) = N\ln\theta + (n-N)\ln(1-\theta)$$

令

$$\frac{\mathrm{d}\ln L(\theta)}{\mathrm{d}\theta} = \frac{N}{\theta} - \frac{n-N}{1-\theta} = 0,$$

解得

$$\theta = \frac{N}{n}$$

所以 θ 的最大似然估计为

$$\hat{\theta} = \frac{N}{n}.$$

例 5 设总体 X 的期望为 μ，方差为 σ^2. 分别抽取容量为 n_1, n_2 的两个独立样本. $\overline{X}_1$，$\overline{X}_2$ 为两个样本的均值. 试证：如果 a, b 是满足 $a+b=1$ 的常数，则 $Y=a\overline{X}_1+b\overline{X}_2$ 就是 μ 的无偏估计量，并求常数 a, b，使 $D(Y)$ 最小.

证明 因为 $E(X)=\mu$，所以 $E(\overline{X}_1)=E(\overline{X}_2)=\mu$，

$$E(Y) = aE(\overline{X}_1) + bE(\overline{X}_2) = a\mu + b\mu = \mu.$$

故 $Y=a\overline{X}_1+b\overline{X}_2$ 是 μ 的无偏估计量.

$$D(Y) = D(a\overline{X}_1 + b\overline{X}_2) = a^2\frac{\sigma^2}{n_1} + b^2\frac{\sigma^2}{n_2} = \left(\frac{a^2}{n_1} + \frac{(1-a)^2}{n_2}\right)\sigma^2$$

令

$$Z = \frac{a^2}{n_1} + \frac{(1-a)^2}{n_2},$$

$$\frac{\mathrm{d}Z}{\mathrm{d}a} = \frac{2a}{n_1} - \frac{2(1-a)}{n_2} = 0,$$

解得

$$a = \frac{n_1}{n_1+n_2}, b = \frac{n_2}{n_1+n_2}$$

由于驻点唯一，实际存在最小值，所以，当 $a=\frac{n_1}{n_1+n_2}, b=\frac{n_2}{n_1+n_2}$ 时，$D(Y)$ 最小.

例 6 有一大批糖果，现随机地取 16 袋，称得质量(单位：g)如下：

506 508 499 503 504 510 497 512

514 505 493 496 506 502 509 496

设袋装的糖果质量服从正态分布 $N(\mu, \sigma^2)$.

(1) 若 $\sigma^2=1$,求 μ 的置信水平为 0.95 的置信区间;

(2) 若 σ^2 未知,求 μ 的置信水平为 0.95 的置信区间;

(3) 求置信水平为 0.95 的 σ^2 的置信区间.

解 经计算可知:$\overline{X}=503.75, S^2=6.2022^2$.

(1) 因为

$$\frac{\overline{X}-\mu}{\sigma/\sqrt{n}} \sim N(0,1)$$

所以

$$P(-z_{\frac{\alpha}{2}} \leqslant \frac{\overline{X}-\mu}{\sigma/\sqrt{n}} \leqslant z_{\frac{\alpha}{2}})=1-\alpha$$

得 μ 的置信区间为

$$\left[\overline{X}-\frac{\sigma}{\sqrt{n}} z_{\frac{\alpha}{2}}, \overline{X}+\frac{\sigma}{\sqrt{n}} z_{\frac{\alpha}{2}}\right]$$

代入数据 $\overline{X}=503.75, n=16, z_{0.025}=1.96$,并计算得的 μ 的置信水平为 0.95 的置信区间是[503.26,504.24].

(2) 因为

$$\frac{\overline{X}-\mu}{S/\sqrt{n}} \sim t(n-1)$$

所以

$$P(-t_{\frac{\alpha}{2}}(n-1) \leqslant \frac{\overline{X}-\mu}{S/\sqrt{n}} \leqslant t_{\frac{\alpha}{2}}(n-1))=1-\alpha$$

得 μ 的置信区间为

$$\left[\overline{X}-\frac{S}{\sqrt{n}} t_{\frac{\alpha}{2}}(n-1), \overline{X}+\frac{S}{\sqrt{n}} t_{\frac{\alpha}{2}}(n-1)\right]$$

代入数据 $\overline{X}=503.75, n=16, S=6.2022, t_{0.025}(15)=2.1315$,得 μ 的置信水平是 0.95 的置信区间为[500.4,507.1].

(3) 因为

$$\frac{n-1}{\sigma^2} S^2 \sim \chi^2(n-1)$$

所以

$$P(\chi_{1-\frac{\alpha}{2}}^2(n-1) \leqslant \frac{(n-1)S^2}{\sigma^2} \leqslant \chi_{\frac{\alpha}{2}}^2(n-1))=1-\alpha$$

得 σ^2 的置信区间为

$$\frac{(n-1)S^2}{\chi_{\frac{\alpha}{2}}^2(n-1)}, \frac{(n-1)S^2}{\chi_{1-\frac{\alpha}{2}}^2(n-1)}$$

代入数据 $n=16, S^2=6.2022^2, \chi_{0.025}^2(15)=27.488, \chi_{0.975}^2(15)=6.262$,得 σ^2 的置信水平是 0.95 的置信区间为[20.99,92.14].

从例 6 的(1)与(2)可以看出,在 σ^2 已知与未知这两种情况下,使用的抽样分布不一致.细心的读者可能会发现,无论 σ^2 已知还是未知,我们都可以使用 t 分布来求 μ 的置信区间.但是按照抽样分布的选择标准,在总体信息 σ^2 已知时,应尽量使用 $N(0,1)$来求 μ 的置信区间.

例 7 某车间用两台型号相同的机器生产同一种产品,欲比较两台机器生产的产品的长度,机器 A 的产品长度为 $X\sim N(\mu_1,\sigma_1^2)$,机器 B 的产品长度为 $Y\sim N(\mu_2,\sigma_2^2)$.现从 A 的产品中抽取 10 件,测得样本均值 $\overline{X}=49.83\text{cm}$,标准差 $S_1=1.09\text{cm}$.从 B 的产品中抽取 15 件,测得样本均值 $\overline{Y}=50.24\text{cm}$,标准差 $S_2=1.18\text{cm}$.

(1) 若 $\sigma_1^2=\sigma_2^2=1$,求 $\mu_1-\mu_2$ 的置信水平为 0.98 的置信区间;

(2) 若 $\sigma_1^2=\sigma_2^2$ 未知,求 $\mu_1-\mu_2$ 的置信水平为 0.95 的置信区间;

(3) 求置信水平为 0.9 的$\dfrac{\sigma_1^2}{\sigma_2^2}$的置信区间.

解 (1)由于 $\sigma_1^2=\sigma_2^2=1$ 已知,因此应选择

$$\frac{\overline{X}-\overline{Y}-(\mu_1-\mu_2)}{\sqrt{\dfrac{\sigma_1^2}{n}+\dfrac{\sigma_2^2}{m}}}\sim N(0,1)$$

得

$$P\left(-z_{\frac{\alpha}{2}}\leqslant\frac{\overline{X}-\overline{Y}-(\mu_1-\mu_2)}{\sqrt{\dfrac{\sigma_1^2}{n}+\dfrac{\sigma_2^2}{m}}}\leqslant z_{\frac{\alpha}{2}}\right)=1-\alpha$$

$\mu_1-\mu_2$ 的置信区间为

$$\left[\overline{X}-\overline{Y}-z_{\frac{\alpha}{2}}\sqrt{\frac{\sigma_1^2}{n}+\frac{\sigma_2^2}{m}},\overline{X}-\overline{Y}+z_{\frac{\alpha}{2}}\sqrt{\frac{\sigma_1^2}{n}+\frac{\sigma_2^2}{m}}\right]$$

代入数据 $\overline{X}=49.83,\overline{Y}=50.24,n=10,m=15,z_{0.01}=2.33$,得 $\mu_1-\mu_2$ 的置信区间为 $[-1.36,0.54]$.

(2) 由于 $\sigma_1^2=\sigma_2^2$,但未知,因此应选择

$$\frac{\overline{X}-\overline{Y}-(\mu_1-\mu_2)}{S_w\sqrt{\dfrac{1}{n}+\dfrac{1}{m}}}\sim t(n+m-2)$$

得

$$P\left(-t_{\frac{\alpha}{2}}(n+m-2)\leqslant\frac{\overline{X}-\overline{Y}-(\mu_1-\mu_2)}{S_w\sqrt{\dfrac{1}{n}+\dfrac{1}{m}}}\leqslant t_{\frac{\alpha}{2}}(n+m-2)\right)=1-\alpha$$

$\mu_1-\mu_2$ 的置信区间为

$$\left[\overline{X}-\overline{Y}-t_{\frac{\alpha}{2}}(n+m-2)S_w\sqrt{\frac{1}{n}+\frac{1}{m}},\overline{X}-\overline{Y}+t_{\frac{\alpha}{2}}(n+m-2)S_w\sqrt{\frac{1}{n}+\frac{1}{m}}\right]$$

代入数据 $n=10, m=15, S_w^2=1.3125, t_{0.025}(23)=2.0687$，得 $\mu_1-\mu_2$ 的置信水平是 0.95 的置信区间为$[-1.38, 0.56]$.

(3) 由于

$$\frac{S_1^2}{S_2^2}\frac{\sigma_2^2}{\sigma_1^2} \sim F(n-1, m-1)$$

因此，由

$$P(F_{1-\frac{\alpha}{2}}(n-1, m-1) \leqslant \frac{S_1^2}{S_2^2}\frac{\sigma_2^2}{\sigma_1^2} \leqslant F_{\frac{\alpha}{2}}(n-1, m-1)) = 1-\alpha$$

得$\dfrac{\sigma_1^2}{\sigma_2^2}$的置信区间为

$$\left[\frac{S_1^2}{S_2^2}\frac{1}{F_{\frac{\alpha}{2}}(n-1, m-1)}, \frac{S_1^2}{S_2^2}\frac{1}{F_{1-\frac{\alpha}{2}}(n-1, m-1)}\right]$$

代入数据

$$n=10, m=15, \frac{S_1^2}{S_2^2}=0.853, F_{0.05}(9,14)=2.65$$

$$F_{0.05}(14,9)=3.01, F_{0.95}(9,14)=\frac{1}{F_{0.05}(14,9)}=\frac{1}{3.01}$$

得$\dfrac{\sigma_1^2}{\sigma_2^2}$的置信水平是 0.9 的置信区间为$[0.32, 2.57]$.

在上述讨论中，对于未知参数 θ，我们给出的置信区间形式为$[T_1, T_2]$，既有置信上限，又有置信下限，称为双侧置信区间. 而在实际问题中，对参数 θ 进行区间估计时，我们有时只须考虑置信下限或置信上限，区间形式为$[T_1, +\infty)$或$(-\infty, T_2]$，这就是单侧置信区间. 例如，对于灯泡的寿命，我们只关心它的下限，而对于产品的废品率，我们只关心它的上限，因此产生了单侧置信区间的问题.

单侧置信下限和单侧置信上限的求法与双侧置信限的求法类似.

例 8 在例 6 中，若 $\sigma_1^2=\sigma_2^2$，但未知，分别求 $\mu_1-\mu_2$ 的置信水平为 0.95 的置信下限与置信上限.

解 由于 $\sigma_1^2=\sigma_2^2$，但未知，因此应选择

$$\frac{\overline{X}-\overline{Y}-(\mu_1-\mu_2)}{S_w\sqrt{\dfrac{1}{n}+\dfrac{1}{m}}} \sim t(n+m-2)$$

得

$$P(\frac{\overline{X}-\overline{Y}-(\mu_1-\mu_2)}{S_w\sqrt{\dfrac{1}{n}+\dfrac{1}{m}}} \leqslant t_\alpha(n+m-2)) = 1-\alpha$$

$$P[\frac{\overline{X}-\overline{Y}-(\mu_1-\mu_2)}{S_w\sqrt{\dfrac{1}{n}+\dfrac{1}{m}}} \geqslant -t_\alpha(n+m-2)] = 1-\alpha$$

得 $\mu_1-\mu_2$ 的置信下限与置信上限分别为

$$\overline{X}-\overline{Y}-t_{\alpha}(n+m-2)S_w\sqrt{\frac{1}{n}+\frac{1}{m}}$$

$$\overline{X}-\overline{Y}+t_{\alpha}(n+m-2)S_w\sqrt{\frac{1}{n}+\frac{1}{m}}$$

代入数据 $n=10,m=15,S_w^2=1.3125,t_{0.05}(23)=1.7139$,得 $\mu_1-\mu_2$ 的置信水平为 0.95 的单侧置信下限与单侧置信上限分别是 $-1.2116,0.3916$.

例 9 从一批灯泡中随机取 5 个做寿命试验,测得寿命值(单位:h)为

150　105　125　250　280

假设灯泡寿命为 $T\sim N(\mu,\sigma^2)$,求灯泡寿命均值的置信水平为 0.95 的单侧置信下限.

解 由于 σ^2 未知,因此应选择

$$\frac{\overline{X}-\mu}{S/\sqrt{n}}\sim t(n-1)$$

所以

$$P\left(\frac{\overline{X}-\mu}{S/\sqrt{n}}\leqslant t_{\alpha}(n-1)\right)=1-\alpha$$

得 μ 的单侧置信下限为

$$\overline{X}-\frac{S}{\sqrt{n}}t_{\alpha}(n-1)$$

代入数据 $\overline{X}=182,n=5,S^2=6107.5,t_{0.05}(4)=2.1318$,得 μ 的置信水平为 0.95;得单侧置信下限为 107.5.

正态总体的其他参数单侧置信上限和单侧置信下限的求法类似,双侧置信上限和双侧置信下限中,只要将上分位点形式改成下分位点形式即为单侧置信上限和单侧置信下限.比较双侧置信区间和单侧置信区间,很容易找到它们之间的一些规律.

四、练习题

(一) 选择题

1. 设总体 X 的均值 μ 与方差 σ^2 都存在,且均是未知参数,X_1,X_2 是来自总体 X 的一个样本,则 $\frac{1}{2}(X_1-X_2)^2$ 为(　　)的无偏估计.

(A) σ^2　　(B) $\frac{\sigma^2}{2}$

(C) μ^2　　(D) μ

2. 设 $E(X)=\mu,D(X)=\sigma^2$ 存在但未知,X_1,X_2,X_3 是来自总体 X 的一个样本.下面

四个关于的无偏估计中，最有效的是(　　).

(A) $\frac{2}{3}X_1+\frac{1}{3}X_2$　　(B) $\frac{1}{4}X_1+\frac{1}{2}X_2+\frac{1}{4}X_3$

(C) $\frac{1}{6}X_1+\frac{5}{6}X_2$　　(D) $\frac{1}{3}X_1+\frac{1}{3}X_2+\frac{1}{3}X_3$

3. 设从均值为 μ，方差为 σ^2 的总体 X 中分别抽取容量为 n_1,n_2 的两个独立样本，$\overline{X}_1$，$\overline{X}_2$ 分别为两样本的均值，已知 $Y=a\overline{X}_1+b\overline{X}_2$ 是 μ 的无偏估计，则必有(　　).

(A) $a=0.3,b=0.6$　　(B) $a=0.7,b=0.4$

(C) $a+b=1$　　(D) $a=b$

4. 设总体 $X\sim N(\mu,\sigma^2)$，σ^2 已知，则 μ 的置信区间长度 L(　　).

(A) 随 α 的增大而增大　　(B) 随 α 的增大而减小

(C) 与 α 无关　　(D) 与 α 的关系不确定

5. 设随机变量 X 服从正态分布 $N(0,1)$，对于给定的 $\alpha(0<\alpha<1)$，数 u_α 满足 $P(X>u_\alpha)=\alpha$，若 $P(|X|<x)=\alpha$，则 x 等于(　　).

(A) $u_{\frac{\alpha}{2}}$　　(B) $u_{1-\frac{\alpha}{2}}$

(C) $u_{\frac{1-\alpha}{2}}$　　(D) $u_{1-\alpha}$

6. 设总体 $X\sim N(\mu,\sigma^2)$，σ^2 已知，μ 未知，$X_1,X_2\cdots X_n$ 为样本，记 $\overline{X}=\frac{1}{n}\sum_{i=1}^{n}X_i$，又 $\Phi(x)$是标准正态随机变量的分布函数，已知 $\Phi(1.96)=0.975$，$\Phi(1.645)=0.95$，则 μ 的置信水平为 0.95 的置信区间是(　　).

(A) $\left(\overline{X}-0.975\frac{\sigma}{\sqrt{n}},\overline{X}+0.975\frac{\sigma}{\sqrt{n}}\right)$

(B) $\left(\overline{X}-1.96\frac{\sigma}{\sqrt{n}},\overline{X}+1.96\frac{\sigma}{\sqrt{n}}\right)$

(C) $\left(\overline{X}-1.645\frac{\sigma}{\sqrt{n}},\overline{X}+1.645\frac{\sigma}{\sqrt{n}}\right)$

(D) $\left(\overline{X}-0.95\frac{\sigma}{\sqrt{n}},\overline{X}+0.95\frac{\sigma}{\sqrt{n}}\right)$

7. 设两独立正态总体方差已知，均值未知，样本容量分别为 n_1,n_2，为求均值差的置信区间，构造的随机变量是(　　).

(A) $\dfrac{\overline{X}-\overline{Y}-(\mu_1-\mu_2)}{\sqrt{\dfrac{(n_1-1)S_1^2+(n_2-1)S_2^2}{n_1+n_2-2}}}\sim t(n_1+n_2-2)$

(B) $\dfrac{\overline{X}-\overline{Y}-(\mu_1-\mu_2)}{\sqrt{\dfrac{\sigma_1^2}{n_1}+\dfrac{\sigma_2^2}{n_2}}}\sim N(0,1)$

(C) $\dfrac{\overline{X}-\overline{Y}-(\mu_1-\mu_2)}{\sqrt{\dfrac{(n_1-1)S_1^2+(n_2-1)S_2^2}{n_1+n_2-2}}}\sim t(n_1+n_2)$

(D) $\dfrac{\overline{X}-\overline{Y}-(\mu_1-\mu_2)}{\sqrt{\dfrac{S_1^2}{n_1}+\dfrac{S_2^2}{n_2}}}\sim N(0,1)$

(二) 填空题

1. 已知一批零件的长度 X(单位:cm)服从正态分布 $N(\mu,1)$,从中随机抽取 16 个零件,测得长度的平均值为 40cm,则 μ 的置信水平为 0.95 的置信区间是(　　).

2. 设总体 $X\sim N(\mu,\sigma^2)$,σ^2 已知,样本容量为 n,μ 的置信水平是 $1-\alpha$ 的置信区间为 $\left(\overline{X}-\lambda\dfrac{\sigma}{\sqrt{n}},\overline{X}+\lambda\dfrac{\sigma}{\sqrt{n}}\right)$则 $\lambda=$(　　).

3. 设总体 $X\sim N(\mu,\sigma^2)$,σ^2 未知,样本容量为 n,μ 的置信水平为 $1-\alpha$ 的置信区间为 $(\overline{X}-\lambda,\overline{X}+\lambda)$,则 $\lambda=$(　　).

4. 设 $X_1,X_2\cdots X_n$ 是来自正态总体 $X\sim N(\mu,\sigma^2)$的样本,σ^2 未知,$\overline{X}$ 和 S^2 分别是样本均值和样本方差,L 是置信水平为 $1-\alpha$ 的置信区间长度,在样本容量和置信水平不变的情况下,$E(L^2)=$(　　).

(三) 计算题

1. 设总体的概率密度为

$$f(x;\theta)=\begin{cases}\theta x^{\theta-1}, & 0<x<1\\ 0, & \text{其他}\end{cases},\quad \theta>0$$

试用来自总体的样本 $x_1,x_2,\cdots,x_n$,求未知参数 θ 的矩估计和极大似然估计.

2. 已知随机变量 X 的密度函数为

$$f(x)=\begin{cases}(\theta+1)(x-5)^{\theta}, & 5<x<6\\ 0, & \text{其他}\end{cases}$$

其中 θ 为未知参数,且 $\theta>0$,求 θ 的矩估计量与极大似然估计量.

3. 设总体 X 的概率分布列为

X	0	1	2	3
P	p^2	$2p(1-p)$	p^2	$1-2p$

其中 p,$0<p<1/2$ 是未知参数. 利用总体 X 的如下样本值:

$$1, 3, 0, 2, 3, 3, 1, 3$$

求：(1) p 的矩估计值；(2) p 的极大似然估计值.

4. 设总体 X 服从几何分布,分布律为

$$P\{X=x\}=(1-p)^{x-1}p, x=1,2,\cdots$$

其中 p 为未知参数,且 $0\leqslant p\leqslant 1$. 设 $X_1,X_2,\cdots,X_n$ 为 X 的一个样本,求 p 的矩估计与极大似然估计.

5. 设测量零件的长度产生的误差 X 服从正态分布 $N(\mu,\sigma^2)$,今随机地测量 16 个零件,得 $\sum\limits_{i=1}^{16} X_i=8, \sum\limits_{i=1}^{16} X_i^2=34$. 在置信水平为 0.95 下,$\mu$ 的置信区间为多少 ($t_{0.05}(15)=1.7531, t_{0.025}(15)=2.1315$)?

6. 某厂生产的钢丝,其抗拉强度 $X\sim N(\mu,\sigma^2)$,其中 μ,σ^2 均未知,从中任取 9 根钢丝,测得其强度(单位:kg)为

578　582　574　568　596　572　570　584　578

求总体方差 σ^2、均方差 σ 的置信水平为 0.99 的置信区间.

7. 设有两个正态总体,$X\sim N(\mu_1,\sigma_1^2) Y\sim N(\mu_2,\sigma_2^2)$. 分别从 X 和 Y 抽取容量为 $n_1=25$ 和 $n_2=8$ 的两个样本,并求得 $S_1=8, S_2=7$. 试求两正态总体方差比 $\frac{\sigma_1^2}{\sigma_2^2}$ 的置信水平为 0.98 的置信区间.

8. 一家制衣厂收到一批制服纽扣,直径规定为 10mm. 为确定纽扣直径是否为 10mm,无放回抽取 9 个作为样本,测得直径分别为 9.9,10.9,10.0,10.1,9.9,10.1,10.0,10.0,9.9,据此求总体均值、方差和标准差的点估计,若假设直径服从正态分布,求均值的 95%置信区间.

9. 一位昆虫学家对甲虫大小很感兴趣,他取了 20 只甲虫的随机样本,测量它们的翅膀长度(以 mm 为单位),得 $\overline{X}=32.4$mm, $S=4.02$mm,假定甲虫翅膀长度的总体是正态分布,求总体方差 σ^2 的 95%置信区间.

五、练习题参考答案

(一) 选择题

1. (A)　　2. (D)　　3. (C)　　4. (B)
5. (C)　　6. (B)　　7. (B).

(二) 填空题

1. (39.51,40.49)
2. $z_{\frac{\alpha}{2}}$
3. $t_{\frac{\alpha}{2}}(n-1)\frac{S}{\sqrt{n}}$
4. $t_{\frac{\alpha}{2}}^2(n-1)\frac{4\sigma^2}{n}$

（三）计算题

1. θ 的矩估计为$\hat{\theta}=\dfrac{\overline{X}}{1-\overline{X}}$,$\theta$ 的极大似然估计为

$$\hat{\theta}=-\frac{1}{\frac{1}{n}\sum_{i=1}^{n}\ln x_i}$$

2. θ 的矩估计量为

$$\hat{\theta}=\frac{1}{6-\overline{X}}-2$$

θ 的极大似然估计为

$$\hat{\theta}=-\frac{n}{\sum_{i=1}^{5}\ln(X_i-5)}-1$$

3. p 的矩估计为

$$\hat{p}=(3-\overline{X})/4=1/4$$

p 的极大似然估计值为

$$\hat{p}=(7-\sqrt{13})/12=0.2828$$

4. p 的矩估计为 $\hat{p}=1/\overline{X}$;p 的极大似然估计为 $\hat{p}=1/\overline{X}$

5. μ 的置信区间为$(-0.2535,1.2535)$.

6. 方差 σ^2 的置信水平为 0.99 的置信区间为$\left(\dfrac{592}{21.955},\dfrac{592}{1.344}\right)$,即(26.96,440.48);

均方差 σ 的置信水平为 0.99 的置信区间为$\left(\sqrt{\dfrac{592}{21.955}},\sqrt{\dfrac{592}{1.344}}\right)$,即(5.19,20.99).

7. $\dfrac{\sigma_1^2}{\sigma_2^2}$的置信水平为 0.98 的置信区间为(0.2152,4.5714).

8. $\hat{\mu}=10.089$,$\hat{\sigma}^2=0.0986$,$\hat{\sigma}=0.314$,[9.8475,10.33].

9. [886.652,915.348].

第八章　假设检验

一、内容提要

（一）假设检验的原理与方法

1. 小概率原理

“小概率事件在一次试验中几乎是不可能发生的”. 这句话的意思是，一个概率很小的事件，在只做一次试验的情况下，是不应该发生的. 一旦发生了，就有理由怀疑使这个小概率事件发生的条件不成立.

2. 反证法

先假设 H_0 是真的，在此基础上定义一个小概率事件 A，这个事件中包含样本，然后根据样本值来判断事件 A 是否发生，如果 A 发生，这不符合小概率原理，说明假设“H_0 是真的”错误；如果 A 不发生，与小概率原理不矛盾，没有充分的理由去否定 H_0，只能接受“H_0 是真的”这一结论.

3. 基于小概率原理上的反证法中，关键是这个小概率事件，那么多么小的概率算是小概率呢？在统计学当中，用正数 α 来表示这个小概率，由检验者根据实际情况预先指定，可以是 0.01，0.05，但一般不会超过 0.1，α 称为假设检验的显著性水平.

4. 假设检验的方法

（1）检验统计量的选取：由于要检验的是总体均值 μ，而样本均值 $\overline{X}$ 是 μ 的无偏估计，所以 $\overline{X}$ 的观察值的大小在一定程度上能反映 μ 的取值情况. 假设 H_0 是真的，则 $\overline{X}$ 与 100 的误差不应太大，即 $|\overline{X}-100|$ 不应太大，如 $|\overline{X}-100|$ 太大，则有理由怀疑 H_0 的正确性. 但是 $|\overline{X}-100|$ 大还是不大的临界点是多少呢？就必须根据 $|\overline{X}-100|$ 的分布来确定一个合理的判断标准，即确定一个数 k，当 $|\overline{X}-100|>k$ 时就拒绝 H_0，当 $|\overline{X}-100|\leqslant k$ 时就接受 H_0. 但 $|\overline{X}-100|$ 的分布不易求出，而当 H_0 为真时，$\dfrac{\overline{X}-100}{\sigma/\sqrt{n}}\sim N(0,1)$，衡量 $|\overline{X}-100|$ 的大小可转化为衡量 $\left|\dfrac{\overline{X}-100}{\sigma/\sqrt{n}}\right|$ 的大小，选取这个临界点为正数 k，则当 $\left|\dfrac{\overline{X}-100}{\sigma/\sqrt{n}}\right|\geqslant k$ 时就拒绝 H_0，称 $\dfrac{\overline{X}-100}{\sigma/\sqrt{n}}$ 为检验统计量.

（2）k 的确定：由于检验的显著性水平 α 已经预先给定，则由 $P\left\{\left|\dfrac{\overline{X}-100}{\sigma/\sqrt{n}}\right|\geqslant k\right\}=\alpha$ 构造小概率事件，由上式及分位数的知识可知 $k=z_{\frac{\alpha}{2}}$，即 $P\left\{\left|\dfrac{\overline{X}-100}{\sigma/\sqrt{n}}\right|\geqslant z_{\frac{\alpha}{2}}\right\}=\alpha$.

（3）拒绝域：当我们把样本值 $\bar{x}$ 代入 $\left|\frac{\overline{X}-100}{\sigma/\sqrt{n}}\right|$ 时，如果 $\left|\frac{\bar{x}-100}{\sigma/\sqrt{n}}\right| \geqslant z_{\frac{\alpha}{2}}$，则小概率事件发生了，（因为 $\left|\frac{\overline{X}-100}{\sigma/\sqrt{n}}\right| \geqslant z_{\frac{\alpha}{2}}$ 的概率只有 α，是小概率事件），这与小概率原理是相悖的，说明"H_0 是真的"错误；如果 $\left|\frac{\bar{x}-100}{\sigma/\sqrt{n}}\right| < z_{\frac{\alpha}{2}}$，则与小概率原理不矛盾，没有充分的理由去否定 H_0，只能接受"H_0 是真的"这一结论. 拒绝原假设的区域称为拒绝域，相应的接受原假设的区域称为接受域.

（4）假设检验中可能犯的两种错误：

① 第一类错误（弃真错误）. H_0 为真，但由于抽样的信息有误而被拒绝，其概率恰为显著水平 α，即 $P\{$拒绝 $H_0 \mid H_0$ 为真$\}=\alpha$.

② 第二类错误（取伪错误）. 假设 H_0 不真而被接受，概率记为 β，即 $P\{$接受 $H_0 \mid H_0$ 不真$\}=\beta$.

③ 当样本容量 n 一定时，无法找到一个使 α,β 同时减少的检验，在实际工作中总是控制 α 适当地小. 这样的检验称为显著性检验.

（二）假设检验的步骤

（1）根据问题提出原假设 H_0 和备择假设 H_1.

（2）选择适当的检验统计量，并求出其分布. 需要注意的是检验统计量中不能有任何未知参数.

（3）给出拒绝域. 在确定显著水平后，可根据检验统计量的分布定出检验的拒绝域.

（4）计算. 根据试验的样本值，计算本次试验的统计量值，并与拒绝域加以比较.

（5）判断. 若统计量值落在拒绝域内，则拒绝 H_0，接受 H_1；若统计量值未落入拒绝域，则接受 H_0.

二、习题全解

1. 假设检验中，如果检验结果是接受原假设，则检验可能犯哪一类错误？如果检验结果是拒绝原假设，则又有可能犯哪一类错误？

解 ① 第一类错误（弃真错误）、H_0 为真，但由于抽样的信息有误而被拒绝，其概率恰为显著水平 α，即 $P\{$拒绝 $H_0 \mid H_0$ 为真$\}=a$.

② 第二类错误（取伪错误）. 假设 H_0 不真而被接受，概率记为 β，即 $P\{$接受 $H_0 \mid H_0$ 不真$\}=\beta$.

2. 总体 $X \sim N(\mu,\sigma^2)$，对 μ 进行假设检验，如果在显著水平 0.05 下接受 $H_0: \mu=\mu_0$，那么在显著水平 0.01 下，能不能接受 H_0？

解 因为 $\left|\frac{\overline{X}-\mu_0}{\sigma\sqrt{n}}\right| \leqslant Z_{\frac{\alpha}{2}}$，又因为 $Z_{0.025} < Z_{0.005}$，所以接受 H_0.

3. 某厂生产乐器用合金弦线，其抗拉强度服从均值为 1056kg/cm^2 的正态分布，现从一批产品中抽取 10 根，测得其抗拉强度（单位：kg/cm^3）为

10512　10623　10668　10554　10776　10707　10557　10581　10666

10670

试问在显著水平 $\alpha=0.05$ 下这批产品的抗拉强度有无显著变化?

解

$$H_0: \mu=10560$$

$$H_1: \mu \neq 10560$$

$$\bar{X}=10631.4$$

$$S=2046.3$$

$$t_{0.025}(9)=2.2622$$

$$\left|\frac{\bar{X}-\mu_0}{S/\sqrt{n}}\right| \sim t(n-1)$$

拒绝域 $|T|>2.2622$

代入数据 $$\left|\frac{\bar{X}-\mu_0}{S/\sqrt{n}}\right|=0.1046<2.2622$$

所以接受 H_0,即这批产品抗拉强度无明显变化.

4. 有一批枪弹,出厂时,其初速 $v \sim N(950,100)$(m/s),经过较长时间储存,取 9 发进行测试,得样本值(单位:m/s)为

914　920　910　934　945　912　940　924　953

据经验,枪弹经储存后其初速仍服从正态分布,且标准差保持不变,问是否可认为这批枪弹的初速有显著降低($\alpha=0.05$)?

解

$$H_0: \mu \geqslant 950$$

$$H_1: \mu<950$$

$$\bar{X}=928$$

$$Z_\alpha=1.645$$

$$\left|\frac{\bar{X}-\mu_0}{\sigma/\sqrt{n}}\right| \sim U$$

拒绝域 $(-\infty,-1.645)$

代入数据 $$\frac{\bar{Z}-\mu_0}{\sigma/\sqrt{n}}=-6.6<-1.645$$

所以拒绝 H_0,即认为这批枪弹的初速有显著降低.

5. 某厂生产一种运动鞋,其质量(单位:g)服从正态分布 $N(150,5^2)$,为了减轻质量,工厂进行了科研,新生产出一批产品,抽取其中 64 双,测得平均质量为 148g,若标准差不变,问在显著水平 $\alpha=0.05$ 下这批鞋的质量是否明显减轻?

解

$$H_0: \mu \geqslant 150$$

$$H_1: \mu<150$$

$$\bar{X}=148$$

$$Z_\alpha=1.645$$

$$\left|\frac{\bar{X}-\mu_0}{\sigma/\sqrt{n}}\right| \sim U$$

拒绝域$(-\infty,-1.645)$

代入数据
$$\frac{\bar{Z}-\mu_0}{\sigma/\sqrt{n}}=-3.2$$

所以拒绝 H_0,即这批鞋的质量明显减轻.

6. 已知某种电子元件的寿命服从正态分布,要求该元件的平均寿命不低于 10000h,现从这批元件中随机抽取 9 只,测得寿命(单位:h)为

9800 10850 9670 10500 10100 9900 10650 9700 9950

试在显著水平 $\alpha=0.05$ 下确定这批元件是否合格.

解
$$H_0:\mu\geqslant 10000$$
$$H_1:\mu<10000$$
$$\bar{X}=10124.4$$
$$S=435.46$$
$$t_{0.05}(8)=1.8595$$
$$\left|\frac{\bar{X}-\mu_0}{S/\sqrt{n}}\right|\sim t(n-1)$$

拒绝域$(-\infty,-1.8595)$

代入数据
$$\left|\frac{\bar{X}-\mu_0}{S/\sqrt{n}}\right|=0.66 \text{ 未落下拒绝域}$$

所以接受 H_0,即这批元件合格.

7. 糖厂用自动包装机包装糖,每袋的质量(单位:g)服从正态分布 $N(500,2^2)$,某日开工后,为了确定这天包装机工作是否正常,随机抽取 25 袋糖,称得平均质量为 498g,设方差稳定不变,问这一天包装机的工作是否正常($\alpha=0.05$)?

解
$$H_0:\mu=500$$
$$H_1:\mu\neq 500$$
$$Z_{\frac{\alpha}{2}}=1.96$$
$$\bar{X}=498$$
$$\left|\frac{\bar{X}-\mu_0}{\sigma/\sqrt{n}}\right|\sim U$$

拒绝域$|T|>1.96$

代入数据
$$\left|\frac{\bar{X}-\mu_0}{\sigma/\sqrt{n}}\right|=5>1.96$$

所以拒绝 H_0,即这一天包装机的工作不正常.

8. 某种钢索的断裂强度服从正态分布,其中 $\sigma=40\text{N/cm}^2$,现从一批钢索中抽取 9 根,测得断裂强度的平均值比以往正常生产时的 μ 大于 20N/cm^2. 设总体方差不变,试问在 $\alpha=0.01$ 下能否认为这批钢索的断裂强度有显著提高.

解
$$H_0:\mu\leqslant 20$$
$$H_1:\mu>20$$
$$\bar{X}=22\text{N/cm}^2$$

$$Z_{0.01} = 2.33$$

$$\left|\frac{\overline{X}-\mu_0}{S/\sqrt{n}}\right| \sim t(n-1)$$

拒绝域(233+∞)

代入数据
$$\left|\frac{\overline{X}-\mu_0}{S/\sqrt{n}}\right| = 0.15 < 2.58$$

所以接受 H_0,即这批钢索的断裂强度无显著变化.

9. 某纺织厂在正常条件下,每台织布机每小时平均断经线 0.973 根,断经线根数服从正态分布,今在厂内进行革新试验,革新方法在 30 台织布机上试用,测得平均每台每小时平均断经线 0.952 根,标准差为 0.162 根,试问 $\alpha=0.05$ 下革新方法能否推广?

解
$$H_0:\mu=0.973$$

$$H_1:\mu \neq 0.973$$

$$\overline{X} = 0.952 \quad S = 0.162$$

$$t_{\frac{\alpha}{2}}(29) = 2.0452$$

$$\left|\frac{\overline{X}-\mu_0}{\sigma/\sqrt{n}}\right| \sim t(n-1)$$

拒绝域$|T|>2.0452$

代入数据
$$\left|\frac{\overline{X}-\mu_0}{\sigma/\sqrt{n}}\right| = 2.59 > 2.045$$

所以拒绝 H_0,即新方法不可以推广.

10. 从某锌矿的东、西两支矿脉中,各抽取样本容量为 9 和 8 的样本进行测试,得样本含锌平均数及样本方差:东支 $\overline{x}=0.230$,$s_1^2=0.1337$;西支 $\overline{y}=0.269$;$s_2^2=0.1736$. 若东、西两支矿脉的含锌量都服从正态分布且方差相同,试问东、西两支矿脉含锌量的平均值是否可以看作一样($\alpha=0.05$)?

解
$$H_0:\mu_1=\mu_2$$

$$H_1:\mu_1 \neq \mu_2$$

$$t_{\frac{\alpha}{2}}(15) = 2.131$$

$$T = \left|\frac{\overline{X}-\overline{Y}}{S\sqrt{\frac{1}{n!}+\frac{1}{n_2}}}\right| \sim t(n_1+n_2-2)$$

其中
$$S=\sqrt{\frac{(n_1-1)S_1^2+(n_2-1)S_2^2}{n_1+n_2-2}}$$

代入数据
$$T=\left|\frac{\overline{X}-\overline{Y}}{S\sqrt{\frac{1}{n}+\frac{1}{n_2}}}\right| = 1.645 < 2.131$$

所以接受 H_0,即东、西两支矿脉含锌量的平均值一样.

11. 在 20 世纪 70 年代后期,人们发现酿造啤酒时在麦芽的干燥过程中形成致癌物质亚硝基二甲胺. 到 80 年代初期开发了一种新的麦芽干燥过程,下面给出分别在老、新两种过程中形成的亚硝基二甲胺含量(以 10 亿份中的份数计).

老过程：6　4　5　5　6　5　5　6　4　6　7　4

新过程：2　1　2　2　1　0　3　2　1　0　1　3

设两样本分别来自正态总体，且两总体的方差相等，两样本独立，分别以 μ_1、μ_2 对应于老、新过程下的总体均值，试在显著水平 $\alpha=0.05$ 下检验假设 $H_0:\mu_1-\mu_2\leqslant 2$，$H_1:\mu_1-\mu_2>2$.

解

$$H_0:\mu_1-\mu_2\leqslant 2$$

$$H_1:\mu_1-\mu_2>2$$

$$Z_\alpha=1.96$$

$$\left|\frac{(\bar{X}-\bar{Y}-2)}{\sqrt{\frac{S_1^2}{n_1}+\frac{S_2^2}{n_2}}}\right|\sim U$$

代入数据

$$\left|\frac{(\bar{X}-\bar{Y}-2}{\sqrt{\frac{S_1^2}{n_1}+\frac{S_2^2}{n_2}}}\right|=4.375>1.96$$

所以拒绝 H_0，接受 H_1.

12. 某工厂生产的铜丝折断力服从正态分布 $N(\mu,8^2)$，某日随机抽取了 10 根进行折断力检验，测得平均折断力为 57.5kg，样本方差为 68.16. 试问在 $\alpha=0.05$ 下能否认为方差仍为 8^2？

解

$$H_0:\sigma_0^2=8^2$$

$$H_1:\sigma_0^2\neq 8^2$$

$$x_{\frac{\alpha}{2}}^2(9)=19.023$$

$$x_{1-\frac{\alpha}{2}}^2(9)=2.7$$

$$\left|\frac{(n-1)S^2}{\sigma^2}\right|\sim x^2(9)$$

拒绝域(0.27)∪(19.023，+∞)　$\left|\frac{(n-1)S^2}{\sigma^2}\right|\sim x^2(9)$

代入数据　$\frac{(n-1)s^2}{\sigma^2}=9.585<19.023\quad 9.585>2.7$

所以接受 H_0，即认为方差仍为 8^2.

13. 从某厂生产的电子元件中随机抽取了 25 个作寿命测试，得平均寿命为 100h，$\sum_{i=1}^{25}x_i^2=4.9\times 10^5$，已知电子元件的使用寿命服从正态分布，要求电子元件的寿命标准差不能超过 9h，问这批电子元件是否合格($\alpha=0.05$)？

解

$$H_0:\sigma^2\leqslant 9$$

$$H_1:\sigma^2>9$$

$$x_\alpha^2(24)=36.415$$

$$\frac{(n-1)S^2}{\sigma^2}\sim x^2(n-1)$$

拒绝域(36.415，+∞)

代入数据
$$\frac{(n-1)S^2}{\sigma^2}=54.4>36.415$$
所以拒绝 H_0，即这批元件不合格.

14. 某炼铁厂铁水的含碳量在正常情况下服从正态分布，方差为 0.112^2，现对操作工艺做了某些改变，从而抽取了 7 炉铁水的试样，测得含碳量数据(单位:kg)为

4.421　4.052　4.357　4.394　4.326　4.287　4.683

问在显著性水平 $\alpha=0.05$ 下能否认为方差小于 0.112^2？

解
$$H_0:\sigma^2\geqslant 0.112^2$$
$$H_1:\sigma^2<0.112^2$$
$$x^2_{1-\alpha(6)}=1.635$$
$$\frac{(n-1)S^2}{\sigma^2}\sim x^2(n-1)$$

拒绝域(0.1635)

代入数据
$$\frac{(n-1)S^2}{\sigma^2}=16.73>1.635$$
所以接受 H_0，即认为方差大于等于 0.112^2.

15. 某台机器加工某种零件，规定零件长度为 100cm，标准差不超过 2cm，每天定时检查机器运行情况，某日抽取 10 个零件，测得平均长度 $\bar{x}=101$cm，样本标准差 $s=2$cm，设加工的零件长度服从正态分布.问在显著性水平 $\alpha=0.05$ 下，零件是否合格？

解(1)
$$H_0:\mu=100$$
$$H_1:\mu\neq 100$$
$$t_{\frac{\alpha}{2}}(9)=2.2622$$
$$\left|\frac{\overline{X}-\mu_0}{S/\sqrt{n}}\right|\sim t(n-1)$$

拒绝域
$$|T|>2.2622$$

代入数据
$$\left|\frac{\overline{X}-\mu_0}{S/\sqrt{n}}\right|=1.58<2.2622,\text{未落入拒绝域}$$
所以接受 H_0，零件长度为 100cm.

(2)
$$H_0\sigma^2\leqslant 2^2$$
$$H_1\sigma^2>2^2$$
$$x^2_\alpha(9)=16.919$$

而
$$\frac{(n-1)S^2}{{\sigma_0}^2}\sim x^2(n-1)$$

拒绝域$(16.919,+\infty)$

代入数据
$$\frac{(n-1)s^2}{{\sigma_0}^2}=\frac{9\times 2^2}{2^2}=9$$
未落入拒绝域接受 H_0.标准差不超过 2cm。故零件合格.

16. 某一橡胶配方中，原用氧化锌 5g，现减为 1g，若分别用两种配方做一批实验，5g

配方测 9 个值，得橡胶伸长率的样本方差 $S_1^2=63.86$；1g 配方测 3 个值，橡胶伸长率的样本差 $S_2^2=236.8$. 设橡胶伸长率服从正态分布，试问在显著水平 $\alpha=0.1$ 下两种配方的伸长率的总体方差有无显著差异？

$$H_0:\sigma_1^2=\sigma_2^2$$

$$H_1:\sigma_1^2\neq\sigma_2^2$$

$$F_\alpha(8,2)=9.37$$

$$S_1^2/S_2^2\sim F(n_1-1,n_2-1)$$

代入数据 $S_1^2/S_2^2=0.2697<9.37$

所以接受 H_0. 即两种配方的伸长率的总体方差无显著差异.

17. 有两台机器生产金属部件，分别在两台机器所生产的部件中各取一容量为 13 和 15 的样本，测得部件重量的样本方差为 $s_1^2=9.66$，$s_2^2=15.46$，设两样本相互独立，且金属部件质量都服从正态分布，总体均值未知，在显著水平 $\alpha=0.05$ 下检验假设 $H_0:\sigma_1^2\geqslant\sigma_2^2$，$H_1:\sigma_1^2<\sigma_2^2$.

解

$$H_0:\sigma_1^2\geqslant\sigma_2^2$$

$$H_1:\sigma_1^2<\sigma_2^2$$

$$F_{1-\frac{\alpha}{2}}(12,14)=3.5$$

$$S_1^2/S_2^2\sim F(n_1-1,n_2-1)$$

代入数据 $S_1^2/S_2^2=0.6248$ 小于 3.5

所以拒绝 H_0，接受 H_1.

三、典型例题

例 1 已知某炼铁厂铁水含碳量服从正态分布 $N(4.55,0.108^2)$，现在测定了 9 炉铁水，其平均含碳量为 4.484，如果方差没有变化，可否认为铁水的平均含碳量仍为 4.55？$(\alpha=0.05)$

解 (1)假设检验 $H_0:\mu=4.55$，$H_1:\mu\neq4.55$，

(2) 方差已知，检验统计量为 $Z=\dfrac{\overline{X}-\mu_0}{\sigma}\sqrt{n}\sim N(0,1)$.

(3) 对显著性水平 $\alpha=0.05$，确定拒绝域 $(-\infty,-z_{0.025})\cup(z_{0.025},+\infty)$，查表 $z_{0.025}=1.96$，所以拒绝域为 $(-\infty,-1.96)\cup(1.96,+\infty)$.

(4) 计算 $|Z|=\left|\dfrac{\overline{X}-\mu_0}{\sigma}\sqrt{n}\right|=\left|\dfrac{4.484-4.55}{0.108}\times\sqrt{9}\right|=1.833$.

(5) 因为 $-1.96<1.833<1.96$，没有落入拒绝域，所以接受 H_0，可以认为铁水含碳量仍为 4.55.

例 2 从甲地发送一个信号到乙地，设乙地接受到的信号值是一个服从正态分布 $N(\mu,0.2^2)$ 的随机变量，其中 μ 为甲地发射的真实信号值，现甲地重复发送同一信号 5 次，乙地接受到的信号值为 8.05，8.15，8.2，8.1，8.25.

问：能否认为甲地发射的信号大于 8$(\alpha=0.05)$？

解 (1)根据题意，需检验的是 $H_0:\mu\leqslant8$，$H_1:\mu>8$.

(2) 方差已知，检验统计量为 $Z=\frac{\overline{X}-\mu_0}{\sigma}\sqrt{n}\sim N(0,1)$.

(3) 对显著性水平 $\alpha=0.05$，拒绝域：$Z=\frac{(\overline{X}-\mu_0)\sqrt{n}}{\sigma}>z_{0.95}$，查表 $z_{0.05}=1.645$. 所以拒绝域为 $Z=\frac{(\overline{X}-\mu_0)\sqrt{n}}{\sigma}>1.645$.

(4) 计算 $\bar{x}=8.15$，$Z=\frac{(8.15-8)\sqrt{5}}{0.2}=1.68>1.645$.

(5) 计算结果 Z 值落入了拒绝域，故拒绝原假设，接受备择假设，认为甲地发射信号确实大于 8.

例 3 一公司声称某种类型的电池的平均寿命至少为 21.5h. 有一实验室检验了该公司制造的 6 套电池，得到如下的寿命(单位：h)：19,18,22,20,16,25.

试问这些结果是否表明，这种类型的电池不符合该公司所声称的寿命($\alpha=0.05$)?

解 (1) 根据题意，需检验的是 $H_0:\mu\geqslant 21.5$ $H_1:\mu<21.5$.

(2) 方差未知，检验统计量为 $T=\frac{\overline{X}-\mu_0}{S}\sqrt{n}\sim t(n-1)$.

(3) 对显著性水平 $\alpha=0.05$，拒绝域：$T=\frac{(\overline{X}-\mu_0)\sqrt{n}}{S}<-t_{0.05}(5)$，查表 $t_{0.05}(5)=2.015$. 所以拒绝域为 $Z=\frac{(\overline{X}-\mu_0)\sqrt{n}}{S}<-2.015$.

(4) 计算 $\bar{x}=20$，$S=3.16$，$T=\frac{(20-21.5)\sqrt{6}}{3.16}=-1.162>-2.015$.

(5) 计算结果 T 值未落入拒绝域，故无法拒绝原假设，接受原假设，这种类型的电池符合该公司所声称的寿命.

例 4 某地区对中学教学进行改革，为评估改革效果，分别在改革前和改革后进行两次考试，从参加考试人中各随机抽取 100 人，测得考试的平均得分分别为 63.5,67.0，假设两次考试成绩服从正态分布 $N(\mu_1,\sigma_1^2)$，$N(\mu_2,\sigma_2^2)$，在显著水平 $\alpha=0.05$ 下从以下两种情况来考虑改革是否有效?

(1) $\sigma_1^2=2.1^2$，$\sigma_2^2=2.2^2$；(2) $\sigma_1=\sigma_2$ 未知，但 $S_1=1.9$，$S_2=2.01$.

解 如果改革有效，改革后平均成绩 μ_2 应比改革前平均成绩 μ_1 高，即 $\mu_1-\mu_2<0$，否则为无效，所以原假设为 $H_0:\mu_1-\mu_2\geqslant 0$，备择假设为 $H_1:\mu_1-\mu_2<0$.

(1) 由于 σ_1,σ_2 已知，采用 Z 检验法，检验统计量为 $Z=\frac{(\overline{X}-\overline{Y})-\delta}{\sqrt{\frac{\sigma_1^2}{n_1}+\frac{\sigma_2^2}{n_2}}}$，拒绝域为 $Z<-z_\alpha$，$\alpha=0.05$，查表 $z_{0.05}=1.645$，所以拒绝域为 $Z<-1.645$.

计算，由 $\overline{X}=63.5$，$\overline{Y}=67.0$，$\sigma_1^2=2.1^2$，$\sigma_2^2=2.2^2$，$n_1=100$，$n_2=100$，$Z=\frac{63.5-67.0-0}{\sqrt{\frac{2.1^2}{100}+\frac{2.2^2}{100}}}=-11.51<-1.645$，落入拒绝域，所以可以认为改革有效.

(2) 由于 σ_1,σ_2 未知,所以采用 t 检验法,检验统计量为 $T=\dfrac{(\overline{X}-\overline{Y})-\delta}{S_w\sqrt{\dfrac{1}{n_1}+\dfrac{1}{n_2}}}$.

拒绝域为 $T<-t_\alpha(n_1+n_2-1)$,由于 $t_{0.05}(198)\approx z_{0.95}=1.645$,所以拒绝域为 $T<-1.645$.

计算,由 $\overline{X}=63.5,\overline{Y}=67.0,S_1^2={}^2,S_2^2=2.01^2,n_1=100,n_2=100$,

$$S_w^2=\frac{(n_1-1)S_1^2+(n_2-1)S_2^2}{n_1+n_2-2}=\frac{(100-1)\times 1.9^2+(100-1)\times 2.01^2}{100+100-2}=3.83.$$

$$T=\frac{(63.5-67.0)-0}{\sqrt{3.83}\sqrt{\dfrac{1}{100}+\dfrac{1}{100}}}=-12.65<-1.645,$$落入拒绝域,所以可以认为改革有效.

例 5 假设食盐自动包装生产线上每袋食盐的净重服从正态分布,规定每袋标准质量为 500g,标准差不能超过 8g,在一次定期检查中,随机抽取 25 袋食盐,测得平均质量为 502g,样本标准差为 8.5g,问:在显著水平 $\alpha=0.05$ 时,能否认为包装机工作是正常的?

分析 包装机工作是否正常,有两个衡量指标,即质量是否为 500g,标准差是否超过 8g,所以是两部分检验.

首先检验质量是否合格.

(1) 检验假设 $H_0:\mu=500,H_1:\mu\neq 500$.

(2) 方差未知时,检验统计量为

$$T=\frac{\overline{X}-\mu_0}{S/\sqrt{n}}\sim t(24)$$

(3) 为拒绝域为 $|T|>t_{\frac{\alpha}{2}}(24)$,$\alpha=0.05$,查表 $t_{0.025}(24)=2.064$,所以拒绝域为 $|T|>2.064$.

(4) 计算 $\bar{x}=502$, $S=8$.

$$|T|=\left|\frac{502-500}{8}\times 5\right|=1.25<2.064.$$

(5) 判断未落入拒绝域,接受 H_0,即可以认为质量为 500g.

其次检验误差是否正常.

(1) 检验假设 $H_0:\sigma^2\leqslant 8^2,H_1:\sigma^2>8^2$.

(2) 选用统计量 $\chi^2=\dfrac{(n-1)S^2}{\sigma_0^2}\sim\chi^2(n-1)$.

(3) 对 $\alpha=0.05$,查表 $\chi^2_{0.05}(24)=15.507$,拒绝域 $\chi^2>\chi^2_\alpha(n-1)=\chi^2_{0.05}(24)=36.4$.

(4) 计算 $\chi^2=\dfrac{24\times 8.5^2}{8^2}=27.09<36.4$.

(5) 未落入拒绝域,接受 H_0,即可以认为方差不超过 8g.

综上,可以认为包装机工作是正常的.

四、练习题

(一) 选择题

1. 设总体 X 服从正态分布 $N(\mu,\sigma^2)$,其中 μ 已知,σ^2 未知,X_1,X_2,X_3 是取自总体 X 的一个样本,则非统计量是(　　).

(A) $\frac{1}{3}(X_1+X_2+X_3)$　　(B) $X_1+X_2+2\mu$

(C) $\max(X_1,X_2,X_3)$　　(D) $\frac{1}{\sigma^2}(X_1+X_2+X_3)$

2. 设 $X\sim N(1,2^2)$,$X_1,X_2,\cdots,X_n$ 为 X 的样本,则(　　).

(A) $\frac{\overline{X}-1}{2}\sim N(0,1)$　　(B) $\frac{\overline{X}-1}{4}\sim N(0,1)$

(C) $\frac{\overline{X}-1}{2/\sqrt{n}}\sim N(0,1)$　　(D) $\frac{\overline{X}-1}{\sqrt{2}}\sim N(0,1)$

3. $F_{0.05}(7,9)=$(　　).

(A) $F_{0.95}(9,7)$　　(B) $\frac{1}{F_{0.95}(9,7)}$

(C) $\frac{1}{F_{0.05}(7,9)}$　　(D) $\frac{1}{F_{0.05}(9,7)}$

4. 对正态总体的数学期望 μ 进行假设检验,如果在显著性水平 0.05 下接受 H_0:$\mu=\mu_0$,那么在显著性水平为 0.01 下,下列结论中正确的是(　　).

(A) 必接受 H_0　　(B) 可能接受,也可能拒绝 H_0

(C) 必拒绝 H_0　　(D) 不接受,也不拒绝 H_0

(二) 计算题

1. 已知在正常生产的情况下,某种汽车零件的质量(单位:g)服从正态分布 $N(54,0.75)$,在某日生产的零件中抽取 10 件,测得质量如下:

54.0　54.0　55.1　53.8　54.2　52.1　54.2　55.0　55.8　55.1　55.3

如果标准差不变,该日生产的零件的平均质量是否有显著差异(取 $\alpha=0.05$)?

2. 设在木材中抽取 100 根,测其小头直径,得到样本平均数为 $\bar{x}=11.2$cm,已知标准差 $\sigma_0=2.6$cm,问该批木材的平均小头直径能否认为是 12cm?

3. 某纺织厂进行轻浆试验,根据长期正常生产的累积资料,知道该厂单台布机的经纱断头率的数学期望为 9.73 根,均方差为 1.60 根. 现在把经纱上浆率降低 20%,抽取 200 台布机进行试验,结果平均每台布机的经纱断头率为 9.89 根. 如果认为上浆率降低后均方差不变,问断头率是否受到显著影响(显著水平 $\alpha=0.05$)?

4. 岩石密度的测量误差服从正态分布 $N(0,\sigma)$,在某次岩石密度测定中,检查了 12 块标本,计算出了两次测量误差的平均值 $\bar{x}=0.1g/cm^3$,σ 的无偏估计量 $\hat{\sigma}=0.2g/cm^3$,对于置信水平 $\alpha=0.05$,试判断该密度测定质量是否满足要求.

5. 某维尼龙厂根据长期正常生产的累积资料知道所生产的维尼龙纤度服从正态分

布，它的均方差为 0.048，某日随机抽取 5 根纤维，测得其纤度为 1.32，1.55，1.36，1.40，1.44. 问该日所生产的维尼龙的均方差是否正常($\alpha=0.1$)？

6. 从一台车床加工的一批轴料中抽取 15 件测量其椭圆度，计算得 $S^2=0.025^2$，问该批轴料椭圆度的总体方差与规定的 $\sigma_0^2=0.0004$ 有无显著差异($\alpha=0.05$，椭圆度服从正态分布)？

7. 某批矿砂的 5 个样品中的镍含量，经测定为(%)：

32.56　29.66　31.64　30.00　31.37　31.03

设测定值总体服从正态分布，问：在 $\alpha=0.01$ 下能否接受假设：这批矿砂的镍含量的均值为 32.50.

8. 8 名学生独立地测定同一物质的密度，分别测得其值(单位：g/cm^3)为 11.49，11.51，11.52，11.53，11.47，11.46，11.55，11.50. 测定值服从正态分布，试根据这些数据检验该物质的实际密度是否为 11.53($\alpha=0.05$).

9. 用热敏电阻测温仪间接测量地热勘探井底温度，重复测量 7 次，测得温度(℃)为 112.0，113.4，111.2，112.0，114.5，112.9，113.6. 而用某种精确办法测得的温度为 112.6℃(可看做真值)，试问用热敏电阻测温仪间接测温有无系统偏差($\alpha=0.05$)？

10. 无线电厂生产的某种高频管，其中一项指标服从正态分布 $N(\mu,\sigma^2)$，今从一批产品中抽取 8 个高频管，测得指标数据为 68，43，70，65，55，56，60，72.

(1) 已知总体数学期望 $\mu=60$ 时，检验假设 $H_0:\sigma^2=64(\alpha=0.05)$；

(2) 总体数学期望 μ 未知时，检验假设 $H_0:\sigma^2=64(\alpha=0.05)$.

11. 测定某种溶液中的水分，它的 10 个测定值给出 $\overline{X}=0.452\%$，$S=0.037\%$，设测定值总体服从正态分布，μ 为总体均值，σ 为总体均方差，试在 5% 显著性水平下，分别检验假设：

(1) $H_0:\mu=0.5\%$；(2) $H_0:\sigma=0.04\%$.

12. 在正态总体 $N(\mu,1)$ 中取 100 个样品，计算 $\overline{X}=5.32$.

(1) 试检验 $H_0:\mu=5$ 是否成立($\alpha=0.01$)？

(2) 计算上述检验在 $H_1:\mu=4.8$ 下犯第二类错误的概率.

五、练习题答案

(一) 单选题

1. (D)　2. (C)　3. (B)　4. (B)

(二) 计算题

1. 可以认为该日生产的零件的平均质量与正常生产时无显著差异.
2. 该批木材的平均小头直径不能认为是 12cm.
3. 可认为上浆率降低后对断头率没有显著影响.
4. 该密度测定质量满足要求.
5. 该日所生产的维尼龙的均方差不正常.
6. 该批轴料椭圆度的总体方差与规定的 $\sigma_0^2=0.0004$ 无显著差异.

7. 不能认为这批矿砂的镍含量的均值为 32.50.

8. 认为该物质的实际密度为 11.53.

9. 认为用热敏电阻测温仪间接测温系统偏差.

10. (1) 认为 $\sigma^2=64$.

(2) 认为 $\sigma^2\neq 64$.

11. (1) 认为 $\alpha=0.5\%$.

(2) 认为 $\sigma=0.04$.

12. (1) 认为 $\mu\neq 5$.

(2) $P(II)=P\{$接受 $H_0 \mid H_1$ 真$\}=P\{|U|<1.645 \mid \mu=4.8\}$

当 $\mu=4.8$ 时,有

$$\frac{\overline{X}-4.8}{1/\sqrt{100}} \sim N(0.1)$$

$$P\{|U|<1.645 \mid \mu=4.8\}=P\{-1.645<\frac{\overline{X}-4.8+4.8-5}{1\sqrt{100}}<1.645\}$$

$$=P\{-1.645+2<\frac{\overline{X}-4.8}{1/\sqrt{100}}<1.645+2\}$$

$$=\Phi(3.645)-\Phi(0.355)\approx 0.3594$$

第九章　回归分析

一、内容提要

在实际中,最简单的情形是由两个变量组成的关系.考虑用下列模型

$$Y = f(x) + \varepsilon$$

式中:Y 为随机变量;x 为普通变量,ε 为随机变量(称为随机误差).

回归分析就是根据已得的试验结果以及以往的经验来建立统计模型,并研究变量间的相关关系,建立起变量之间关系的近似表达式,即经验公式.

(一) 相关分析与回归分析

1. 相关分析的涵义

相关分析是通过对经济现象的依存关系的分析,找出现象间的相互依存的形式和相关程度以及依存关系的变动规律.

2. 回归的定义

回归分析是研究某一被解释变量(因变量)与另一个或多个解释变量(自变量)间的依存关系,其目的在于根据已知的解释变量值或固定的解释变量值(重复抽样)来估计和预测被解释变量的总体平均值.

3. 回归模型的分类

按模型中参数与被解释变量之间是否线性,分为线性回归模型和非线性回归模型.

对于“线性”的解释:一种是就变量而言是线性的,即线性回归模型是指解释变量与被解释变量之间呈线性关系;另一种是就参数而言是线性的,即线性回归模型是指参数与被解释变量之间呈线性关系;非线性回归模型是指参数与被解释变量之间呈非线性关系.就回归模型而言,通常“线性”是就参数而言的.

4. 相关与回归的区别

(1) 在相关分析中涉及的变量不存在自变量和因变量的划分问题,变量之间的关系是对等的;而在回归分析中,则必须根据研究对象的性质和研究分析的目的,对变量进行自变量和因变量的划分.因此,在回归分析中,变量之间的关系是不对等的.

(2) 在相关分析中,所有的变量都必须是随机变量;而在回归分析中,自变量是给定的,因变量才是随机的,即将自变量的给定值代入回归方程后,所得到的因变量的估计值不是唯一确定的,而会表现出一定的随机波动性.

(3) 相关分析主要是通过一个指标即相关系数来反映变量之间相关程度的大小,由于变量之间是对等的,因此相关系数是唯一确定的.而在回归分析中,对于互为因果的两个变量,则有可能存在多个回归方程.

（二）一元线性回归

1. 一元线性回归模型

一般地，当随机变量 Y 与普通变量 x 之间有线性关系时，可设

$$Y = \beta_0 + \beta_1 x + \varepsilon, \tag{9-1}$$

$$\varepsilon \sim N(0, \sigma^2)$$

式中：β_0，β_1 为待定系数.

则有

$$y_i = \beta_0 + \beta_1 x_i + \varepsilon_i,\ i = 1,2,\cdots,n \tag{9-2}$$

其中 $\varepsilon_1, \varepsilon_2, \cdots, \varepsilon_n$ 相互独立. 在线性模型中，由假设知

$$Y \sim N(\beta_0 + \beta_1 x, \sigma^2),\ E(Y) = \beta_0 + \beta_1 x \tag{9-3}$$

回归分析就是根据样本观察值寻求 β_0，β_1 的估计 $\hat{\beta}_0$，$\hat{\beta}_1$.

2. 一元线性回归分析的一般步骤

一般而言，一元线性回归分析有以下几个主要步骤.

第一步，根据研究的目的和内容确定被解释变量 Y 和解释变量 X，即变量的选择问题，正确选择分析变量是得出正确结论的前提和基础.

第二步，模型的设定. 从根本上，模型设定是根据研究的经济现象，依据相应的经济理论加以确定的. 当然，对经济现象历史分析的实践经验也是模型设定的重要依据.

第三步，参数估计.

第四步，模型的检验和修正.

第五步，模型的运用.

一元线性回归分析的主要步骤如图 9－1 所示.

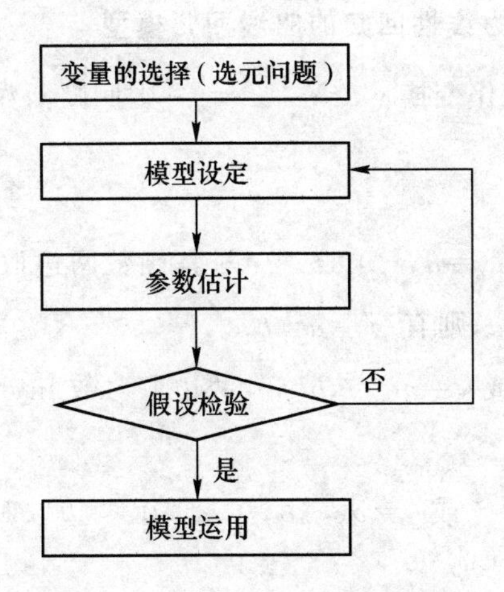

图 9－1　回归分析一般步骤流程

3. 最小二乘估计

令
$$Q(\beta,\beta)=\sum_{I=1}^{n}(y_i-\beta_0-\beta_1x_i)^2$$

最小二乘法就是寻求 β_0 与 β_1 的估计$\hat{\beta}_0,\hat{\beta}_1$,使 $Q(\hat{\beta}_0,\hat{\beta}_1)=\min Q(\beta_0,\beta_1)$.

利用微分的方法,求 Q 关于 β_0,β_1 的偏导数,并令其为零,得

$$\begin{cases}\dfrac{\partial Q}{\partial\beta_0}=-2\sum\limits_{i=1}^{n}(y_i-\beta_0-\beta_1x_i)=0\\ \dfrac{\partial Q}{\partial\beta_1}=-2\sum\limits_{i=1}^{n}(y_i-\beta_0-\beta_1x_i)x_i=0\end{cases}\tag{9-4}$$

若记

$$\bar{x}=\frac{1}{n}\sum_{i=1}^{n}x_i,\bar{y}=\frac{1}{n}\sum_{i=1}^{n}y_i$$

$$L_{xy}\overset{\text{def}}{=}\sum_{i=1}^{n}(x_i-\bar{x})(y_i-\bar{y})=\sum_{i=1}^{n}x_iy_i-n\bar{x}\bar{y}$$

$$L_{xx}\overset{\text{def}}{=}\sum_{i=1}^{n}(x_i-\bar{x})^2=\sum_{i=1}^{n}x_i^2-n\bar{x}^2$$

则

$$\begin{cases}\hat{\beta}_0=\hat{y}-\bar{x}\hat{\beta}_1\\ \hat{\beta}_1=\dfrac{L_{xy}}{L_{xx}}\end{cases}\tag{9-5}$$

式(9—4)或式(9—5)称为 β_0,β_1 的最小二乘估计. 而$\hat{Y}=\hat{\beta}_0+\hat{\beta}_1x$ 为 Y 关于 x 的一元经验回归方程.

4. 可通过变量替换化为线性回归的曲线回归模型

(1) 双曲线$\dfrac{1}{y}=a+\dfrac{b}{x}$ 作变换 $y'=\dfrac{1}{y},x'=\dfrac{1}{x}$ 则回归函数化为

$$y'=a+bx'$$

(2) 幂函数 $y=ax^b$(或 $y=ax^{-b}$) ,$b>0$ 对幂函数两边取对数 $\ln y=\ln a+b\ln x$,作变换 $y'=\ln y,x'=\ln x,a'=\ln a$,则有 $y'=a\pm b'x'$.

(3) 指数函数 $y=ae^{bx}$ 或 $y=ae^{-bx}$,$b>0$,两边取对数 $\ln y=\ln a\pm bx$,令 $y'=\ln y,\alpha'=\ln\alpha$,有 $y'=\alpha'\pm bx$.

(4) 倒指数函数 $y=ae^{-\frac{b}{x}}$ 或 $y=ae^{\frac{b}{x}}$,$b>0,a>0$,两边取对数后作变换 $y'=\ln y$, $x'=\dfrac{1}{x},a'=\ln a$,则有 $y'=a'\pm b'x'$.

(5) 对数函数 $y=a+b\ln x$,作变换 $x'=\ln x$,则有 $y=a+bx'$.

5. 回归方程的显著性检验

检验如下假设：　　　　　　$H_0:\beta_1=0$，$H_1:\beta_1\neq 0$.

对 H_0 的检验有三种本质相同的检验方法. T—检验法；F—检验法；相关系数检验法.

（三）多元线性回归

1. 多元线性回归模型

$$\boldsymbol{Y}=\beta_0+\beta_1x_1+\beta_2x_2+\cdots+\beta_px_p+\varepsilon,\varepsilon\sim N(0,\sigma^2)$$

记 n 组样本分别是 $(x_{i1},x_{i2},\cdots,x_{ip},y_i)$，$i=1,2,\cdots,n$，则有

$$\boldsymbol{Y}=\begin{pmatrix}y_1\\y_2\\\vdots\\y_n\end{pmatrix},\boldsymbol{X}=\begin{pmatrix}1&x_{11}&x_{12}&\cdots&x_{1p}\\1&x_{21}&x_{22}&\cdots&x_{2p}\\\vdots&\vdots&\vdots&\vdots&\vdots\\1&x_{n1}&x_{n2}&\cdots&x_{np}\end{pmatrix},\boldsymbol{\beta}=\begin{pmatrix}\beta_0\\\beta_1\\\vdots\\\beta_p\end{pmatrix},\boldsymbol{\varepsilon}=\begin{pmatrix}\varepsilon_1\\\varepsilon_2\\\vdots\\\varepsilon_n\end{pmatrix}$$

则上述数学模型可用矩阵形式表示为

$$\boldsymbol{Y}=\boldsymbol{X\beta}+\boldsymbol{\varepsilon}$$

式中：$\boldsymbol{\varepsilon}$ 是 n 维随机向量，它的分量相互独立.

2. 最小二乘估计

令　　$$Q(\beta_0,\beta_1,\cdots,\beta_p)=\sum_{i=1}^{n}(y_i-\beta_0-\beta_1x_{i1}-\beta_2x_{i2}-\cdots-\beta_px_{ip})^2$$

最小二乘估计就是求 $\hat{\beta}=[\hat{\beta}_0\ \hat{\beta}_1\cdots\hat{\beta}_p]^{\mathrm{T}}$，使得

$$\min_{\beta}Q(\beta_0,\beta_1,\cdots,\beta_p)=Q(\hat{\beta}_0,\hat{\beta}_1,\cdots,\hat{\beta}_p)$$

令　$$\begin{cases}\dfrac{\partial Q}{\partial\beta_0}=-2\sum\limits_{i=1}^{n}(y_i-\beta_0-\beta_1x_{i1}-\cdots-\beta_px_{ip})=0\\\dfrac{\partial Q}{\partial\beta_j}=-2\sum\limits_{i=1}^{n}(y_i-\beta_0-\beta_1x_{i1}-\cdots-\beta_px_{ip})x_{ij}=0\end{cases},j=1,2,\cdots,p$$

可用矩阵表示为 $\boldsymbol{X}^{\mathrm{T}}X\beta=\boldsymbol{X}^{\mathrm{T}}\boldsymbol{Y}$，在系数矩阵 $\boldsymbol{X}^{\mathrm{T}}\boldsymbol{X}$ 满秩的条件下，可解得 $\hat{\boldsymbol{\beta}}=(\boldsymbol{X}^{\mathrm{T}}\boldsymbol{X})^{-1}\boldsymbol{X}^{\mathrm{T}}\boldsymbol{Y}$.

二、习题全解

1. 考察温度对产量的影响，测得下列 10 组数据：

温度 x/℃	20	25	30	35	40	45	50	55	60	65
产量 y/kg	13.2	15.1	16.4	17.1	17.9	18.7	19.6	21.2	22.5	24.3

(1) 求经验回归方程 $\hat{y}=\hat{\beta}_0+\hat{\beta}_1x$；

(2) 检验回归的显著性($\alpha=0.05$).

解 (1)

$$\sum x_i = 425$$

$$\sum y_i = 186$$

$$\sum x_i y_i = 8365$$

$$\sum x_i^2 = 20125$$

$$\bar{x} = 42.5, \bar{y} = 18.6$$

$$l_{xx} = \sum_{i=1}^{10}(x_i - \bar{x})^2 = \sum_{i=1}^{10} x_i^2 - 10\bar{x}^2 = 2062.5$$

$$l_{xy} = \sum_{i=1}^{n} x_i y_i - n\bar{x}\bar{y} = 460$$

$$\begin{cases} \hat{\beta}_1 = \dfrac{l_{xy}}{l_{xx}} = 0.2230 \\ \hat{\beta}_0 = \bar{y} - \hat{b}\bar{x} = 9.1212 \end{cases}$$

所求经验回归方程为 $\hat{y}=\hat{\beta}_0+\hat{\beta}_1 x=9.1212+0.2230x$.

(2) $S_{回}=\hat{\beta}_1^2 L_{xx}=\hat{\beta}_1 L_{xy}=0.2230\times 460=102.5939$, $S_{剩}=L_{yy}-\hat{\beta}_1 L_{xy}=1.8661$,

$F_0=(n-2)\dfrac{S_{回}}{S_{剩}}=8\times\dfrac{102.5939}{1.8661}=6.8724$,

$\alpha=0.05, F_{0.05}(1,8)=5.32$.

$F_0>F_{0.05}(1,8)$,故回归是显著的.

2. 某种合成纤维的强度与其拉伸倍数有关. 下表是 24 个纤维样品的强度与相应的拉伸倍数的实测记录. 试求这两个变量间的经验公式.

编 号	1	2	3	4	5	6	7	8	9	10	11	12
拉伸倍数 x	1.9	2.0	2.1	2.5	2.7	2.7	3.5	3.5	4.0	4.0	4.5	4.6
强度 y/MPa	1.4	1.3	1.8	2.5	2.8	2.5	3.0	2.7	4.0	3.5	4.2	3.5
编 号	13	14	15	16	17	18	19	20	21	22	23	24
拉伸倍数 x	5.0	5.2	6.0	6.3	6.5	7.1	8.0	8.0	8.9	9.0	9.5	10.0
强度 y/MPa	5.5	5.0	5.5	6.4	6.0	5.3	6.5	7.0	8.5	8.0	8.1	8.1

解 这里 $n=24$.

$$\sum x_= 127.5, \sum y_i = 113.1$$

$$\sum x_i^2 = 829.61, \sum y_i^2 = 650.93, \sum x_i y_i = 731.6$$

$$L_{xx} = 829.61 - \frac{1}{24} \times 127.5^2 = 152.266$$

$$L_{xy} = 731.6 - \frac{1}{24} \times 127.5 \times 113.1 = 130.756$$

$$L_{yy} = 650.93 - \frac{1}{24} \times 113.1^2 = 117.946$$

所以 $\hat{b} = \frac{L_{xy}}{L_{xx}} = 0.859$，$\hat{a} = \bar{y} - \hat{b}\bar{x} = 0.15$.

由此得强度 y 与拉伸倍数 x 之间的经验公式为 $\hat{y} = 0.15 + 0.859x$.

3. 某市居民货币收入与购买消费品支出数据如下(单位:亿元)：

货币收入 x	11.6	12.9	13.7	14.6	14.4	16.5	18.2	19.8
消费支出 y	10.4	11.5	12.4	13.1	13.2	14.5	15.8	17.2

求 y 对 x 的样本线性回归方程 $\hat{y} = \hat{\beta}_0 + \hat{\beta}_1 x$.

解

$$\sum x_i = 121.7$$

$$\sum y_i = 108.1$$

$$\sum x_i y_i = 1687.6$$

$$\sum x_i^2 = 1904.7$$

$$l_{xx} = \sum_{i=1}^{8} (x_i - \bar{x})^2 = \sum_{i=1}^{8} x_i^2 - 8\bar{x}^2 = 53.3487$$

$$l_{xy} = \sum_{i=1}^{n} x_i y_i - n\bar{x}\bar{y} = 43.1087$$

$$\begin{cases} \hat{\beta}_1 = \dfrac{l_{xy}}{l_{xx}} = 0.8081 \\ \hat{\beta}_0 = \bar{y} - \hat{\beta}_1 \bar{x} = 1.2200 \end{cases}$$

所求经验回归方程为 $\hat{y} = \hat{\beta}_0 + \hat{\beta}_1 x = 1.2200 + 0.8081x$.

4. 为了确定某种商品供应量 y 与价格 x 之间的关系，现取 10 对数据作为样本，算得平均价格为 $\bar{x} = 8$(元)，平均供给量 $\bar{y} = 50$(kg)，且 $\sum_{i=1}^{10} x_i^2 = 840$，$\sum_{i=1}^{10} y_i^2 = 33700$，$\sum_{i=1}^{10} x_i y_i = 5260$.

(1) 试建立供给量 y 对价格 x 的线性回归方程 $\hat{y} = \hat{a} + \hat{b}x$；

(2) 对所建立的线性回归方程进行显著性检验($\alpha = 0.05$).

解 (1)

$$\sum x_i = 80$$

$$\sum y_i = 500$$

$$\sum x_i y_i = 5260$$

$$\sum x_i^2 = 840$$

$$l_{xx} = \sum_{i=1}^{10}(x_i - \bar{x})^2 = \sum_{i=1}^{10} x_i^2 - 10\bar{x}^2 = 200$$

$$l_{xy} = \sum_{i=1}^{n} x_i y_i - n\bar{x}\bar{y} = 1260$$

$$\begin{cases} \hat{\beta}_1 = \dfrac{l_{xy}}{l_{xx}} = 6.30 \\ \hat{\beta}_0 = \bar{y} - \hat{\beta}_1 \bar{x} = -0.40 \end{cases}$$

所求经验回归方程为 $\hat{y}=\hat{\beta}_0+\hat{\beta}_1 x=-0.40+6.30x$.

(2) $S_{回}=\hat{\beta}_1^2 L_{xx}=\hat{\beta}_1 L_{xy}=7938$，$S_{剩}=L_{yy}-\hat{\beta}_1 L_{xy}=762$

$$F_0 = (n-2)\frac{S_{回}}{S_{剩}} = 8 \times \frac{7938}{762} = 83.3386$$

$$\alpha = 0.05,\ F_{0.05}(1,8) = 5.32$$

$F > F_{0.05}(1,8)$，故回归是显著的.

5. 电容器充电达某电压值时为时间的计算原点，此后电容器串联一电阻放电，测定各时刻的电压 u，测量结果为

时间 t/s	0	1	2	3	4	5	6	7	8	9	10
电压 u/V	100	75	55	40	30	20	15	10	10	5	5

若 u 与 t 关系为 $u=u_0 e^{-ct}$，其中 u_0，c 未知，求 u 对 t 的回归方程.

解 $u=u_0 e^{-ct}$两端取对数

$$\ln u = \ln u_0 - ct$$

令 $y=\ln u$，$\beta_0=\ln u_0$，$\beta_1=-c_0$，$x=t$，则关于 x，y 有下列数据

x	0	1	2	3	4	5	6	7	8	9	10
y	4.6	4.3	4.0	3.7	3.4	3	2.7	2.3	2.3	1.6	1.6

$n=11$，$\bar{x}=5$，$l_{xx}=110$，$\bar{y}=3.045$

$l_{yy}=10.867$，$l_{xy}=-34.38$

$$\begin{cases}\hat{\beta}_1=\dfrac{l_{xy}}{l_{xx}}=-0.313\\ \hat{\beta}_0=\bar{y}-\hat{\beta}_1\bar{x}=4.61\end{cases}$$

从而 $\begin{cases}\hat{c}=0.313\\ \hat{u}_0=100.48\end{cases}$

所求经验回归方程为

$$\hat{u}=100.48\mathrm{e}^{-0.313t}$$

三、典型例题

例 1 依据 1996 年—2005 年《中国统计年鉴》提供的资料，经过整理，获得 1995 年—2004 年农村居民人均消费支出和人均纯收入的数据如下：

年度	1995	1996	1997	1998	1999	2000	2001	2002	2003	2004
人均纯收入/元	1577.74	1926.07	2090.13	2161.98	2210.34	2253.42	2366.40	2475.63	2622.24	2936.40
人均消费支出/元	1310.36	1572.08	1617.15	1590.33	1577.42	1670.13	1741.09	1834.31	1943.30	2184.65

(1) 建立一元线性回归模型；

(2) 对所建立的线性回归方程进行显著性检验($\alpha=0.05$).

解 (1) 以农村居民人均纯收入为解释变量 X，农村居民人均消费支出为被解释变量 Y，分析 Y 随 X 的变化而变化的因果关系. 考察样本数据的分布并结合有关经济理论，建立一元线性回归模型：

$$Y_i=\beta_0+\beta_1X_i+\mu_i$$

根据表编制计算各参数的基础数据计算表.

求得

$$\bar{x}=\sum x/n=2262.0$$

$$\bar{y}=\sum y/n=1704.1$$

$$l_{xx}=\sum x^2-\left(\sum x\right)^2/n=1264500$$

$$l_{xy}=\sum xy-\frac{(\sum x)(\sum y)}{n}=788860$$

$$l_{yy}=\sum y^2-\left(\sum y\right)^2/n=89666700-(32650)^2/12=831491.67$$

进而计算出 b,a：

$$\hat{\beta}_1=\frac{l_{xy}}{l_{xx}}=0.6239$$

$$\hat{\beta}_0=\bar{y}-\hat{\beta}_1\bar{x}=292.8769$$

根据以上基础数据求得样本回归函数为

$$\hat{Y}_i = 292.8769 + 0.6239\hat{X}_i$$

上式表明,中国农村居民家庭人均可支配收入若是增加 100 元,居民们将会拿出其中的 62.39 元用于消费.

(2)

$S_{回} = \hat{\beta}_1^2 L_{xx} = \hat{\beta}_1 L_{xy} = 492140$, $S_{剩} = L_{yy} - \hat{\beta}_1 L_{xy} = 24492$,

$F_0 = (n-2)\dfrac{S_{回}}{S_{剩}} = 160.7542$,

$\alpha = 0.05$, $F_{0.05}(1,8) = 5.32$,

$F > F_{0.05}(1,8)$,故回归是显著的.

例 2 炼钢过程中用来盛钢水的钢包,由于受钢水的浸蚀作用,容积会不断扩大.下表给出了使用次数和容积增大量的 15 对试验数据:

使用次数(x_i)	增大容积(y_i)	使用次数(x_i)	增大容积(y_i)
2	6.42	9	9.99
3	8.20	10	10.49
4	9.58	11	10.59
5	9.50	12	10.60
6	9.70	13	10.80
7	10.00	14	10.60
8	9.93	15	10.90
		16	10.76

试求 y 关于 x 的回归方程$\left(设\ y\ 与\ x\ 之间具有如下双曲线关系 \dfrac{1}{y} = a + b\dfrac{1}{x}\right)$.

解 $\dfrac{1}{y} = a + b\dfrac{1}{x}$ 作为回归函数的类型,即假设 y 与 x 满足

$$\frac{1}{y} = a + b\frac{1}{x} + \varepsilon \text{ 令 } \xi = \frac{1}{x}, \eta = \frac{1}{y}$$

则变成

$$\eta = a + b\xi + \varepsilon, E\varepsilon = 0, D\xi = \sigma^2$$

这是一种非线性回归,先由 x 与 y 的数据取倒数,可得 η,ξ 的数据(0.5000,0.1558),…(0.0625,0.0929),对得到的 15 对新数据,用最小二乘法可得线性回归方程 $\hat{\eta} = 0.1312\xi + 0.0823$,代回原变量,得

$$\frac{1}{y} = 0.1312\frac{1}{x} + 0.0823 = \frac{0.1312 + 0.0823x}{x}$$

所以 y 关于 x 的回归方程为

$$\hat{y} = \frac{\hat{x}}{0.0823\hat{x} + 0.1312}$$

例 3 在四川白鹅的生产性能研究中,得到如下一组关于雏鹅重(g)与 70 日龄重(g)的数据,试建立 70 日龄重(y)与雏鹅重(x)的直线回归方程.

编号	1	2	3	4	5	6	7	8	9	10	11	12
雏鹅重(x)/g	80	86	98	90	120	102	95	83	113	105	110	100
70日龄重(y)/g	2350	2400	2720	2500	3150	2680	2630	2400	3080	2920	2960	2860

解 (1) 以雏鹅重(x)为横坐标,70 日龄重(y)为纵坐标作散点图(图 9－2),由图形可见,四川白鹅的 70 日龄重与雏鹅重间存在直线关系,70 日龄重随雏鹅重的增大而增大.

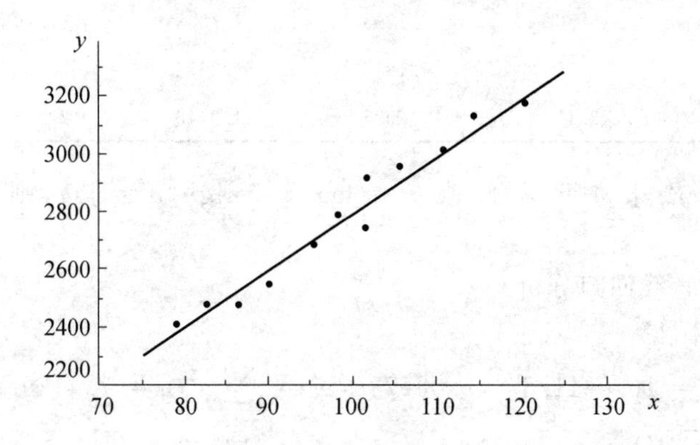

图 9－2 四川白鹅的雏鹅重与 70 日龄重散点图和回归直线图

(2) 计算回归截距 a,回归系数 b,建立直线回归方程.

首先根据实际观测值计算出下列数据:

$$\bar{x} = \sum x/n = 1182/12 = 98.5$$

$$\bar{y} = \sum y/n = 32650/12 = 2720.8333$$

$$l_{xx} = \sum x^2 - \left(\sum x\right)^2/n = 118112 - (1182)^2/12 = 1685.00$$

$$l_{xy} = \sum xy - \frac{(\sum x)(\sum y)}{n} = 3252610 - \frac{1182 \times 32650}{12} = 36585.00$$

$$l_{yy} = \sum y^2 - \left(\sum y\right)^2/n = 89666700 - (32650)^2/12 = 831491.67$$

进而计算出 b,a:

$$b = \frac{l_{xy}}{l_{xx}} = \frac{36585}{1685.00} = 21.7122$$

$$a = \bar{y} - b\bar{x} = 2720.8333 - 21.7122 \times 98.5 = 582.1816$$

得到四川白鹅的 70 日龄重 y 对雏鹅重 x 的直线回归方程为

$$\hat{y} = 582.1816 + 21.7122x$$

例 4 测定黑龙江雌性鲟鱼体长(cm)和体重(kg),结果如下表所列,试对鲟鱼体重与体长进行回归分析(用 $y=ax^b$ 来进行拟合).

序号	体长(x)/cm	体重(y)/g	$x'=\lg x$	$y'=\lg y$	$\hat{y}$	$y-\hat{y}$
1	70.70	1.00	1.8495	0	1.16305	−0.16306
2	98.25	4.85	1.9923	0.6857	3.86206	0.98794
3	112.57	6.59	2.0514	0.8189	6.34346	0.24654
4	122.48	9.01	2.0881	0.9547	8.62909	0.38091
5	138.46	12.34	2.1413	1.0913	13.49604	−1.15604
6	148.00	15.50	2.1703	1.1903	17.20854	−1.70854
7	152.00	21.25	2.1818	1.3274	18.96637	2.28363
8	162.00	22.11	2.2095	1.3446	23.92790	−1.81970

解 用 $y=ax^b$ 来进行拟合. 取 $x'=\lg x, y'=\lg y, a'=\lg a$,则可将其直线化为 $y'=a'+bx'$.

对 x',y'进行直线回归分析.

根据上表计算,得

$$\bar{x}'=\sum x'/n=16.6841/8=2.087725, \bar{y}'=\sum y'/n=7.4129/8=1.167350$$

$$l_{x'x'}=\sum x'^2-(\sum x')^2/n=34.8954-16.6841^2/8=2.35031281$$

$$l_{y'y'}=\sum y'^2-(\sum y')^2/n=8.2299-7.4129^2/8=1.16735804$$

$$l_{x'y'}=\sum x'y'-(\sum x')(\sum y')/n=-1.64472315$$

$$b=l_{x'y'}/l_{x'x'}=0.3669/0.1006=3.6417$$

$$a'=\bar{y}'-b\bar{x}'=0.9266-3.6471\times 2.0855=-6.6794$$

得 y'与 x'的直线回归方程为

$$\hat{y}'=-6.6797+3.6471x'$$

将变量 x',y'还原为 x,y

$$\lg\hat{y}=-6.6794+3.6471\lg x$$

即

$$\hat{y}=2.0921\times 10^{-7}x^{3.6471}$$

例 5 流经某地区的降雨量 X 和该地河流的径流量 Y 的观察值如下:

降雨量 x_i	110	184	145	122	165	143	78	129	62	130	168	1436Σ
径流量 y_i	25	81	36	33	70	54	20	44	1.41	41	75	480.4Σ

求 Y 关于 X 的线性回归方程,试估计降雨量为 200 时径流量为多少?利用相关系数显著性检验法,检验降雨量 X 和径流量 Y 的线性相关关系是否显著.

解

$$n=11$$

$$\bar{x}=130.5, \bar{y}=43.7$$

$$l_{xx}=\sum_{i=1}^{11}(x_i-\bar{x})^2=13768.7$$

$$l_{xy}=\sum_{i=1}^{n}x_iy_i-n\bar{x}\bar{y}$$

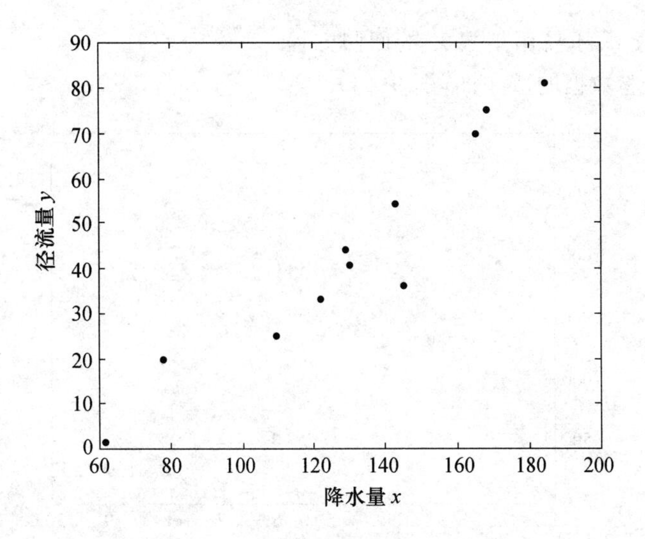

图 9－3　降雨量 x 和径流量 y 散点图

$$= 71424.8 - 62731.35 = 8693.45$$

$$\begin{cases} \hat{b} = \dfrac{l_{xy}}{l_{xx}} = \dfrac{8693.45}{13768.7} = 0.63 \\ \hat{a} = \bar{y} - \hat{b}\bar{x} = 43.7 - 0.63 \times 130.5 = -38.5 \end{cases}$$

所求经验回归方程为

$$\hat{y} = \hat{a} + \hat{b}x = -38.5 + 0.693x$$

降雨量为 200 时的径流量值为

$$\hat{y}(300) = 0.693 \times 200 - 38.5 = 100.1 \text{ 又 } l_{yy} = \sum_{i=1}^{n}(y_i - 43.7)^2 = 6050.59$$

随机误差的方差 σ^2 的估计为

$$\hat{\sigma}^2 = \frac{1}{n-2}\sum_{i=1}^{n}(l_{yy} - \hat{b}^2 l_{xx})$$

$$= (6050.59 - 0.632 \times 13768.7)/11 = 53.25$$

X 与 Y 的样本相关系数为

$$R = \frac{l_{XY}}{\sqrt{l_{XX}}\ \sqrt{l_{YY}}} = \frac{8693.45}{\sqrt{13768.7}\ \sqrt{6050.58}} = 0.952$$

查表，得

$$R_\alpha(n-2) = R_{0.01}(9) = 0.735 < 0.952 = R$$

可认为 X 与 Y 的线性相关关系显著.

例 6　下表是 1957 年美国旧轿车的调查数据表.

使用年数 x_i	1	2	3	4	5	6	7	8	9	10
平均价格 y_i	2651	1943	1494	1087	765	538	484	226	226	204

求平均价格 Y 关于使用年数 X 的回归方程.

解 观察试验数据的散布图(图 9－4).

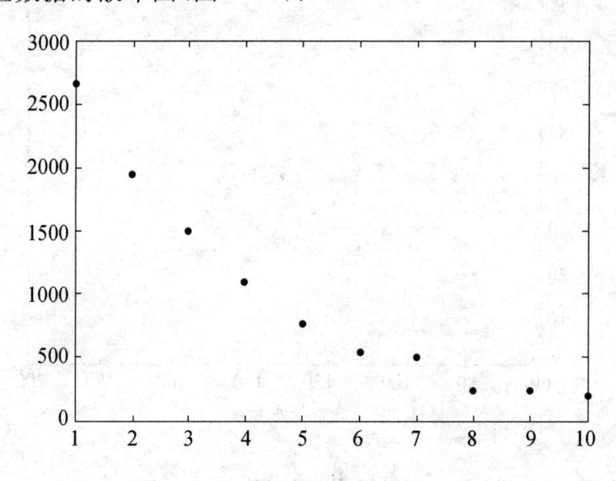

图 9－4 平均价格 y 与使用年数 x 的散点图

设经验回归方程为

$y=ae^{bx}$,$a>0$,$b<0$,两边取对数,得

$$\ln y = \ln a + bx$$

令 $z = \ln y$, $x=x$, 记

$a'=\ln a$ 经变换得回归方程为

$$z = a' + bx$$

记 $zi = \ln y_i$, 将原数据转换为

$$(x_i, z_i), i = 1,2, \cdots,10$$

使用年数 x_i	1	2	3	4	5	6	7	8	9	10
平均价格 y_i	7.88	7.57	7.31	6.99	6.64	6.29	6.18	5.67	5.42	5.32

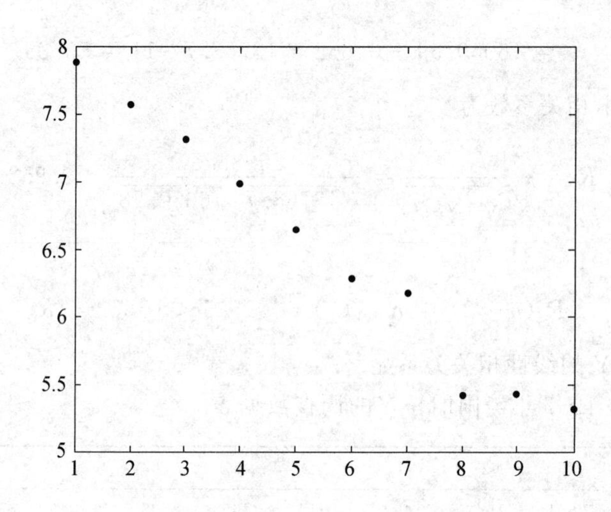

图 9－5 平均价格 y 的函数 $\ln y$ 与使用年数 x 的散点图

$$z = \ln y$$

$$\bar{x} = 5.5, \bar{z} = 6.527$$

$$l_{xx} = \sum_{i=1}^{10} x_i^2 - 10(\bar{x})^2 = 38.5 - 10 \times 5.5^2 = 82.5$$

$$l_{xz} = \sum_{i=1}^{10} x_i z_i - 10\overline{xz} = -24.554, \hat{b} = \frac{l_{xz}}{l_{xx}} = -\frac{24.5538}{82.5} = -0.2976$$

$$\hat{a}' = \bar{z} - \hat{b}\bar{x} = 6.527 + 0.2976 \times 5.5 = 8.1642$$

$$\hat{z} = 8.1642 - 0.2976x$$

代入原变量,得非线性经验回归方程为

$$\hat{y} = e^{\hat{a}'} e^{\hat{b}x} = 3512.91e^{-0.2976x}$$

检验 X 与 Y 是否存在显著的指数相关关系,等价于检验 X 与 $\ln Y$ 的线性相关关系是否显著,有

$$R = \frac{l_{xz}}{\sqrt{l_{xx}}\ \sqrt{l_{zz}}} = -0.996$$

$$|R| = 0.996 > 0.765 = R_{0.01}(8)$$

可以认为 X 与 Y 存在显著的指数相关关系,即

$$\hat{y} = -8.3459 + 34.8271x - 3.7630x^2$$

四、练习题

1. 在农业生产试验研究中,对某地区土豆的产量与化肥的关系做了试验,得到了氮肥、磷肥的施肥量与土豆产量的对应关系.

氮施肥量/(kg/hm²)	0	34	67	101	135	202	259	336	404	471
土豆产量/kg	15.18	21.36	25.72	32.29	34.03	39.45	43.15	43.46	40.83	30.75

根据上表数据分别给出土豆产量与氮肥的关系式.

2. 已知热敏电阻的电阻值与温度的数据为

温度 t/℃	20.5	32.7	51.0	73.0	95.7
电阻 R/Ω	765	826	873	942	1032

求温度为63℃时的电阻值.

3. 已知试验数据如下表所列,用一次函数求线性拟合函数.

x	1	2	3	4	5
$f(x)$	4	4.5	6	8	9

4. 求数据的二次拟合函数 $y=a_0+a_1x+a_2x^2$.

x	1	2	3	4	5
$f(x)$	4	4.5	6	8	9

5. 在某化学反应里,根据试验所得生成物的浓度与时间关系如下表所列,求浓度与时间的拟合曲线,选取数学模型 $y=ae^{b/t}$.

t/min	1	2	3	4	5	6	7	8	9	10	11	12	13	14	15	16
$f(t)\cdot 10^{-3}$	4.00	6.40	8.00	8.80	9.22	9.50	9.70	9.86	10.00	10.20	10.32	10.42	10.50	10.55	10.58	10.60

6. 10 头育肥猪的饲料消耗(x)和增重(y)资料如下表(单位:kg)所列,试对增重与饲料消耗进行直线回归分析,并做出回归直线.

x	191	167	194	158	200	179	178	174	170	175
y	33	11	42	24	38	44	38	37	30	35

五、练习题答案

1. 首先画出土豆产量与氮肥施肥量的散点图,可看出土豆产量与氮肥施肥量的关系是二次函数关系,因此可选取拟合函数为 $\hat{y}=ax^2+bx+c$,其中 x 和 y 分别为氮肥施肥量和土豆产量,a,b,c 为待定系数.对氮肥的拟合函数为

$$\hat{y}=-0.000339532x^2+0.197150x+14.7416$$

2. $\hat{R}=3.3987t+702.0968$.
3. $\hat{y}=2.25+1.35x$.
4. $\hat{y}=3+0.7071x+0.1071x^2$.
5. $\hat{y}=11.3253\times10^{-3}e^{-1.0567/t}$.
6. $\hat{y}=-47.8084+0.4536x$.

附录 考研题

一、填空题

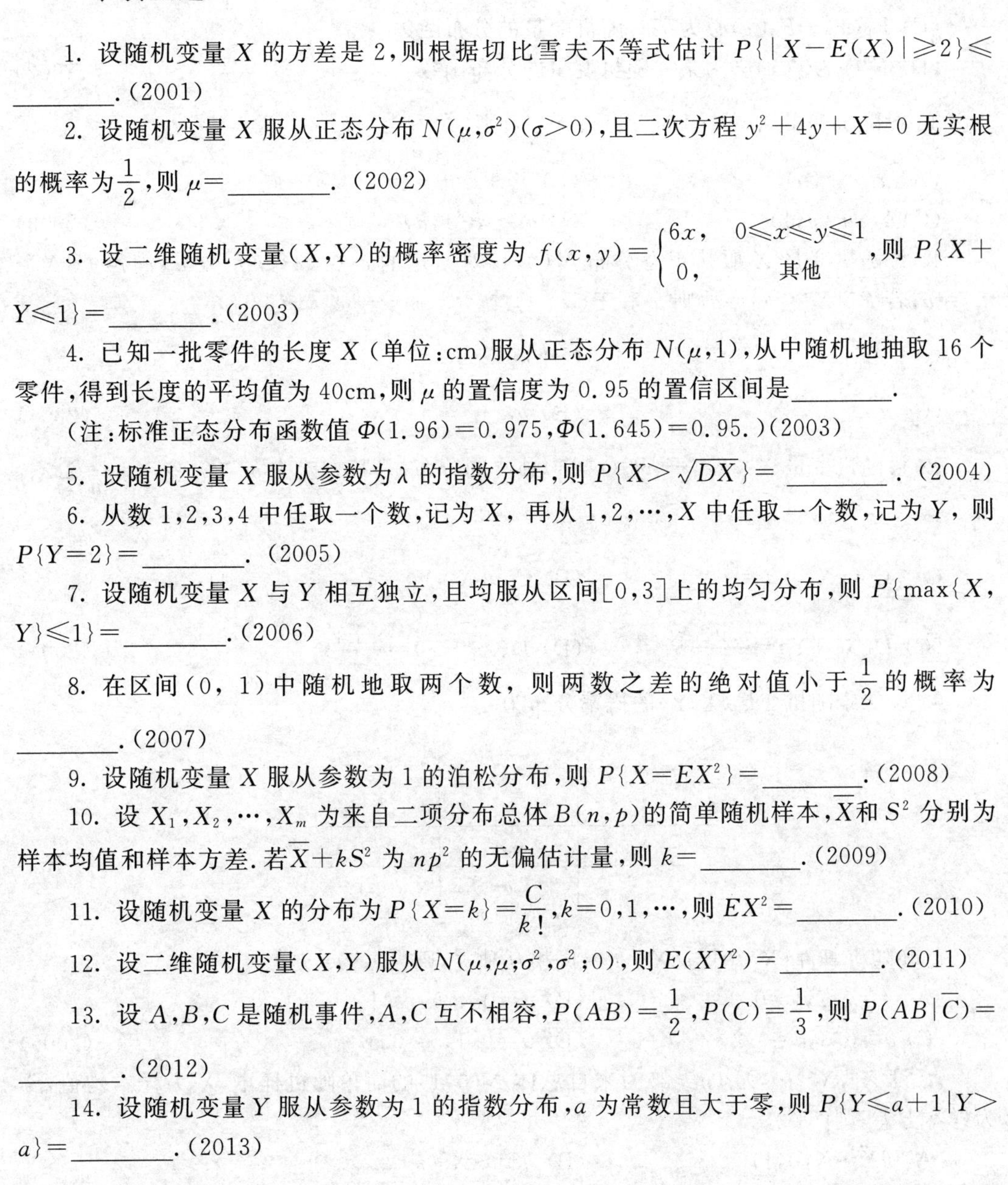

1. 设随机变量 X 的方差是 2,则根据切比雪夫不等式估计 $P\{|X-E(X)|\geqslant 2\}\leqslant$ ________.(2001)

2. 设随机变量 X 服从正态分布 $N(\mu,\sigma^2)(\sigma>0)$,且二次方程 $y^2+4y+X=0$ 无实根的概率为$\frac{1}{2}$,则 $\mu=$ ________.(2002)

3. 设二维随机变量(X,Y)的概率密度为 $f(x,y)=\begin{cases}6x, & 0\leqslant x\leqslant y\leqslant 1\\ 0, & \text{其他}\end{cases}$,则 $P\{X+Y\leqslant 1\}=$ ________.(2003)

4. 已知一批零件的长度 X (单位:cm)服从正态分布 $N(\mu,1)$,从中随机地抽取 16 个零件,得到长度的平均值为 40cm,则 μ 的置信度为 0.95 的置信区间是________.

(注:标准正态分布函数值 $\Phi(1.96)=0.975,\Phi(1.645)=0.95.$)(2003)

5. 设随机变量 X 服从参数为λ 的指数分布,则 $P\{X>\sqrt{DX}\}=$ ________.(2004)

6. 从数 1,2,3,4 中任取一个数,记为 X,再从 $1,2,\cdots,X$ 中任取一个数,记为 Y,则 $P\{Y=2\}=$ ________.(2005)

7. 设随机变量 X 与 Y 相互独立,且均服从区间$[0,3]$上的均匀分布,则 $P\{\max\{X,Y\}\leqslant 1\}=$ ________.(2006)

8. 在区间(0, 1)中随机地取两个数,则两数之差的绝对值小于$\frac{1}{2}$的概率为________.(2007)

9. 设随机变量 X 服从参数为 1 的泊松分布,则 $P\{X=EX^2\}=$ ________.(2008)

10. 设 $X_1,X_2,\cdots,X_m$ 为来自二项分布总体 $B(n,p)$的简单随机样本,$\overline{X}$和 S^2 分别为样本均值和样本方差.若$\overline{X}+kS^2$ 为 np^2 的无偏估计量,则 $k=$ ________.(2009)

11. 设随机变量 X 的分布为 $P\{X=k\}=\frac{C}{k!},k=0,1,\cdots$,则 $EX^2=$ ________.(2010)

12. 设二维随机变量(X,Y)服从 $N(\mu,\mu;\sigma^2,\sigma^2;0)$,则 $E(XY^2)=$ ________.(2011)

13. 设 A,B,C 是随机事件,A,C 互不相容,$P(AB)=\frac{1}{2},P(C)=\frac{1}{3}$,则 $P(AB|\overline{C})=$ ________.(2012)

14. 设随机变量 Y 服从参数为 1 的指数分布,a 为常数且大于零,则 $P\{Y\leqslant a+1|Y>a\}=$ ________.(2013)

二、选择题

1. 将一枚硬币重复掷 n 次,以 X 和 Y 分别表示正面向上和反面向上的次数,则 X

和 Y 的相关系数等于(　　).

(A) -1　　(B) 0　　(C) $\frac{1}{2}$　　(D) 1　　(2001)

2. 设 X_1 和 X_2 是任意两个相互独立的连续型随机变量,它们的概率密度分别为 $f_1(x)$和 $f_2(x)$,分布函数分别为 $F_1(x)$和 $F_2(x)$,则(　　).

(A) $f_1(x)+f_2(x)$必为某一随机变量的概率密度

(B) $f_1(x)f_2(x)$必为某一随机变量的概率密度

(C) $F_1(x)+F_2(x)$必为某一随机变量的分布函数

(D) $F_1(x)F_2(x)$必为某一随机变量的分布函数　　(2002)

3. 设随机变量 $X\sim t(n)(n>1)$,$Y=\frac{1}{X^2}$,则(　　).

(A) $Y\sim\chi^2(n)$　　(B) $Y\sim\chi^2(n-1)$

(C) $Y\sim F(n,1)$　　(D) $Y\sim F(1,n)$　　(2003)

4. 设随机变量 X 服从正态分布 $N(0,1)$对给定的 $\alpha(0<\alpha<1)$,数 u_α 满足 $P\{X>u_\alpha\}=\alpha$,若 $P\{|X|<x\}=\alpha$,则 x 等于(　　).

(A) $u_{\frac{\alpha}{2}}$　　(B) $u_{1-\frac{\alpha}{2}}$

(C) $u_{\frac{1-\alpha}{2}}$　　(D) $u_{1-\alpha}$　　(2004)

5. 设随机变量 $X_1,X_2,\cdots,X_n(n>1)$独立同分布,且其方差为 $\sigma^2>0$. 令 $Y=\frac{1}{n}\sum_{i=1}^{n}X_i$,则(　　).

(A) $\mathrm{Cov}(X_1,Y)=\frac{\sigma^2}{n}$　　(B) $\mathrm{Cov}(X_1,Y)=\sigma^2$

(C) $D(X_1+Y)=\frac{n+2}{n}\sigma^2$　　(D) $D(X_1-Y)=\frac{n+1}{n}\sigma^2$　　(2004)

6. 设二维随机变量(X,Y)的概率分布为

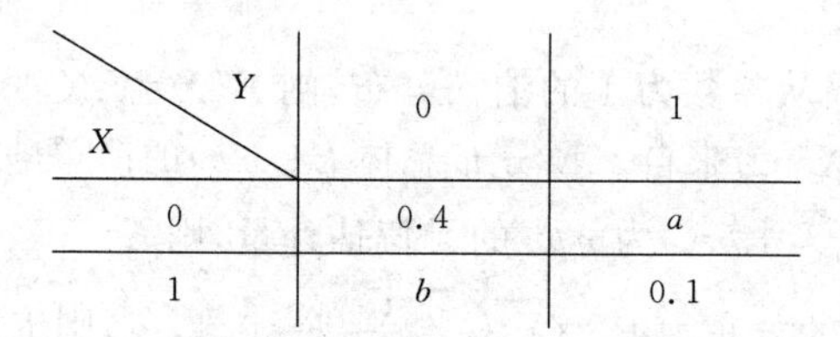

X \ Y	0	1
0	0.4	a
1	b	0.1

已知随机事件$\{X=0\}$与$\{X+Y=1\}$相互独立,则(　　).

(A) $a=0.2,b=0.3$　　(B) $a=0.4,b=0.1$

(C) $a=0.3,b=0.2$　　(D) $a=0.1,b=0.4$　　(2005)

7. 设 $X_1,X_2,\cdots,X_n(n\geqslant 2)$为来自总体 $N(0,1)$的简单随机样本,$\overline{X}$ 为样本均值,S^2 为样本方差,则(　　).

(A) $n\overline{X}\sim N(0,1)$　　(B) $nS^2\sim X^2(n)$

(C) $\frac{(n-1)\overline{X}}{S}\sim t(n-1)$　　(D) $\frac{(n-1)X_1^2}{\sum_{i=2}^{n}X_i^2}\sim F(1,n-1)$　　(2005)

8. 设 A,B 为随机事件，且 $P(B)>0,P(A|B)=1$，则必有（　　）．

(A) $P(AUB)>P(A)$　　(B) $P(AUB)>P(B)$

(C) $P(AUB)=P(A)$　　(D) $P(AUB)=P(B)$　　(2006)

9. 设随机变量 X 服从正态分布 $N(\mu_1,\sigma_1^2)$，Y 服从正态分布(μ_2,σ_2^2)，且 $P\{|X-\mu_1|<1\}>P\{|Y-\mu_2|<1\}$，则（　　）．

(A) $\sigma_1<\sigma_2$　　(B) $\sigma_1>\sigma_2$

(C) $\mu_1<\mu_2$　　(D) $\mu_1>\mu_2$　　(2006)

10. 某人向同一目标独立重复射击，每次射击命中目标的概率为 $p(0<p<1)$，则此人第 4 次射击恰好第 2 次命中目标的概率为（　　）．

(A) $3p(1-p)^2$　　(B) $6p(1-p)^2$

(C) $3p^2(1-p)^2$　　(D) $6p^2(1-p)^2$　　(2007)

11. 设随机变量(X,Y)服从二维正态分布，且 X 与 Y 不相关，$f_X(x)f_Y(y)$分别表示 X,Y 的概率密度，则在 $Y=y$ 的条件下，X 的条件概率密度 $f_{X|Y}(x|y)$为（　　）．

(A) $f_X(x)$　　(B) $f_Y(y)$

(C) $f_X(x)f_Y(y)$　　(D) $\dfrac{f_X(x)}{f_Y(y)}$　　(2007)

12. 设随机变量 X,Y 独立同分布且 X 的分布函数为 $F(x)$，则 $Z=\max\{X,Y\}$的分布函数为（　　）．

(A) $F^2(x)$　　(B) $F(x)F(y)$

(C) $1-[1-F(x)]^2$　　(D) $[1-F(x)][1-F(y)]$　　(2008)

13. 设随机变量 $X\sim N(0,1)$，$Y\sim N(1,4)$，且相关系数 $\rho_{XY}=1$，则（　　）．

(A) $P\{Y=-2X-1\}=1$　　(B) $P\{Y=2X-1\}=1$

(C) $P\{Y=-2X+1\}=1$　　(D) $P\{Y=2X+1\}=1$　　(2008)

14. 设随机变量 X 的分布函数为 $F(x)=0.3\Phi(x)+0.7\Phi\left(\dfrac{x-1}{2}\right)$，其中 $\Phi(x)$为标准正态分布函数则 $EX=$（　　）．

(A) 0　　(B) 0.3　　(C) 0.7　　(D) 1　　(2009)

15. 设随机变量 X 与 Y 相互独立，且 X 服从标准正态分布 $N(0,1)$，Y 的概率分布为 $P\{Y=0\}=P\{Y=1\}=\dfrac{1}{2}$，记 $F_Z(z)$为随机变量 $Z=XY$ 的分布函数，则函数 $F_Z(z)$的间断点个数为（　　）．

(A) 0　　(B) 1　　(C) 2　　(D) 3　　(2009)

16. 设随机变量 X 的分布函数为 $F(x)=\begin{cases}0, & x<0\\ \dfrac{1}{2}, & 0\leqslant x<1\\ 1-e^{-x}, & x\geqslant 1\end{cases}$，则 $P\{X=1\}=$（　　）．　　(2010)

(A) 0　　(B) $\dfrac{1}{2}$　　(C) $\dfrac{1}{2}-e^{-1}$　　(D) $1-e^{-1}$

17. 设 $f_1(x)$为标准正态分布的概率密度，$f_2(x)$为$[-1,3]$上均匀分布的概率密度，

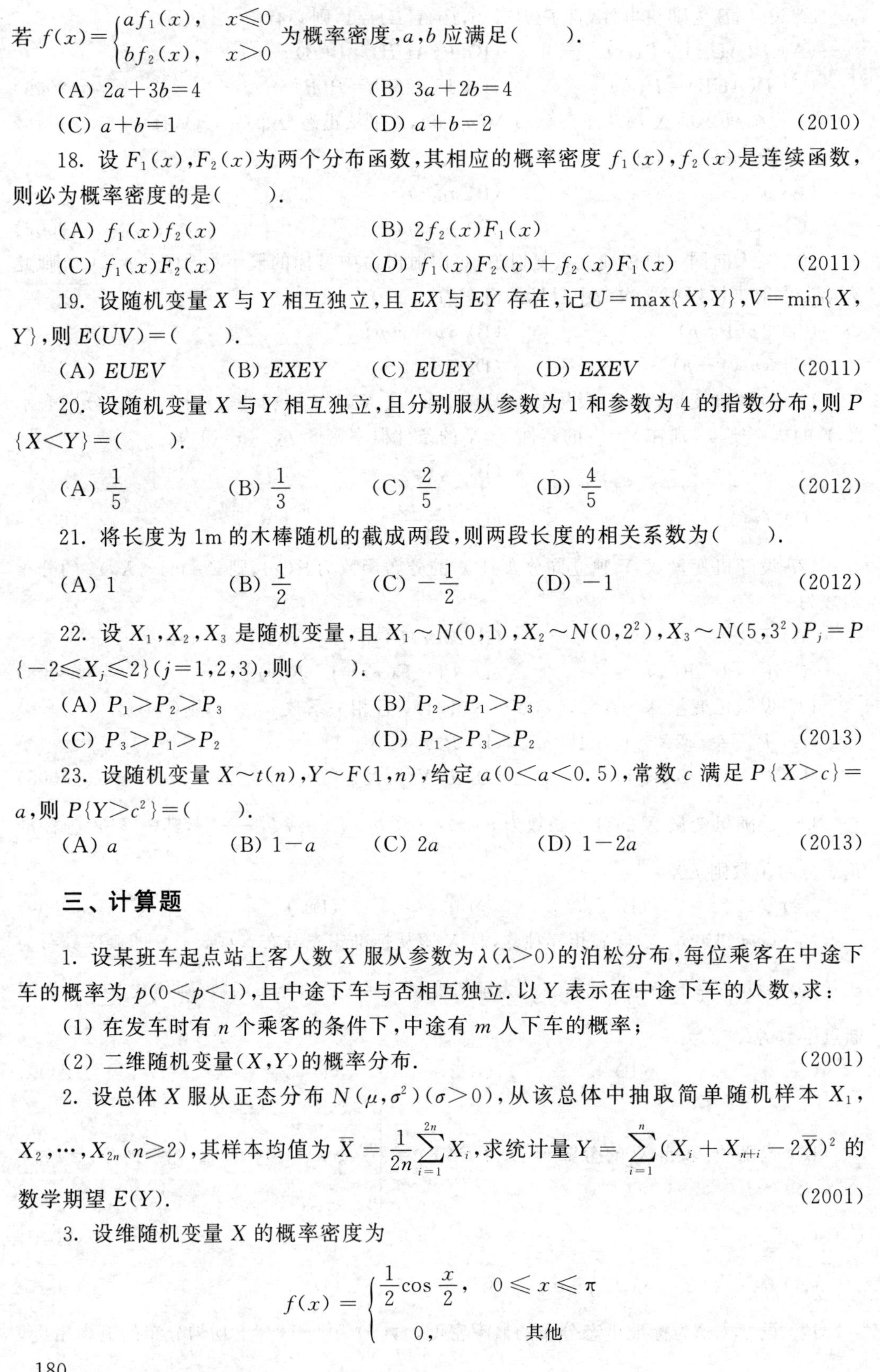

若 $f(x)=\begin{cases}af_1(x), & x\leqslant 0\\ bf_2(x), & x>0\end{cases}$ 为概率密度,a,b 应满足(　　).

(A) $2a+3b=4$　　(B) $3a+2b=4$

(C) $a+b=1$　　(D) $a+b=2$　　(2010)

18. 设 $F_1(x),F_2(x)$ 为两个分布函数,其相应的概率密度 $f_1(x),f_2(x)$ 是连续函数,则必为概率密度的是(　　).

(A) $f_1(x)f_2(x)$　　(B) $2f_2(x)F_1(x)$

(C) $f_1(x)F_2(x)$　　(D) $f_1(x)F_2(x)+f_2(x)F_1(x)$　　(2011)

19. 设随机变量 X 与 Y 相互独立,且 EX 与 EY 存在,记 $U=\max\{X,Y\},V=\min\{X,Y\}$,则 $E(UV)=$(　　).

(A) $EUEV$　　(B) $EXEY$　　(C) $EUEY$　　(D) $EXEV$　　(2011)

20. 设随机变量 X 与 Y 相互独立,且分别服从参数为 1 和参数为 4 的指数分布,则 $P\{X<Y\}=$(　　).

(A) $\frac{1}{5}$　　(B) $\frac{1}{3}$　　(C) $\frac{2}{5}$　　(D) $\frac{4}{5}$　　(2012)

21. 将长度为 1m 的木棒随机的截成两段,则两段长度的相关系数为(　　).

(A) 1　　(B) $\frac{1}{2}$　　(C) $-\frac{1}{2}$　　(D) -1　　(2012)

22. 设 X_1,X_2,X_3 是随机变量,且 $X_1\sim N(0,1),X_2\sim N(0,2^2),X_3\sim N(5,3^2)$ $P_j=P\{-2\leqslant X_j\leqslant 2\}(j=1,2,3)$,则(　　).

(A) $P_1>P_2>P_3$　　(B) $P_2>P_1>P_3$

(C) $P_3>P_1>P_2$　　(D) $P_1>P_3>P_2$　　(2013)

23. 设随机变量 $X\sim t(n),Y\sim F(1,n)$,给定 $a(0<a<0.5)$,常数 c 满足 $P\{X>c\}=a$,则 $P\{Y>c^2\}=$(　　).

(A) a　　(B) $1-a$　　(C) $2a$　　(D) $1-2a$　　(2013)

三、计算题

1. 设某班车起点站上客人数 X 服从参数为 $\lambda(\lambda>0)$ 的泊松分布,每位乘客在中途下车的概率为 $p(0<p<1)$,且中途下车与否相互独立. 以 Y 表示在中途下车的人数,求:

(1) 在发车时有 n 个乘客的条件下,中途有 m 人下车的概率;

(2) 二维随机变量 (X,Y) 的概率分布.　　(2001)

2. 设总体 X 服从正态分布 $N(\mu,\sigma^2)(\sigma>0)$,从该总体中抽取简单随机样本 $X_1,X_2,\cdots,X_{2n}(n\geqslant 2)$,其样本均值为 $\overline{X}=\frac{1}{2n}\sum_{i=1}^{2n}X_i$,求统计量 $Y=\sum_{i=1}^{n}(X_i+X_{n+i}-2\overline{X})^2$ 的数学期望 $E(Y)$.　　(2001)

3. 设维随机变量 X 的概率密度为

$$f(x)=\begin{cases}\frac{1}{2}\cos\frac{x}{2}, & 0\leqslant x\leqslant \pi\\ 0, & \text{其他}\end{cases}$$

对 X 独立地重复观察 4 次，用 Y 表示观察值大于$\frac{\pi}{3}$的次数，求 Y^2 的数学期望. (2002)

4. 设总体 X 的概率分布为

X	0	1	2	3
P	θ^2	$2\theta(1-\theta)$	θ^2	$1-2\theta$

其中 $\theta\left(0<\theta<\frac{1}{2}\right)$是未知参数，利用总体 X 的如下样本值：

$$3,1,3,0,3,1,2,3$$

求 θ 的矩估计值和最大似然估计值. (2002)

5. 已知甲、乙两箱中装有同种产品，其中甲箱中装有 3 件合格品和 3 件次品，乙箱中仅装有 3 件合格品. 从甲箱中任取 3 件产品放入乙箱后，求：

(1) 乙箱中次品件数的数学期望；

(2) 从乙箱中任取一件产品是次品的概率. (2003)

6. 设总体 X 的概率密度为

$$f(x)=\begin{cases}2\mathrm{e}^{-2(x-\theta)}, & x>\theta \\ 0, & x\leqslant\theta\end{cases}$$

其中 $\theta>0$ 是未知参数. 从总体 X 中抽取简单随机样本 $X_1,X_2,\cdots,X_n$，记 $\hat{\theta}=\min(X_1,X_2,\cdots,X_n)$.

(1) 求总体 X 的分布函数 $F(x)$；

(2) 求统计量 $\hat{\theta}$ 的分布函数 $F_{\hat{\theta}}(x)$；

(3) 如果用 $\hat{\theta}$ 作为 θ 的估计量，讨论它是否具有无偏性. (2003)

7. 设 $A.B$ 为随机事件，且 $P(A)=\frac{1}{4}$，$P(B|A)=\frac{1}{3}$，$P(B|A)=\frac{1}{1}$；令

$$X=\begin{cases}1, & A\text{ 发生} \\ 0, & A\text{ 不发生}\end{cases};\ Y=\begin{cases}1, & B\text{ 发生} \\ 0, & B\text{ 不发生}\end{cases}$$

求：(1) 二维随机变量(X,Y)的概率分布；(2) X 和 Y 的相关系数 ρ_{XY}. (2004)

8. 设总体 X 的分布函数为

$$F(x,\beta)=\begin{cases}1-\frac{1}{x^{\beta}}, & x>1 \\ 0, & x\leqslant 1\end{cases}$$

其中未知参数 $\beta>1$，$X_1,X_2,\cdots,X_n$ 为来自总体 X 的简单随机样本.

求：(1)β 的矩估计量；(2) β 的最大似然估计量. (2004)

9. 设二维随机变量(X,Y)的概率密度为

$$f(x,y)=\begin{cases}1, & 0<x<1, 0<y<2x \\ 0, & \text{其他}\end{cases}$$

求：(1) (X,Y)的边缘概率密度 $f_X(x)$，$f_Y(y)$；

(2) $Z=2X-Y$ 的概率密度 $f_Z(z)$. (2005)

10. 设 $X_1,X_2,\cdots,X_n(n>2)$为来自总体 $N(0,1)$的简单随机样本,$\overline{X}$ 为样本均值,记 $Y_i=X_i-\overline{X},i=1,2,\cdots,n$.

求:(1) Y_i 的方差 $DY_i,i=1,2,\cdots,n$;

(2) Y_1 与 Y_n 的协方差 $\mathrm{Cov}(Y_1,Y_n)$. (2005)

11. 随机变量 X 的概率密度为

$$f_X(x)=\begin{cases}\dfrac{1}{2}, & -1<x<0\\ \dfrac{1}{4}, & 0\leqslant x<2\\ 0, & \text{其他}\end{cases}$$

令 $Y=X^2,F(x,y)$为二维随机变量(X,Y)的分布函数.

(1) 求 Y 的概率密度 $f_Y(y)$;

(2) $F\left(-\dfrac{1}{2},4\right)$. (2006)

12. 设总体 X 的概率密度为

$$f(x,\theta)=\begin{cases}\theta, & 0<x<1\\ 1-\theta & 1\leqslant x<2\\ 0, & \text{其他}\end{cases}$$

其中 θ 是未知参数$(0<\theta<1)$,$X_1,X_2,\cdots,X_n$ 为来自总体 X 的简单随机样本,记 N 为样本值 $x_1,x_2,\cdots,x_n$ 中小于 1 的个数,求 θ 的最大似然估计. (2006)

13. 设二维随机变量(X,Y)的概率密度为

$$f(x,y)=\begin{cases}2-x-y, & 0<x<1,0<y<1\\ 0, & \text{其他}\end{cases}$$

(1) 求 $P\{X>2Y\}$;

(2) 求 $Z=X+Y$ 的概率密度 $f_Z(z)$. (2007)

14. 设总体 X 的概率密度为

$$f(x,\theta)=\begin{cases}\dfrac{1}{2\theta}, & 0<x<\theta\\ \dfrac{1}{2(1-\theta)}, & \theta\leqslant x<1\\ 0, & \text{其他}\end{cases}$$

其中参数 $\theta(0<\theta<1)$未知, $X_1,X_2,\cdots,X_n$ 是来自总体 X 的简单随机样本, $\overline{X}$ 是样本均值

(1) 求参数 θ 的矩估计量 $\hat{\theta}$;

(2) 判断 $4\overline{X}^2$ 是否为 θ^2 的无偏估计量,并说明理由. (2007)

15. 设随机变量 X 与 Y 相互独立,X 的概率密度为

$$P(X=i)=\frac{1}{3}(i=-1,0,1)$$

Y 的概率密度为

$$f_Y(y)=\begin{cases}1, & 0\leqslant y<1\\0, & \text{其它}\end{cases}$$

记 $Z=X+Y$.

(1) 求 $P\left(Z\leqslant\frac{1}{2}\middle|X=0\right)$；

(2) 求 Z 的概率密度 $f_Z(z)$. (2008)

16. 设 $X_1,X_2,\cdots,X_n$ 是来自总体 $N(\mu,\sigma^2)$ 的简单随机样本，记 $\overline{X}=\frac{1}{n}\sum_{i=1}^{n}X_i$，$S^2=\frac{1}{n-1}\sum_{i=1}^{n}(X_i-\overline{X})^2$，$T=\overline{X}^2-\frac{1}{n}S^2$.

(1) 证明 T 是 μ^2 的无偏估计量；

(2) 当 $\mu=0,\sigma=1$ 时，求 DT. (2008)

17. 袋中有1个红色球，2个黑色球与3个白球，现有放回地从袋中取两次，每次取一球，以 X,Y,Z 分别表示两次取球所取得的红球、黑球与白球的个数.

(1) 求 $P\{X=1|Z=0\}$；

(2) 求二维随机变量 (X,Y) 的概率分布. (2009)

18. 设总体 X 的概率密度为

$$f(x)=\begin{cases}\lambda^2 x\mathrm{e}^{-\lambda x}, x>0\\0, \text{其他}\end{cases}$$

其中参数 $\lambda(\lambda>0)$ 未知，$X_1,X_2,\cdots,X_n$ 是来自总体 X 的简单随机样本.

(1) 求参数 λ 的矩估计量；

(2) 求参数 λ 的最大似然估计量 (2009)

19. 设二维随机变量 (X,Y) 的联合概率密度为 $f(x,y)=A\mathrm{e}^{-2x^2+2xy-y^2}$，$x\in\mathbf{R}$，$y\in\mathbf{R}$，求 A 及 $f_{Y|X}(y|x)$. (2010)

20. 设总体的分布律为

X	1	2	3
P	$1-\theta$	$\theta-\theta^2$	θ^2

其中 $0<\theta<1$ 为未知参数，以 N_i 表示来自总体 X 的简单随机样本(样本容量为 n)中等于 i 的个数($i=1,2,3$)，求常数 a_1,a_2,a_3，使 $T=\sum_{i=1}^{3}a_iN_i$ 为 θ 的无偏估计量. (2010)

21.

X	0	1	Y	-1	0
P	1/3	2/3	P	1/3	1/3

$P(X^2=Y^2)=1$.

求：(1) (X,Y) 的分布；(2) $Z=XY$ 的分布；(3) ρ_{XY}. (2011)

22. 设 $X_1,X_2,\cdots,X_n$ 为来自正态总体 $N(\mu_0,\sigma^2)$ 的简单随机样本，其中 μ_0 已知，$\sigma^2>$

0 未知，$\overline{X}$和 S^2 分别表示样本均值和样本方差.

(1) 求参数 σ^2 的最大似然估计$\hat{\sigma}^2$；

(2) 计算 $E(\hat{\sigma}^2)$和 $D(\hat{\sigma}^2)$； (2011)

23. 已知随机变量 X,Y 及 XY 分布律如下：

X	0	1	2
P	$\frac{1}{2}$	$\frac{1}{3}$	$\frac{1}{6}$

Y	0	1	2
P	$\frac{1}{3}$	$\frac{1}{3}$	$\frac{1}{3}$

XY	0	1	2	4
P	$\frac{7}{12}$	$\frac{1}{3}$	0	$\frac{1}{12}$

求：(1) $P\{X=2Y\}$；(2) $\mathrm{Cov}(X-Y,Y)$与 ρ_{xy}. (2012)

24. 设随机变量 X 与 Y 相互独立，且分别服从正态分布 $N(\mu,\sigma^2)$与 $N(\mu,2\sigma^2)$，其中 $\sigma>0$ 是未知参数，设 $Z=X-Y$.

求：(1) Z 的概率密度 $f(z,\sigma^2)$；(2) 设 $Z_1,Z_2,\cdots,Z_n$ 是来自总体 Z 的简单随机样本，求 σ^2 的最大似然估计量 $\hat{\sigma}^2$；(3) 证明 $\hat{\sigma}^2$ 是 σ^2 的无偏估计量. (2012)

25. 设随机变量的概率密度为

$$f(x)=\begin{cases}\dfrac{1}{a}x^2, & 0<x<3\\ 0, & \text{其他}\end{cases}$$

令随机变量

$$Y=\begin{cases}2, & X\leqslant 1\\ X, & 1<X<2\\ 1, & X\geqslant 2\end{cases}$$

(1) 求 Y 的分布函数；

(2) 求概率 $P\{X\leqslant Y\}$. (2013)

26. 设总体 X 的概率密度为

$$f(x)=\begin{cases}\dfrac{\theta^2}{x^3}\mathrm{e}^{-\frac{\theta}{x}}, & x>0\\ 0, & \text{其他}\end{cases}$$

其中 θ 为未知参数且大于零，$X_1,X_2,\cdots,X_N$ 为来自总体 X 的简单随机样本.

(1) 求 θ 的矩估计量；

(2) 求 θ 的最大似然估计量. (2013)

答　案

一、填空题

1. $\frac{1}{2}$.

解　根据切比雪夫不等式

$$P\{|X-E(X)|\geqslant\varepsilon\}\leqslant\frac{D(x)}{\varepsilon^2}$$

于是
$$P\{|X-E(X)|\geqslant 2\}\leqslant\frac{D(x)}{2^2}=\frac{1}{2}$$

2. $\mu=4$.

解　设事件 A 表示“二次方程 $y^2+4y+X=0$ 无实根”，则

$$A=\{16-4X<0\}=\{X>4\}$$

依题意，有

$$P(A)=P\{X>4\}=\frac{1}{2}$$

而
$$P\{X>4\}=1-P\{X\leqslant 4\}=1-\Phi\left(\frac{4-\mu}{\sigma}\right)$$

即
$$1-\Phi\left(\frac{4-\mu}{\sigma}\right)=\frac{1}{2},\Phi\left(\frac{4-\mu}{\sigma}\right)=\frac{1}{2},\frac{4-\mu}{\sigma}=0.\Rightarrow\mu=4$$

3. $P\{X+Y\leqslant 1\}=\frac{1}{4}$.

解　$$P\{X+Y\leqslant 1\}=\iint_{x+y\leqslant 1}f(x,y)\mathrm{d}x\mathrm{d}y=\int_0^{\frac{1}{2}}\mathrm{d}x\int_x^{1-x}6x\mathrm{d}y$$

$$=\int_0^{\frac{1}{2}}(6x-12x^2)\mathrm{d}x=\frac{1}{4}$$

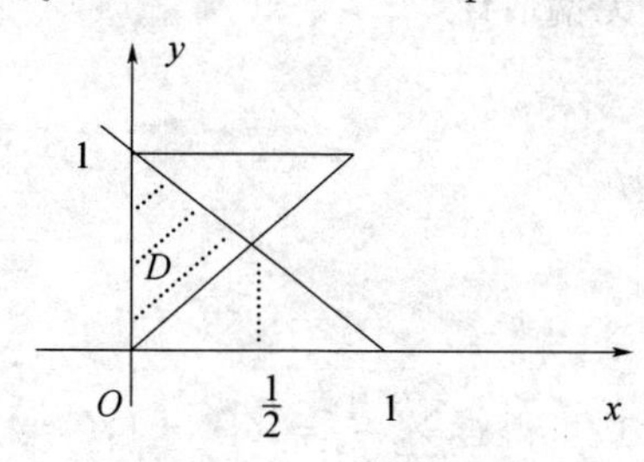

4. (39.51,40.49).

解　由题设，$\alpha=0.05$，$u_{\frac{\alpha}{2}}=1.96$. 本题 $n=16$，$\bar{x}=40$，因此，根据 $P\left\{\left|\frac{\overline{X}-\mu}{1/\sqrt{n}}\right|<1.96\right\}=0.95$，有 $P\left\{\left|\frac{40-\mu}{1/\sqrt{16}}\right|<1.96\right\}=0.95$，即 $P\{39.51,40.49\}=0.95$，故 μ 的置信度为 0.95 的置信区间是(39.51,40.49).

5. $\frac{1}{e}$.

解 $DX=\frac{1}{\lambda^2}, P\{X>\sqrt{DX}\}=P\left\{X>\frac{1}{\lambda}\right\}=\int_{\frac{1}{\lambda}}^{+\infty}\lambda e^{-\lambda x}dx=-e^{-\lambda x}\Big|_{\frac{1}{\lambda}}^{+\infty}=\frac{1}{e}$

6. $\frac{13}{48}$.

解
$$\begin{aligned}P\{Y=2\}&=P\{X=1\}P\{Y=2|X=1\}+P\{X=2\}P\{Y=2|X=2\}\\&\quad+P\{X=3\}P\{Y=2|X=3\}+P\{X=4\}P\{Y=2|X=4\}\\&=\frac{1}{4}\times\left(0+\frac{1}{2}+\frac{1}{3}+\frac{1}{4}\right)=\frac{13}{48}\end{aligned}$$

7. $\frac{1}{9}$

解 $f(x,y)=\frac{1}{9}, 0\leqslant x\leqslant 3, 0\leqslant y\leqslant 3$ ，$P\{\max\{X,Y\}\leqslant 1\}=P\{X\leqslant 1, Y\leqslant 1\}=\int_0^1\int_0^1 \frac{1}{9}dxdy=\frac{1}{9}$

8. $\frac{3}{4}$.

解 这是一个几何概型，设 x，y 为所取的两个数，则样本空间

$\Omega=\{(x,y)\mid 0<x,y<1\}$，记 $A=\left\{(x,y)\mid(x,y)\in\Omega, \mid x-y\mid<\frac{1}{2}\right\}$

故 $$P(A)=\frac{S_A}{S_\Omega}=\frac{\frac{3}{4}}{1}=\frac{3}{4}$$

其中 S_A, S_Ω 分别表示 A 与 Ω 的面积.

9. $\frac{1}{2e}$.

解 因为 X 服从参数为 1 的泊松分布，所以 $EX=DX=1$. 从而由 $DX=EX^2-(EX)^2$ 得 $EX^2=2$. 故 $P\{X=EX^2\}=P\{X=2\}=\frac{1}{2e}$.

10. -1.

解 $Q\overline{X}+kS^2$ 为 np^2 的无偏估计

所以 $E(\bar{X}+kX^2)=np^2$

所以 $np+knp(1-p)=np^2$

解得 $k=-1$

11. 2.

解 由 $\sum\limits_{k=1}^{\infty}P\{X=k\}=1$，可得 $C\sum\limits_{k=0}^{\infty}\frac{1}{k!}=Ce=1, C=\frac{1}{e}$，随机变量 X 服从参数为 1 的泊松分布，所以 $E(X)=D(X)=1, E(X^2)=2$.

12. $\mu^3+\mu\sigma^2$.

解 由于 $\rho=0$，由二维正态分布的性质可知随机变量 X,Y 独立. 因此

$$E(XY^2)=EX\cdot EY^2$$

由于(X,Y)服从$N(\mu,\mu;\sigma^2,\sigma^2;0)$，可知$EX=\mu,EY^2=DY+(EY)^2=\mu^2+\sigma^2$，则

$$E(XY^2)=\mu(\mu^2+\sigma^2)=\mu^3+\mu\sigma^2$$

13. $\frac{3}{4}$.

解 $P(AB/\overline{C})=\frac{P(AB\overline{C})}{P(\overline{C})}$

而$P(\overline{C})=1-P(C)=\frac{2}{3}$

A,C互不相容，得

$$P(ABC)=0$$

$$P(AB\overline{C})=P(AB)-P(ABC)=\frac{1}{2}-P(ABC)=\frac{1}{2}$$

得$P(AB|\overline{C})=\frac{3}{4}$

14. $1-e^{-1}$.

二、选择题

1. (A).

解 由于$X+Y=n$，即$Y=n-X$，在此基础上利用性质：相关系数ρ_{XY}的绝对值等于1的充要条件是随机变量X与Y之间存在线性关系，即$Y=aX+b$(其中a,b是常数)，且当$a>0$时，$\rho_{XY}=1$；当$a<0$时，$\rho_{XY}=-1$，由此便知$\rho_{XY}=-1$，应选(A).

2. (D).

解 因$\int_{-\infty}^{+\infty}[f_1(x)+f_2(x)]\mathrm{d}x=\int_{-\infty}^{+\infty}f_1(x)\mathrm{d}x+\int_{-\infty}^{+\infty}f_2(x)\mathrm{d}x=2\neq1$

$$F_1(+\infty)+F_2(+\infty)=1+1=2\neq1$$

可以否定选项(A)与(C).

对于选项(B)，若

$$f_1(x)=\begin{cases}1,-2<x<-1;\\0,其他\end{cases};\ f_2(x)=\begin{cases}1,0<x<1\\0,其他\end{cases}$$

则对任何$x\in(-\infty,+\infty)$，有

$$f_1(x)f_2(x)\equiv0,\int_{-\infty}^{+\infty}f_1(x)f_2(x)\mathrm{d}x=0\neq1$$

因此也应否定(B)，综上分析，用排除法应选(D).

进一步分析可知，若令$X=\max(X_1,X_2)$，而$X_i\sim f_i(x),i=1,2$，则X的分布函数$F(x)$恰是$F_1(x)F_2(x)$.

$$\begin{aligned}F(x)&=P\{\max(X_1,X_2)\leqslant x\}=P\{X_1\leqslant x,X_2\leqslant x\}\\&=P\{X_1\leqslant x\}P\{X_2\leqslant x\}=F_1(x)F_2(x)\end{aligned}$$

3. (C).

解 由题设知，$X=\frac{U}{\sqrt{V/n}}$，其中$U\sim N(0,1),V\sim\chi^2(n)$，于是$Y=\frac{1}{X^2}=\frac{V/n}{U^2}=\frac{V/n}{U^2/1}$，

这里$U^2\sim\chi^2(1)$,根据F分布的定义知$Y=\dfrac{1}{X^2}\sim F(n,1)$.故应选(C).

4.(C).

解 由标准正态分布概率密度函数的对称性知$P\{X<-u_\alpha\}=\alpha$,于是

$1-\alpha=1-P\{|X|<x\}=P\{|X|\geqslant x\}=P\{X\geqslant x\}+P\{X\leqslant -x\}=2P\{X\geqslant x\}$

即有

$$P\{X\geqslant x\}=\frac{1-\alpha}{2}$$

可见根据定义有$x=u_{\frac{1-\alpha}{2}}$,故应选(C).

5.(A).

解 $\operatorname{cov}(X_1,Y)=\operatorname{Cov}\left(X_1,\dfrac{1}{n}\sum\limits_{i=1}^{n}X_i\right)=\dfrac{1}{n}\operatorname{Cov}(X_1,X_1)+\dfrac{1}{n}\sum\limits_{i=2}^{n}\operatorname{Cov}(X_1,X_i)$

$$=\frac{1}{n}DX_1=\frac{1}{n}\sigma^2$$

6.(B)

解 由题设,知$a+b=0.5$,又事件$\{X=0\}$与$\{X+Y=1\}$相互独立,于是有

$$P\{X=0,X+Y=1\}=P\{X=0\}P\{X+Y=1\}$$

即

$$a=(0.4+a)(a+b)$$

由此可解得$a=0.4,b=0.1$,故应选(B).

7.(D).

解 由正态总体抽样分布的性质知,$\dfrac{\overline{X}-0}{1/\sqrt{n}}=\sqrt{n}\overline{X}\sim N(0,1)$,可排除(A);又$\dfrac{\overline{X}-0}{S/\sqrt{n}}=\dfrac{\sqrt{n}\overline{X}}{S}\sim t(n-1)$,可排除(C);而$\dfrac{(n-1)S^2}{1^2}=(n-1)S^2\sim\chi^2(n-1)$,可排除(B).因为$X_1^2\sim\chi^2(1)$,$\sum\limits_{i=2}^{n}X_i^2\sim\chi^2(n-1)$

且$X_1^2\sim\chi^2(1)$与$\sum\limits_{i=2}^{n}X_i^2\sim\chi^2(n-1)$相互独立,于是

$$\frac{X_1^2/1}{\sum\limits_{i=2}^{n}X_i^2/n-1}=\frac{(n-1)X_1^2}{\sum\limits_{i=2}^{n}X_i^2}\sim F(1,n-1)$$

故应选(D).

8.(C).

解 由$P(B)>0,P(A|B)=1$,根据乘法公式与加法公式,有

$P(AB)=P(B)P(A\mid B)=P(B)$,$P(AYB)=P(A)+P(B)-P(AB)=P(A)$

应选(C).

9.(A).

解 $\frac{x-\mu_1}{\sigma_1}\sim N(0,1)$，$\frac{Y-\mu_2}{\sigma_2}\sim N(0,1)$

$$P\{|X-\mu_1|<1\}=P\left\{\left|\frac{X-\mu_1}{\sigma_1}\right|<\frac{1}{\sigma_1}\right\}$$

$$P\{|Y-\mu_2|<1\}=P\left\{\left|\frac{Y-\mu_2}{\sigma_2}\right|<\frac{1}{\sigma_2}\right\}$$

因 $P\{|X-\mu_1|<1\}>P\{|Y-\mu_2|<1\}$

即 $p\left\{\left|\frac{X-\mu_1}{\sigma_1}\right|<\frac{1}{\sigma_1}\right\}>P\left\{\left|\frac{Y-\mu_2}{\sigma_2}\right|<\frac{1}{\sigma_2}\right\}$

所以 $\frac{1}{\sigma_1}>\frac{1}{\sigma_2}$，$\sigma_1<\sigma_2$. 应选(A).

10. (C).

解 “第4次射击恰好第2次命中”表示4次射击中第4次命中目标，前3次射击中有1次命中目标，由独立重复性知所求概率为 $C_3^1p^2(1-p)^2$. 故选(C).

11. (A).

解 因(X,Y)服从二维正态分布，且X与Y不相关，故X与Y相互独立，于是 $f_{X|Y}(x|y)=f_X(x)$. 因此选(A).

12. (A).

解 $F(z)=P(Z\leqslant z)=P\{\max\{X,Y\}\leqslant z\}$

$=P(X\leqslant z)P(Y\leqslant z)=F(z)F(z)=F^2(z)$

故应选(A).

13. (D).

解 用排除法. 设$Y=aX+b$. 由$\rho_{XY}=1$，知X，Y正相关，得$a>0$. 排除(A)和(C). 由$X\sim N(0,1)$，$Y\sim N(1,4)$，得$EX=0$，$EY=1$，$E(aX+b)=aEX+b$. $1=a\times 0+b$，$b=1$. 从而排除(B). 故应选 (D).

14. (C).

解 $F(x)=0.3\Phi(x)+0.7\Phi\left(\frac{x-1}{2}\right)$，$F'(x)=0.3\Phi'(x)+\frac{0.7}{2}\Phi'\left(\frac{x-1}{2}\right)$

$$EX=\int_{-\infty}^{+\infty}xF'(x)\mathrm{d}x=\int_{-\infty}^{+\infty}x\left[0.3\Phi'(x)+0.35\Phi'\left(\frac{x-1}{2}\right)\right]\mathrm{d}x$$

$$=0.3\int_{-\infty}^{+\infty}x\Phi'(x)\mathrm{d}x+0.35\int_{-\infty}^{+\infty}x\Phi'\left(\frac{x-1}{2}\right)\mathrm{d}x$$

而 $\int_{-\infty}^{+\infty}x\Phi'(x)\mathrm{d}x=0$，$\int_{-\infty}^{+\infty}x\Phi'\left(\frac{x-1}{2}\right)\mathrm{d}x\underline{\underline{\frac{x-1}{2}=u}}2\int_{-\infty}^{+\infty}(2u+1)\Phi'(u)\mathrm{d}u=2$

$EX=0+0.35\times 2=0.7$

15. (B).

解

$$F_Z(z)=P(XY\leqslant z)=P(XY\leqslant z\mid Y=0)$$

$$P(Y=0)+P(XY\leqslant z\mid Y=1)P(Y=1)$$

$$=\frac{1}{2}[P(XY\leqslant z\mid Y=0)+P(XY\leqslant z\mid Y=1)]$$

$$=\frac{1}{2}[P(X\cdot 0\leqslant z\mid Y=0)+P(X\leqslant z\mid Y=1)]$$

因为 X,Y 独立,所以 $F_Z(z)=\frac{1}{2}[P(X\cdot 0\leqslant z)+P(X\leqslant z)]$

(1) 若 $z<0$,则 $F_Z(z)=\frac{1}{2}\Phi(z)$;

(2) 当 $z\geqslant 0$,则 $F_Z(z)=\frac{1}{2}(1+\Phi(z))$.

所以 $z=0$ 为间断点,故选(B).

16. (C).

解 $P\{X=1\}=P\{X\leqslant 1\}-P\{X<1\}=F(1)-F(1-0)=1-\mathrm{e}^{-1}-\frac{1}{2}=\frac{1}{2}-\mathrm{e}^{-1}$

选(C).

17. (A).

解 $f_1(x)=\frac{1}{\sqrt{2\pi}}\mathrm{e}^{-\frac{x^2}{2}},x\in\mathbf{R}$

$$f_2(x)=\frac{1}{4},-1\leqslant x\leqslant 3$$

由 $f(x)$ 为概率密度,得

$$\int_{-\infty}^{+\infty}f(x)\mathrm{d}x=1$$

得

$$a\int_{-\infty}^{0}f_1(x)\mathrm{d}x+b\int_{0}^{+\infty}f_2(x)\mathrm{d}x=1$$

即

$$a\int_{-\infty}^{0}\frac{1}{\sqrt{2\pi}}\mathrm{e}^{-\frac{x^2}{2}}\mathrm{d}x+b\int_{0}^{3}\frac{1}{4}\mathrm{d}x=\frac{a}{2}+\frac{3}{4}b=1$$

所以 $2a+3b=4$,选(A).

18. (D).

解 检验概率密度的性质:

$$f_1(x)F_2(x)+f_2(x)F_1(x)\geqslant 0$$

$$\int_{-\infty}^{+\infty}f_1(x)F_2(x)+f_2(x)F_1(x)\mathrm{d}x=F_1(x)F_2(x)\mid_{-\infty}^{+\infty}=1$$

可知 $f_1(x)F_2(x)+f_2(x)F_1(x)$ 为概率密度,故选(D)。

19. (B).

解 由于 $UV=\max\{X,Y\}\min\{X,Y\}=XY$

可知 $$E(UV)=E(\max\{X,Y\}\min\{X,Y\})=E(XY)=E(X)E(Y)$$

故应选(B).

20. (A).

解 由题意得 X 与 Y 的概率密度分别为

$$f_X(x)=\begin{cases}e^{-x} & x>0\\ 0, & x\leqslant 0\end{cases}$$

$$f_Y(y)=\begin{cases}4e^{-4y}, & y>0\\ 0, & y\leqslant 0\end{cases}$$

由 X 与 Y 相互独立,得

$$f(x,y)=f_X(x)\cdot f_Y(y)=\begin{cases}4e^{-x-4y}, & x>0,y>0\\ 0, & \text{其他}\end{cases}$$

则

$$\begin{aligned}P\{X<Y\}&=\iint_{x<y}f(x,y)\mathrm{d}x\mathrm{d}y\\ &=\int_0^{+\infty}4e^{-4y}\mathrm{d}y\int_0^y e^{-x}\mathrm{d}x=\int_0^{+\infty}4e^{-4y}(1-e^{-y})\mathrm{d}y=[-e^{-4y}]_0^{+\infty}+\frac{4}{5}[e^{-5y}]_0^{+\infty}=\frac{1}{5}\end{aligned}$$

故答案为(A).

21. (D).

解 设两段长度分别为 X 和 Y,则 $Y=1-X$,可得相关系为 -1,故答案为(D).

22. (A).

23. (C).

解 由题意 $Y=X^2$,所以

$$P(Y>c^2)=P(X^2>c^2)=P(X>c)+P(X<-c)=a+a=2a$$

三、计算题

1. **解** (1) $P\{Y=m|X=n\}=C_n^m p^m(1-p)^{n-m}, 0\leqslant m\leqslant n, n=0,1,2,\cdots$

(2) $P\{X=n,Y=m\}=P\{X=n\}P\{Y=m|X=n\}$

$=\dfrac{\lambda^n}{n!}e^{-\lambda}\cdot C_n^m p^m(1-p)^{n-m}, 0\leqslant m\leqslant n, n=0,1,2,\cdots$

2. **解** 随机变量 $(X_1+X_{n+1}),(X_2+X_{n+2}),\cdots,(X_n+X_{2n})$ 相互独立,都服从正态分布 $N(2\mu,2\sigma^2)$. 因此可以将它们看做是取自总体 $N(2\mu,2\sigma^2)$ 的一个容量为 n 的简单随机样本. 其样本均值为

$$\frac{1}{n}\sum_{i=1}^{n}(X_i+X_{n+i})=\frac{1}{n}\sum_{i=1}^{2n}X_i=2\overline{X}$$

样本方差为

$$\frac{1}{n-1}\sum_{i=1}^{n}(X_i+X_{n+i}-2\overline{X})^2=\frac{1}{n-1}Y$$

因样本方差是总体方差的无偏估计,故 $E\left(\dfrac{1}{n-1}Y\right)=2\sigma^2$,即 $E(Y)=2(n-1)\sigma^2$.

3. **解** 由于 $P\left\{X>\dfrac{\pi}{3}\right\}=\displaystyle\int_{\frac{\pi}{3}}^{\pi}\frac{1}{2}\cos\frac{x}{2}\mathrm{d}x=\frac{1}{2}$

依题意,Y 服从二项分布 $B\left(4,\dfrac{1}{2}\right)$,则有

$$EY^2 = DY + (EY)^2 = npq + (np)^2 = 4 \times \frac{1}{2} \times \frac{1}{2} + \left(4 \times \frac{1}{2}\right)^2 = 5$$

4. **解** $EX = 0 \times \theta^2 + 1 \times 2\theta(1-\theta) + 2 \times \theta^2 + 3 \times (1-2\theta) = 3 - 4\theta, \theta = \frac{1}{4}(3 - EX)$

θ 的矩估计量为 $\hat{\theta} = \frac{1}{4}(3 - \overline{X})$，根据给定的样本观察值计算

$$\bar{x} = \frac{1}{8}(3 + 1 + 3 + 0 + 3 + 1 + 2 + 3) = 2$$

因此 θ 的矩估计值 $\hat{\theta} = \frac{1}{4}(3 - \bar{x}) = \frac{1}{4}$.

对于给定的样本值似然函数为

$L(\theta) = 4\theta^6(1-\theta)^2(1-2\theta)^4, \ln L(\theta) = \ln 4 + 6\ln\theta + 2\ln(1-\theta) + 4\ln(1-2\theta)$

$$\frac{\mathrm{d}\ln L(\theta)}{\mathrm{d}\theta} = \frac{6}{\theta} - \frac{2}{1-\theta} - \frac{8}{1-2\theta} = \frac{24\theta^2 - 28\theta + 6}{\theta(1-\theta)(1-2\theta)}$$

令 $\frac{\mathrm{d}\ln L(\theta)}{\mathrm{d}\theta} = 0$，得方程 $12\theta^2 - 14\theta + 3 = 0$，解得 $\theta = \frac{7 - \sqrt{13}}{12}$（$\theta = \frac{7 + \sqrt{13}}{12} > \frac{1}{2}$，不合题意）.

于是 θ 的最大似然估计值为 $\hat{\theta} = \frac{7 - \sqrt{13}}{12}$.

5. **解** (1) X 的可能取值为 0,1,2,3，X 的概率分布为

$$P\{X = k\} = \frac{C_3^k C_3^{3-k}}{C_6^3},\ k = 0,1,2,3$$

即

X	0	1	2	3
P	$\frac{1}{20}$	$\frac{9}{20}$	$\frac{9}{20}$	$\frac{1}{20}$

因此

$$EX = 0 \times \frac{1}{20} + 1 \times \frac{9}{20} + 2 \times \frac{9}{20} + 3 \times \frac{1}{20} = \frac{3}{2}$$

(2) 设 A 表示事件“从乙箱中任取一件产品是次品”，由于 $\{X=0\}$，$\{X=1\}$，$\{X=2\}$，$\{X=3\}$ 构成完备事件组，因此根据全概率公式，有

$$\begin{aligned} P(A) &= \sum_{k=0}^{3} P\{X = k\} P\{A \mid X = k\} \\ &= \sum_{k=0}^{3} P\{X = k\} \cdot \frac{k}{6} = \frac{1}{6}\sum_{k=0}^{3} kP\{X = k\} \\ &= \frac{1}{6}EX = \frac{1}{6} \cdot \frac{3}{2} = \frac{1}{4} \end{aligned}$$

6. **解** (1) $F(x) = \int_{-\infty}^{x} f(t)\,\mathrm{d}t = \begin{cases} 1 - \mathrm{e}^{-2(x-\theta)}, & x > \theta \\ 0, & x \leqslant \theta \end{cases}$

(2) $F_{\hat{\theta}}(x)=P\{\hat{\theta}\leqslant x\}=P\{\min(X_1,X_2,\cdots,X_n)\leqslant x\}$

$$\begin{aligned}&=1-P\{\min(X_1,X_2,\cdots,X_n)>x\}\\&=1-P\{X_1>x,X_2>x,\cdots,X_n>x\}\\&=1-[1-F(x)]^n\\&=\begin{cases}1-\mathrm{e}^{-2n(x-\theta)}, & x>\theta\\ 0, & x\leqslant\theta\end{cases}\end{aligned}$$

(3) $\hat{\theta}$ 概率密度为

$$f_{\hat{\theta}}(x)=\frac{\mathrm{d}F_{\hat{\theta}}(x)}{\mathrm{d}x}=\begin{cases}2n\mathrm{e}^{-2n(x-\theta)}, & x>\theta\\ 0, & x\leqslant\theta\end{cases}$$

因为

$$\begin{aligned}E\hat{\theta}&=\int_{-\infty}^{+\infty}xf_{\hat{\theta}}(x)\mathrm{d}x=\int_{\theta}^{+\infty}2nx\mathrm{e}^{-2n(x-\theta)}\mathrm{d}x\\&=\theta+\frac{1}{2n}\neq\theta\end{aligned}$$

所以 $\hat{\theta}$ 作为 θ 的估计量不具有无偏性.

7. **解** (1) 由于 $P(AB)=P(A)P(B|A)=\frac{1}{12}$, $P(B)=\frac{P(AB)}{P(A|B)}=\frac{1}{6}$

所以 $P\{X=1,Y=1\}=P(AB)=\frac{1}{12}$

$P\{X=1,Y=0\}=P(A\bar{B})=P(A)-P(AB)=\frac{1}{6}$

$P\{X=0,Y=1\}=P(\bar{A}B)=P(B)-P(AB)=\frac{1}{12}$

$P\{X=0,Y=0\}=P(\bar{A}\bar{B})=1-P(A+B)$

$=1-P(A)-P(B)+P(AB)=\frac{2}{3}$

(或 $P\{X=0,Y=0\}=1-\frac{1}{12}-\frac{1}{6}-\frac{1}{12}=\frac{2}{3}$)

故(X,Y)的概率分布为

X \ Y	0	1
0	$\frac{2}{3}$	$\frac{1}{12}$
1	$\frac{1}{6}$	$\frac{1}{12}$

(2) X, Y 的概率分布分别为

X	0	1
P	$\frac{3}{4}$	$\frac{1}{4}$

Y	0	1
P	$\frac{5}{6}$	$\frac{1}{6}$

则 $EX=\frac{1}{4},EY=\frac{1}{6},DX=\frac{3}{16},DY=\frac{5}{36},E(XY)=\frac{1}{12}$

故 $\mathrm{Cov}(X,Y)=E(XY)-EX\cdot EY=\frac{1}{24}$

从而 $\rho_{XY}=\frac{\mathrm{Cov}(X,Y)}{\sqrt{DX}\cdot\sqrt{DY}}=\frac{\sqrt{15}}{15}$

8. **解** 总体的概率密度

$$f(x,\beta)=F'(x,\beta)=\begin{cases}\beta x^{-(\beta+1)}, & x>1\\ 0, & \text{其他}\end{cases}$$

(1) $EX=\int_{-\infty}^{+\infty}xf(x;\beta)\mathrm{d}x=\int_{1}^{+\infty}x\cdot\frac{\beta}{x^{\beta+1}}\mathrm{d}x=\frac{\beta}{\beta-1},\beta=\frac{E(X)}{E(X)-1}$

令 $\hat{E}(X)=\overline{X}$,解得 $\hat{\beta}=\frac{\overline{X}}{\overline{X}-1}$,所以参数 β 的矩估计量为 $\hat{\beta}=\frac{\overline{X}}{\overline{X}-1}$.

(2) 似然函数为

$$L(\beta)=\prod_{i=1}^{n}f(x_i;\beta)=\begin{cases}\frac{\beta^n}{(x_1x_2\cdots x_n)^{\beta+1}},x_i>1, & i=1,2,\cdots,n\\ 0, & \text{其他}\end{cases}$$

当 $x_i>1(i=1,2,\cdots,n)$ 时,$L(\beta)>0$,取对数,得

$$\ln L(\beta)=n\ln\beta-(\beta+1)\sum_{i=1}^{n}\ln x_i$$

两边对 β 求导,得

$$\frac{\mathrm{d}\ln L(\beta)}{\mathrm{d}\beta}=\frac{n}{\beta}-\sum_{i=1}^{n}\ln x_i$$

令 $\frac{\mathrm{d}\ln L(\beta)}{\mathrm{d}\beta}=0$

得 $\beta=\frac{n}{\sum_{i=1}^{n}\ln x_i}$

故 β 的最大似然估计量为

$$\hat{\beta}=\frac{n}{\sum_{i=1}^{n}\ln X_i}$$

9. **解** (1) 关于 X 的边缘概率密度

$$f_X(x)=\int_{-\infty}^{+\infty}f(x,y)\mathrm{d}y=\begin{cases}\int_0^{2x}\mathrm{d}y, & 0<x<1\\ 0, & \text{其他}\end{cases}=\begin{cases}2x, & 0<x<1\\ 0, & \text{其他}\end{cases}$$

关于 Y 的边缘概率密度

$$f_Y(y)=\int_{-\infty}^{+\infty}f(x,y)\mathrm{d}x=\begin{cases}\int_{\frac{y}{2}}^{1}\mathrm{d}x, & 0<y<2\\ 0, & \text{其他}\end{cases}=\begin{cases}1-\dfrac{y}{2}, & 0<y<2\\ 0, & \text{其他}\end{cases}$$

(2) 令 $F_Z(z)=P\{Z\leqslant z\}=P\{2X-Y\leqslant z\}$

① 当 $z<0$ 时，$F_Z(z)=P\{2X-Y\leqslant z\}=0$；

② 当 $0\leqslant z<2$ 时，$F_Z(z)=P\{2X-Y\leqslant z\}=z-\dfrac{1}{4}z^2$；

③ 当 $z\geqslant 2$ 时，$F_Z(z)=P\{2X-Y\leqslant z\}=1$.

即分布函数为

$$F_Z(z)=\begin{cases}0, & z<0\\ z-\dfrac{1}{4}z^2, & 0\leqslant z<2\\ 1, & z\geqslant 2\end{cases}$$

故所求的概率密度为

$$f_Z(z)=\begin{cases}1-\dfrac{1}{2}z, & 0<z<2\\ 0, & \text{其他}\end{cases}$$

10. **解** 由题设，知 $X_1,X_2,\cdots,X_n(n>2)$ 相互独立，且

$$EX_i=0,DX_i=1(i=1,2,\cdots,n),E(Y_i)=0E\overline{X}=0$$

(1) $DY_i=D(X_i-\overline{X})=D\left[\left(1-\dfrac{1}{n}\right)X_i-\dfrac{1}{n}\sum\limits_{j\neq i}^{n}X_j\right]$

$$=\left(1-\frac{1}{n}\right)^2DX_i+\frac{1}{n^2}\sum_{j\neq i}^{n}DX_j$$

$$=\frac{(n-1)^2}{n^2}+\frac{1}{n^2}\cdot(n-1)=\frac{n-1}{n}$$

(2) $\mathrm{Cov}(Y_1,Y_n)=E[(Y_1-EY_1)(Y_n-EY_n)]$

$$=E(Y_1Y_n)=E[(X_1-\overline{X})(X_n-\overline{X})]$$

$$=E(X_1X_n-X_1\overline{X}-X_n\overline{X}+\overline{X}^2)$$

$$=E(X_1X_n)-2E(X_1\overline{X})+E\overline{X}^2$$

$$=0-\frac{2}{n}E\left[X_1^2+\sum_{j=2}^{n}X_1X_j\right]+D\overline{X}+(E\overline{X})^2$$

$$=-\frac{2}{n}+\frac{1}{n}=-\frac{1}{n}$$

11. **解** (1) $F_Y(y)=P(Y\leqslant y)=P(X^2\leqslant y)$

显然 $y<0,F_Y(y)=0$

$$0 \leqslant y < 1, F_Y(y) = P(-\sqrt{y} \leqslant X \leqslant \sqrt{y}) = \int_{-\sqrt{y}}^{0} \frac{1}{2} dx + \int_{0}^{\sqrt{y}} \frac{1}{4} dx = \frac{3}{4}\sqrt{y}$$

$$1 \leqslant y < 4, F_Y(Y) = P(-\sqrt{y} \leqslant X \leqslant \sqrt{y})$$

$$= \int_{-1}^{0} \frac{1}{2} dx + \int_{0}^{\sqrt{y}} \frac{1}{4} dx = \frac{1}{2} + \frac{1}{4}\sqrt{y} \quad y \geqslant 4, F_Y(y) = 1$$

所以 $f_Y(y) = F'_Y(y) = \begin{cases} \dfrac{3}{8\sqrt{y}}, & 0<y<1 \\ \dfrac{1}{8\sqrt{y}}, & 1\leqslant y<4 \\ 0, & 其他 \end{cases}$

(2) $F\left(-\dfrac{1}{2},4\right)$

$= P\left(X\leqslant -\dfrac{1}{2}, Y\leqslant 4\right) = P\left(X\leqslant -\dfrac{1}{2}, X^2\leqslant 4\right) = P\left(X\leqslant -\dfrac{1}{2}, -2\leqslant X\leqslant 2\right) = P$

$\left(-2\leqslant X\leqslant -\dfrac{1}{2}\right) = \displaystyle\int_{-1}^{-\frac{1}{2}} \frac{1}{2}\, dx = \frac{1}{4}$

12. **解** 似然函数

$$L(\theta) = \begin{cases} \theta^N (1-\theta)^{n-N}, x_{p1}, x_{p2}, \cdots, x_{pN} < 1, x_{pN+1}, x_{pN+2}, \cdots, x_{pn} \geqslant 1 \\ 0, 其他 \end{cases}$$

在 $x_{p1}, x_{p2}, \cdots, x_{pN} < 1, x_{pN+1}, x_{pN+2}, \cdots, x_{pn} \geqslant 1$ 时,有

$$\ln L(\theta) = N\ln\theta + (n-N)\ln(1-\theta)$$

$$\frac{d\ln L(\theta)}{d\theta} = \frac{N}{\theta} - \frac{n-N}{1-\theta} = 0$$

所以 θ 的最大似然估计量为 $\hat{\theta} = \dfrac{N}{n}$.

13. **解** (1) $P\{X>2Y\} = \displaystyle\iint_{x>2y} f(x,y)dxdy = \int_0^1 dx \int_0^{\frac{x}{2}} (2-x-y)dy = \frac{7}{24}$

(2) 先求 Z 的分布函数:

$$F_Z(z) = P(X+Y \leqslant Z) = \iint_{x+y\leqslant z} f(x,y)dxdy$$

① 当 $Z<0$ 时, $F_Z(z)=0$;

② 当 $0\leqslant z<1$ 时, $F_Z(z) = \displaystyle\iint_{D_1} f(x,y)dxdy = \int_0^z dy \int_0^{z-y} (2-x-y)dx = z^2 - \frac{1}{3}z^3$;

③ 当 $1\leqslant z<2$ 时, $F_Z(z) = 1 - \displaystyle\iint_{D_2} f(x,y)dxdy = 1 - \int_{z-1}^{1} dy \int_{z-y}^{1} (2-x-y)\, dx =$

$1 - \dfrac{1}{3}(2-z)^3$;

④ 当 $z\geqslant 2$ 时, $F_Z(z)=1$.

故 $Z=X+Y$ 的概率密度为

$$f_Z(z)=F'_Z(z)=\begin{cases}2z-z^2, & 0<z<1\\(2-z)^2, & 1\leqslant z<2\\0, & \text{其他}\end{cases}$$

14. **解** (1) $E(X)=\int_{-\infty}^{+\infty}xf(x,\theta)\mathrm{d}x=\int_0^\theta \frac{x}{2\theta}\mathrm{d}x+\int_\theta^1 \frac{x}{2(1-\theta)}\mathrm{d}x$

$$=\frac{\theta}{4}+\frac{1}{4}(1+\theta)=\frac{\theta}{2}+\frac{1}{4}$$

$$\theta=2E(X)-\frac{1}{2}$$

令 $\hat{E}(X)=\overline{X}$，解方程得 θ 的矩估计量为 $\hat{\theta}=2\overline{X}-\frac{1}{2}$.

(2) $E(4\overline{X}^2)=4E(\overline{X}^2)=4[D(\overline{X})+E^2(\overline{X})]=4\left[\frac{D(X)}{n}+E^2(X)\right]$

而 $E(X^2)=\int_{-\infty}^{+\infty}x^2f(x,\theta)\mathrm{d}x=\int_0^\theta \frac{x^2}{2\theta}\mathrm{d}x+\int_\theta^1 \frac{x^2}{2(1-\theta)}\mathrm{d}x$

$$=\frac{\theta^2}{3}+\frac{1}{6}\theta+\frac{1}{6}$$

$$D(X)=E(X^2)-E^2(X)=\frac{\theta^2}{3}+\frac{1}{6}\theta+\frac{1}{6}-\left(\frac{1}{2}\theta+\frac{1}{4}\right)^2$$

$$=\frac{1}{12}\theta^2-\frac{1}{12}\theta+\frac{5}{48}$$

故 $E(4\overline{X}^2)=4\left[\frac{D(X)}{n}+E^2(X)\right]=\frac{3n+1}{3n}\theta^2+\frac{3n-1}{n}\theta+\frac{3n+5}{12n}\neq\theta^2$

所以 $4\overline{X}^2$ 不是 θ^2 的无偏估计量.

15. **解** (1)由于 X,Y 相互独立,所以

$$P\left(Z\leqslant\frac{1}{2}\middle|X=0\right)$$

$$=P\left(X+Y\leqslant\frac{1}{2}\middle|X=0\right)=P\left(0+Y\leqslant\frac{1}{2}\right)=\int_0^{\frac{1}{2}}\mathrm{d}y=\frac{1}{2}$$

(2) $F_Z(z)=P\{Z\leqslant z\}=P\{X+Y\leqslant z\}$

$$=P\{X+Y\leqslant z,X=-1\}+P\{X+Y\leqslant z,X=0\}+P\{X+Y\leqslant z,X=1\}$$

$$=P\{Y\leqslant z+1,X=-1\}+P\{Y\leqslant z,X=0\}+P\{Y\leqslant z-1,X=1\}$$

$$=\frac{1}{3}[P\{Y\leqslant z+1\}+P\{Y\leqslant z\}+P\{Y\leqslant z-1\}$$

$$=\frac{1}{3}[F_Y(z+1)+F_Y(z)+F(z-1)]$$

$$f_Z(z)=F'_Z(z)=\frac{1}{3}[f_Y(z+1)+f_Y(z)+f_Y(z-1)]=\begin{cases}\frac{1}{3}, & -1<z<2\\0, & \text{其他}\end{cases}$$

16. **解** (1) T 是统计量,则

$$E(T)=E(\overline{X}^2)-\frac{1}{n}ES^2$$

$$= D(\overline{X}) + E^2(\overline{X}) - \frac{1}{n}ES^2 = \frac{\sigma^2}{n} + \mu^2 - \frac{\sigma^2}{n} = \mu^2$$

对一切 μ,σ 成立. 因此 T 是 μ^2 的无偏估计量.

(2) 根据题意,有$\sqrt{n}\overline{X} \sim N(0,1)$,$n\overline{X}^2 \sim \chi^2(1)$,$(n-1)S^2 \sim \chi^2(n-1)$,于是$D(n\overline{X}^2)=2$,$D((n-1)S^2)=2(n-1)$. 所以

$$D(T) = D\left(\overline{X}^2 - \frac{1}{n}S^2\right)$$

$$= \frac{1}{n^2}D(n\overline{X}^2) + \frac{1}{n^2(n-1)^2}D((n-1)S^2) = \frac{2}{n(n-1)}$$

17. **解** (1) 在没有取白球的情况下取了一次红球,利用压缩样本空间则相当于只有1个红球,2个黑球放回摸两次,其中摸了一个红球,所以

$$P(X=1 \mid Z=0) = \frac{C_2^1 \times 2}{C_3^1 \cdot C_3^1} = \frac{4}{9}$$

(2) X,Y 取值范围为 0,1,2,故

$$P(X=0,Y=0) = \frac{C_3^1 \cdot C_3^1}{C_6^1 \cdot C_6^1} = \frac{1}{4}, P(X=1,Y=0) = \frac{C_2^1 \cdot C_3^1}{C_6^1 \cdot C_6^1} = \frac{1}{6}$$

$$P(X=2,Y=0) = \frac{1}{C_6^1 \cdot C_6^1} = \frac{1}{36}, P(X=0,Y=1) = \frac{C_2^1 \cdot C_2^1 \cdot C_3^1}{C_6^1 \cdot C_6^1} = \frac{1}{3}$$

$$P(X=1,Y=1) = \frac{C_2^1 \cdot C_2^1}{C_6^1 \cdot C_6^1} = \frac{1}{9}, P(X=2,Y=1) = 0$$

$$P(X=0,Y=2) = \frac{C_2^1 \cdot C_2^1}{C_6^1 \cdot C_6^1} = \frac{1}{9}$$

$$P(X=1,Y=2) = 0, P(X=2,Y=2) = 0$$

Y \ X	0	1	2
0	1/4	1/6	1/36
1	1/3	1/9	0
2	1/9	0	0

18. **解** (1) 由$\hat{E}X)=\overline{X}$,而

$$EX = \int_0^{+\infty} \lambda^2 x^2 \mathrm{e}^{-\lambda x} \mathrm{d}x = \frac{2}{\lambda} = \overline{X} \Rightarrow \hat{\lambda} = \frac{2}{\overline{X}}$$

为总体的矩估计量.

(2) 构造似然函数

$$L(x_1,\cdots,x_n;\lambda) = \prod_{i=1}^{n} f(x_i;\lambda) = \lambda^{2n} \cdot \prod_{i=1}^{n} x_i \cdot \mathrm{e}^{-\lambda\sum\limits_{i=1}^{n}x_i}$$

取对数,有

$$\ln L = 2n\ln\lambda + \sum_{i=1}^{n}\ln x_i - \lambda\sum_{i=1}^{n}x_i$$

令 $\frac{\mathrm{d}\ln L}{\mathrm{d}\lambda} = 0 \Rightarrow \frac{2n}{\lambda} - \sum_{i=1}^{n} x_i = 0 \Rightarrow \lambda = \frac{2n}{\sum_{i=1}^{n} x_i} = \frac{2}{\frac{1}{n}\sum_{i=1}^{n} x_i}$

故其最大似然估计量为 $\hat{\lambda} = \frac{2}{\overline{X}}$.

19. **解** $f(x,y) = A\mathrm{e}^{-2x^2+2xy-y^2}, x \in \mathbf{R}, y \in \mathbf{R}$

$$\int_{-\infty}^{+\infty}\int_{-\infty}^{+\infty} f(x,y)\mathrm{d}x\mathrm{d}y = A\int_{-\infty}^{+\infty}\int_{-\infty}^{+\infty} \mathrm{e}^{-2x^2+2xy-y^2}\mathrm{d}x\mathrm{d}y = 1$$

得 $A = \frac{1}{\pi}$.

$$f_{Y|X}(y \mid x) = \frac{f(x,y)}{f_X(x)}$$

而 $f_X(x) = \int_{-\infty}^{+\infty} f(x,y)\mathrm{d}y = \int_{-\infty}^{+\infty} \frac{1}{\pi}\mathrm{e}^{-2x^2+2xy-y^2}\mathrm{d}y = \frac{1}{\pi}\mathrm{e}^{-x^2}\int_{-\infty}^{+\infty}\mathrm{e}^{-(y-x)^2}\mathrm{d}(y-x) = \frac{1}{\sqrt{\pi}}\mathrm{e}^{-x^2}$

$$f_{Y|X}(y|x) = \frac{f(x,y)}{f_X(x)} = \frac{1}{\sqrt{\pi}}\mathrm{e}^{-(y-x)^2}, x \in \mathbf{R}, y \in \mathbf{R}$$

20. **解** N_1 的可能取值为 $0,1,2,\cdots,n$,且

$$N_1 \sim b(n, 1-\theta), P\{N_1 = k\} = C_n^k(1-\theta)^k\theta^{n-k}, k = 0,1,2,\cdots,n$$

$$EN_1 = n(1-\theta)$$

同理 $EN_2 = n(\theta-\theta^2), EN_3 = n\theta^2$

由 $ET = E(a_1N_1 + a_2N_2 + a_3N_3) = n[a_1(1-\theta) + a_2(\theta-\theta^2) + a_3\theta^2] = \theta$

解得 $a_1 = 0, a_2 = a_3 = \frac{1}{n}$.

21. **解** (1) 由于 $P(X^2=Y^2)=1$,因此 $P(X^2 \neq Y^2)=0$.

故 $P(X=0,Y=1)=0$,因此

$$P(X=1,Y=1) = P(X=1,Y=1) + P(X=0,Y=1) = P(Y=1) = 1/3$$

再由 $P(X=1,Y=0)=0$ 可知

$$P(X=0,Y=0) = P(X=1,Y=0) + P(X=0,Y=0) = P(Y=0) = 1/3$$

同样,由 $P(X=0,Y=-1)=0$ 可知

$$P(X=0,Y=-1) = P(X=1,Y=-1) + P(X=0,Y=-1) = P(Y=-1) = 1/3$$

(X,Y)的联合分布如下:

X \ Y	−1	0	1
0	0	1/3	0
1	1/3	0	1/3

(2) $Z=XY$ 可能的取值有 $-1,0,1$,其中

$$P(Z=-1) = P(X=1,Y=-1) = 1/3, P(Z=1) = P(X=1,Y=1) = 1/3$$

则有 $P(Z=0)=1/3$.

因此，$Z=XY$ 的分布律为

Z	-1	0	1
P	$1/3$	$1/3$	$1/3$

(3) $EX=2/3, EY=0, EXY=0, \mathrm{cov}(X,Y)=EXY-EXEY=0$

故 $\rho_{XY}=\dfrac{\mathrm{cov}(X,Y)}{\sqrt{DX}\sqrt{DY}}=0$.

22. **解** (1) 似然函数

$$L(x_1,x_2,\cdots,x_n,\sigma^2)=\prod_{i=1}^{n}\frac{1}{\sqrt{2\pi}\sigma}\exp\left(-\frac{(x_i-\mu_0)^2}{2\sigma^2}\right)=\frac{1}{2\pi^{\frac{n}{2}}\sigma^n}\exp\left(\sum_{i=1}^{n}-\frac{(x_i-\mu_0)^2}{2\sigma^2}\right)$$

则 $\ln L=-\dfrac{n}{2}\ln 2\pi-n\ln\sigma-\displaystyle\sum_{i=1}^{n}\frac{(x_i-\mu_0)^2}{2\sigma^2}=-\frac{n}{2}\ln 2\pi-\frac{n}{2}\ln\sigma^2-\frac{1}{\sigma^2}\sum_{i=1}^{n}\frac{(x_i-\mu_0)^2}{2}$

$$\frac{\partial\ln L}{\partial\sigma^2}=-\frac{n}{2\sigma^2}+\frac{1}{(\sigma^2)^2}\sum_{i=1}^{n}\frac{(x_i-\mu_0)^2}{2}$$

令 $\dfrac{\partial\ln L}{\partial\sigma^2}=0$，得 σ^2 的最大似然估计值为

$$\hat{\sigma^2}=\sum_{i=1}^{n}\frac{(x_i-\mu_0)^2}{n}$$

最大似然估计量为

$$\hat{\sigma^2}=\sum_{i=1}^{n}\frac{(X_i-\mu_0)^2}{n}$$

(2) 由随机变量数字特征的计算公式，得

$$E(\hat{\sigma^2})=E\left[\sum_{i=1}^{n}\frac{(X_i-\mu_0)^2}{n}\right]=\frac{1}{n}\sum_{i=1}^{n}E(X_i-\mu_0)^2=E(X_1-\mu_0)^2=DX_1=\sigma^2$$

$$D(\hat{\sigma^2})=D\left[\sum_{i=1}^{n}\frac{(X_i-\mu_0)^2}{n}\right]=\frac{1}{n^2}\sum_{i=1}^{n}D(X_i-\mu_0)^2=\frac{1}{n}D(X_1-\mu_0)^2$$

由于 $X_1-\mu_0\sim N(0,\sigma^2)$，因此 $\left(\dfrac{X_1-\mu_0}{\sigma}\right)^2\sim\chi^2(1)$，由 χ^2 的性质可知 $D\left(\dfrac{X_1-\mu_0}{\sigma}\right)^2=2$，因此 $D(X_1-\mu_0)^2=2\sigma^4$，故 $D(\hat{\sigma^2})=\dfrac{2\sigma^4}{n}$.

23. **解** (1) 由题意，(X,Y) 的联合分布律为

X \ Y	0	1	2
0	$\frac{1}{4}$	0	$\frac{1}{4}$
1	0	$\frac{1}{3}$	0
2	$\frac{1}{12}$	0	$\frac{1}{12}$

$$P\{X=2Y\}=P\{X=0,Y=0\}+P\{X=2,Y=1\}=\frac{1}{4}$$

(2) $\mathrm{Cov}(X-Y,Y)=\mathrm{Cov}(X,Y)+\mathrm{Cov}(-Y,Y)=\mathrm{Cov}(X,Y)-\mathrm{Cov}(Y,Y)=\mathrm{Cov}(X,Y)-D(Y)$

而 $\mathrm{Cov}(X,Y)=E(XY)-E(X)E(Y)$

其中 $E(XY)=0\times\frac{7}{12}+1\times\frac{1}{3}+2\times0+4\times\frac{1}{12}=\frac{2}{3}$

$$E(X)E(Y)=\left(0\times\frac{1}{2}+1\times\frac{1}{3}+2\times\frac{1}{6}\right)\times\left(0\times\frac{1}{3}+1\times\frac{1}{3}+2\times\frac{1}{3}\right)=\frac{2}{3}$$

可得 $\mathrm{Cov}(X,Y)=E(XY)-E(X)E(Y)=\frac{2}{3}-\frac{2}{3}=0$

$$D(Y)=E(Y^2)-E^2(Y)=\left(0\times\frac{1}{3}+1^2\times\frac{1}{3}+2^2\times\frac{1}{3}\right)-\left(0\times\frac{1}{3}+1\times\frac{1}{3}+2\times\frac{1}{3}\right)^2=\frac{2}{3}$$

可得 $\mathrm{Cov}(X-Y,Y)=\mathrm{Cov}(X,Y)-D(Y)=-\frac{2}{3}$

$$D(X)=E(X^2)-E^2(X)=(0\times\frac{1}{2}+1^2\times\frac{1}{3}+2^2\times\frac{1}{6})-\left(0\times\frac{1}{2}+1\times\frac{1}{3}+2\times\frac{1}{6}\right)^2=\frac{5}{9}$$

从而可得相关系数 $\rho_{XY}=0$.

24. **解** (1) 由题意 $X-Y\sim N(0,5\sigma^2)$,所以 Z 的概率密度

$$f(z,\sigma^2)=\frac{1}{\sqrt{10\pi}\sigma}\mathrm{e}^{-\frac{z^2}{10\sigma^2}},z\in\mathbf{R}$$

(2) 似然函数

$$L(\sigma^2)=\prod_{i=1}^{n}f(z_i,\sigma^2)=\frac{1}{(10\pi)^{\frac{n}{2}}(\sigma^2)^{\frac{n}{2}}}\mathrm{e}^{-\frac{1}{10\sigma^2}\sum_{i=1}^{n}z_i^2}$$

$$\ln L(\sigma^2)=-\frac{n}{2}\ln(10\pi)-\frac{n}{2}\ln(\sigma^2)-\frac{1}{10\sigma^2}\sum_{i=1}^{n}z_i^2$$

$$\frac{\mathrm{d}\ln L}{\mathrm{d}\sigma^2}=-\frac{n}{2\sigma^2}+\frac{1}{10(\sigma^2)^2}\sum_{i=1}^{n}z_i^2=0$$

解得最大似然估计值为

$$\hat{\sigma}^2=\frac{1}{5n}\sum_{i=1}^{n}z_i^2$$

最大似然估计量为

$$\hat{\sigma}^2=\frac{1}{5n}\sum_{i=1}^{n}Z_i^2$$

(3) $E\hat{\sigma}^2=E\left(\frac{1}{5n}\sum_{i=1}^{n}Z_i^2\right)=\frac{1}{5n}\sum_{i=1}^{n}EZ_i^2=\frac{1}{5n}\sum_{i=1}^{n}(E^2Z_i+DZ_i)=\frac{1}{5n}\sum_{i=1}^{n}5\sigma^2=\sigma^2$

所以 $\hat{\sigma}^2$ 是 σ^2 的无偏估计量.

25. **解** (1) $\int_{-\infty}^{+\infty}f(x)\mathrm{d}x=\int_0^3\frac{x^2}{a}\mathrm{d}x=1\Rightarrow a=9$

X 的概率密度为

$$f(x)=\begin{cases}\dfrac{1}{9}x^2, & 0<x<3\\ 0, & \text{其他}\end{cases}$$

由题意知，Y 的取值范围为$[1,2]$，$F_Y(y)=P\{Y\leqslant y\}$.

当 $y<1$ 时，$F_Y(y)=0$.

当 $1\leqslant y<2$ 时，有

$$\begin{aligned}F_Y(y)&=P\{Y\leqslant y\}=P\{Y=1\}+P\{1<Y\leqslant y\}=P\{Y=1\}+P\{1<X\leqslant y\}\\&=P\{X\geqslant 2\}+P\{1<X\leqslant y\}=\int_2^3\frac{1}{9}x^2\mathrm{d}x+\int_1^y\frac{1}{9}x^2\mathrm{d}x\\&=\frac{1}{27}(y^3+18)\end{aligned}$$

当 $y\geqslant 2$ 时，$F_Y(y)=1$.

$$F_Y(y)=\begin{cases}0, & y<1\\ \dfrac{1}{27}(y^3+18), & 1\leqslant y<2\\ 1, & y\geqslant 2\end{cases}$$

(2) $P\{X\leqslant Y\}=P\{1<X<2\}+P\{X\leqslant 1\}=\int_1^2\frac{x^2}{9}\mathrm{d}x+\int_0^1\frac{x^2}{9}\mathrm{d}x=\frac{8}{27}$

26. **解** (1) $EX=\int_{-\infty}^{+\infty}xf(x)\mathrm{d}x=\int_0^{+\infty}x\frac{\theta^2}{x^3}\mathrm{e}^{-\frac{\theta}{x}}\mathrm{d}x=\theta\int_0^{+\infty}\mathrm{e}^{-\frac{\theta}{x}}\mathrm{d}\left(-\frac{\theta}{x}\right)=\theta$

令 $\hat{E}X=\overline{X}$，故 θ 矩估计量为 $\overline{X}$.

(2) $$L(\theta)=\prod_{i=1}^{n}f(x_i;\theta)=\begin{cases}\prod\limits_{i=1}^{n}\dfrac{\theta^2}{x_i^3}\mathrm{e}^{-\frac{\theta}{x_i}}, & x_i>0\\ 0, & \text{其他}\end{cases}=\begin{cases}\theta^{2n}\prod\limits_{i=1}^{n}\dfrac{1}{x_i^3}\mathrm{e}^{-\frac{\theta}{x_i}}, & x_i>0\\ 0, & \text{其他}\end{cases}$$

当 $x_i>0$ 时，有

$$\ln L(\theta)=2n\ln\theta-3\sum_{i=1}^{n}\ln x_i-\theta\sum_{i=1}^{n}\frac{1}{x_i}$$

令 $\dfrac{\mathrm{d}\ln L(\theta)}{\mathrm{d}\theta}=\dfrac{2n}{\theta}-\sum\limits_{i=1}^{n}\dfrac{1}{x_i}=0$

得 $\theta=\dfrac{2n}{\sum\limits_{i=1}^{n}\dfrac{1}{x_i}}$

所以得 θ 最大似然估计值为

$$\hat{\theta}=\frac{2n}{\sum\limits_{i=1}^{n}\dfrac{1}{x_i}}$$

最大似然估计量为

$$\hat{\theta}=\frac{2n}{\sum\limits_{i=1}^{n}\dfrac{1}{X_i}}$$